U0142908

兵棋推演

意涵、模式與操作

翁明賢 主編

翁明賢、常漢青 合著

臺灣戰略研究學會叢書

五南圖書出版公司 印行

主編序

　　自有人類存在以來，如何在大自然環境下「制服」萬物為己用，或為爭取更多「利益」與其他族群「鬥爭」，都需要從不同角度思考「利害攸關者」，瞭解「利益競爭者」的下一步，以便己方能掌握「機先」，創造有利態勢，獲得最後的「利基」，一定程度也是「物競天擇」的體現。

　　不過，早期人類「明智未開」，訴諸各種神祕力量的指引，從不同方式進行「求神卜卦」，例如中國古代殷商時期的「龜甲占卜」，透過火烤獸骨上產生的裂痕加以解讀，就是希望「預卜先知」瞭解「結果」，從而決定下一步的行動。當代則是透過科技力量的協助，已經可以超越「時間」與「空間」的界限，更可以達到「運籌帷幄、決勝千里」的境界。誠如《孫子兵法》〈虛實篇〉中所言：「故策之而知得失之計。作之而知動靜之理。形之而知死生之地。角之而知有餘不足之處。」此種「預先思考、超前部署」的現象，就是一種藝術：「兵棋推演」（wargaming）的「體現」。

　　筆者長期在淡江大學國際事務與戰略研究所任教，除了主授「國家安全政策」、「國際安全研究」、「國際關係理論」與「全球化安全」之外，也教授如何實踐「安全戰略」層面的「決策模擬」與「危機管理」等課程，藉以達到「理論」與「實際」的結合。近幾年來也應邀至國家文官學院主講「國家安全政策」、國防大學各院講授「國際關係」、「全球化專題研究」與「國家安全」等課程。透過「學中做、做中學」的授課途徑，瞭解「決策模擬」、「危機管理」與「團體思考」等課題的關聯性。最重要者，如何達到「文武交織、略術相稱」的融合目標，在在突顯「兵棋推演」的重要性。

　　目前臺灣坊間有關「兵棋推演」的活動，從政府到民間各界，相當「多元化」與「多樣化」。然而，有關此方面的專業書籍相當有限。2001年以來，美國紐約世貿雙子星大樓的國際恐怖主義攻擊引發非傳統安全威脅，使

得華盛頓開始重視「國土安全」（Homeland Security）議題，推出「愛國者法案」，成立「國土安全部」，焦點在於維護國家的「關鍵基礎設施防護」（Critical Infrastructure Protection, CIP），也成為相關決策當局的主要推演課題。事實上，臺灣處於極端氣候變遷下，是天然災害頻傳的高風險地區，2011年日本福島地區發生地震、海嘯與核電廠爐心熔解的三合一複合式災變之後，臺灣從中央到地方城市單位，莫不將因應此種非傳統安全威脅，視為經常性工作指標。

是以，面對傳統與非傳統安全威脅下，建立平時因應的「標準作業程序」（SOP）、一套可以驗證的「模式模擬」（simulation model）與「未來策略規劃」（future policy planning），讓整體決策品質的產出不僅屬於一種快速的「本能反應」，也是一種最適合「選擇反應」的自然內化過程，這些都可以藉由「兵棋推演」，達到國家安全「標本兼顧」之道。

本書除了第一章前言與結論之外，區分為理論基礎、基本概念與內涵，並建構三種「兵棋推演」的模式運用：1.教育訓練模式；2.模式模擬模式；3.策略分析模式。主要在於「兵棋推演」的運用多元化，並非只是「軍事性質」，亦具有「商業性質」的運用功能。例如跨國企業在世界各地投資設廠，可能遭遇那些「意料中」與「非預期中」的狀況，都可以運用三種模式加以解析問題，提供「當事者」後續「應興應革」之道。

本書的出版，必須歸功於執行主編常漢青的籌備與協調辛勞。筆者於2014年暑假參與國防部暑期南沙全民國防之旅，當時漢青為該次運補任務的「戰隊長」，指揮專案戰艦進行太平島之行，一路上「教學相長、受益良多」，領略國軍優秀人才輩出。鼓勵漢青進一步深造，就讀本所博士班，突顯「文韜」與「武略」兼具能量，發揮人生「退而不休」的終極價值。

在本書籌備過程，除了規劃整體「寫作時程管制表」，多次前往淡江大學圖書館總館、國防大學八德校區圖書館搜羅國內外兵棋書籍，並諮詢許多具有兵棋推演經驗的戰院教官，獲得相當寶貴的兵棋實務經驗，特此予以致謝。最後，感謝五南圖書出版公司鼎力支持，以及臺灣戰略研究學會周翠梅

研究員協助本書的校對工作，讓此首本具有戰略意義的「兵棋推演」專書能夠順利付梓，除了有助於兩岸與國際決策模擬與兵棋推演的專業需求外，未來期許有更多系列專業書籍，配合外文版本，充分普及推廣，建構具有特色的臺灣戰略研究能量。

翁明賢

（淡江大學國際事務與戰略研究所教授、臺灣戰略研究學會理事長）

謹誌於2018年初秋於臺北北投忠義小築

目　錄

第 一 章

前 言

一、什麼是「兵棋」、「模擬」與「兵棋推演」？

二、什麼是「人算」、「廟算」不如「天算」？

三、什麼不是「兵棋」以及「兵棋推演」是什麼？

四、未來兩岸是否還存在由北京單一主導的「事件」？

五、本書編寫安排：概念、內涵、理論、途徑與運用

　　「兵棋推演」是一種文武相通的「話語」，透過合理「想定」、經由推演「過程」，籌劃應變「決策」，才是解開未知世界的「關鍵」。

一、什麼是「兵棋」、「模擬」與「兵棋推演」？

　　人的一生大部分時間都糾結在於「決定」做什麼？或是「選擇」不做什麼的循環當中。而且經常發生：如果當初如此選擇，是否會有更好的結果？於是「千金難買早知道」、「悔不當初」的心態不斷重演。例如高中畢業之後，選擇那一所大學？大學畢業之後，直接進入職場，抑或再進一步研究所學程？之後選擇何種職業？在何處買房？未來成家立業，讓子女在何處就讀？或是在世界盃足球比賽時，預測那一國家得到冠軍，或是多簽一支運動大樂透？

　　其實，上述的「決定」涉及到人是否可以預先瞭解後果，進而成為事前決定的判斷「基礎」。例如2011年美國前總統歐巴馬（Barack Obama）基於敘利亞政府軍使用化學武器殘害無辜民眾，如果執意出兵敘利亞進行「政權移轉」（regime change），而如果順利讓敘利亞內部穩定，是否還會發生後續的歐洲難民潮事件？是否還會激發整體歐陸國家的極右派與排外風潮，造成全球「民粹主義」（populism）的盛行。而在美國方面，此種大眾情緒一定程度「推波助瀾」的將川普（Donald Trump）推上總統寶座；而在歐洲方面，民粹政黨在多個國家的選舉中成為主要勢力，[1]諸如德國的「另類選擇黨」（Alternative fuer Deutsch-

---

1　【國際時事】〈民粹主義如何席捲全球：讓民眾相信它不會成為體制〉，《平行時空》，<http://www.ir-basilica.com/%E6%B0%91%E7%B2%B9%E4%B8%BB%E7%BE%A9%E5%A6%82%E4%BD%95%E5%B8%AD%E6%8D%B2%E5%85%A8%E7%90%83%EF%BC%9A%E8%AE%93%E6%B0%91%E7%9C%BE%E7%9B%B8%E4%BF%A1%E5%AE%83%E4%B8%8D%E6%9C%83%E6%88%90%E7%82%BA%E9%AB%94/>(檢索日期：2018年9月3)

land, AfD）等等，[2]已經在德國國會佔據一定席次，「另類選擇黨」擅長爭取對大選漠不關心的選民，方法是靠「網路」，[3]顯示出在網路時代，特定族群會因此被吸引而形成一股力量。

基本上，人類想「預知」未來的「起心動念」，是一種複雜與矛盾的心理學現象。如果漢高祖劉邦與項羽兩人看到秦始皇嬴政出巡陣仗浩浩蕩蕩、旗幟飄揚，好不威風，當項羽脫口而出：「彼可取而代之」，而劉邦則說：「大丈夫當如是也」。[4]在當下兩人都無法預知未來，只能不斷朝此夢想實踐。如果項羽知道他日會兵敗如山倒，落得淚斬虞姬、烏江自刎而了結一生，他是否會依然如故追求西楚霸業？還是會如同劉邦登基之後，自我檢討其勝利之道在於「知人善任」而令諸豪傑「勇於任事」共謀大業？

一言之，從利益虧損的衡量角度，「兵棋推演」可以扮演一個「緩衝器」的功能，讓一般人有「試誤」（trial and error），[5]或是「嘗試錯誤」的機會。因為「試誤」是一種用來解決問題的方法，做法很簡

---

2 屬於歐盟國家中的民粹政黨，例如義大利的五顆星運動（Movimento 5 Stelle）、英國的英國獨立黨（UK Independence Party：UKIP）、法國的國民陣線（Front National）、西班牙的Podemos（我們能夠）、荷蘭的自由黨（Partij voor de vrijheid，PVV）等等。請參見：〈民粹主義的興起與大眾社會—人本來性的追求〉，《民報》，<http://www.peoplenews.tw/news/11ee1795-f19e-4829-a074-00446d36be04>(檢索日期：2018年9月3日)

3 〈德媒分析　德國另類選擇黨暴增的三百萬選民哪來的？〉，《中時電子報》，<http://www.chinatimes.com/realtimenews/20170927005396-260408>(檢索日期：2018年9月3日)

4 「《史記》中「彼可取而代之」和「大丈夫當如是也」，司馬遷是怎麼知道的？」，《一點新知網》，<https://www.getit01.com/p20171222064822758/>(檢索日期：2018年9月3日)

5 〈事務學習〉，「雙語詞彙、學術名詞暨辭書資訊網」，《國家教育研究院》，<http://terms.naer.edu.tw/detail/578019/>(檢索日期：2018年4月6日)

單，就是不斷地試驗，找出可以成功解決問題的解法。[6]例如總部位於加拿大蒙特婁（Montreal）的「加拿大航空電子公司」（Canadian Aviation Electronics, CAE），是全球最大飛行模擬器製造商，[7]主要提供世界各國民航業與各地區防衛力量，模擬和建模技術以及綜合培訓解決方案的公司。[8]事實上，CAE已經在美國阿拉巴馬州多森市成立新設施，[9]為

---

[6] 〈試誤（法）trial and error〉，《經理人》，<https://www.managertoday.com.tw/dictionary/word/465>(檢索日期：2018年4月6日)

[7] 「加拿大航空電子公司」在中國珠海設立一飛行訓練中心，主要服務全球第2大的中國航空市場，也在阿拉伯聯合大公國的杜拜設立一訓練中心，藉以進入印度航空市場，請參見：〈加拿大飛機模擬器製造商CAE瞄準中國及印度市場〉，《臺灣經貿網》，<https://info.taiwantrade.com/biznews/%E5%8A%A0%E6%8B%BF%E5%A4%A7%E9%A3%9B%E6%A9%9F%E6%A8%A1%E6%93%AC%E5%99%A8%E8%A3%BD%E9%80%A0%E5%95%86cae%E7%9E%84%E6%BA%96%E4%B8%AD%E5%9C%8B%E5%8F%8A%E5%8D%B0%E5%BA%A6%E5%B8%82%E5%A0%B4-867806.html>(檢索日期：2018年9月3日）

[8] 基本上，CAE的業務包括：「CAE從事設計、製造與供應民航機模擬訓練裝置與視覺系統、先進軍事訓練設備與軟體工具，用於空軍、陸軍與海軍；加拿大航空電子設備公司也為飛行、機艙、維護與地勤人員提供商務、商用與直升機航空訓練。CAE營運部門分為：「民用模擬與訓練」（提供綜合的民航解決方案，包括CAE民用飛行模擬訓練裝置，以及商用、商務與直升機模擬訓練，為飛行、機艙、維護及地勤人員、從頭開始培訓飛行員與機組人員外包服務）、國防與安全（提供全面的訓練中心、訓練服務與模擬產品作為訓練系統整合橫跨陸、海、空與公共安全市場的國防與安全部隊）與「健康醫療部門」等3個部門。」請參見：〈（軍事）模擬飛行設備商：加拿大航空電子設備公司CAE Inc.(CAE)〉，《美股之家》，<https://www.mg21.com/cae.html>(檢索日期：2018年9月3日)

[9] 其實，CAE在該地設施占地7.9萬平方英尺，可以提供的入門級培訓包括課堂講授，模擬器模擬和實際駕駛等內容。此外還提供飛行員資格培訓、教練員培訓和飛行員進修課程，請參見：〈加拿大CAE公司提供仿真訓練設施以解決美軍飛行員短缺問題〉，《國防科技訊息網》，<http://www.dsti.net/Information/News/107856>(檢索日期：2018年9月3日)

美國陸軍和空軍C-12運輸機飛行員提供培訓工作。

事實上，「兵棋推演」如同「戰略研究」（strategic studies）絕對不是表面文字上的「軍事理論」與「戰略課題」的研究學科。從中國古代戰略研究角度言，「戰略」涉及三個因素的分析與運用：「力量、空間、時間」。首先，「時間」的累積又被稱之為「歷史」，是一種人類發展的累積過程，又稱之為「文化」或是「文明」的形成。「歷史」是一個前進的過程，歷史無法重演，但是往往會重複出現歷史結果？「空間」是人類所處的環境，加上「力量」的運用，衍生出不同類型的思考。如何將戰略三要素加以搭配，才能有利於戰略目標的達成。所以，古人有言：「前事不忘後事之師」，就是要記取過往的經驗與教訓，才能避免「重蹈覆轍」。

其次，雖然「力量」、「空間」與「時間」成為評估戰略的三個要素，但是，如果加上「科技」因素，又有更多不同型態的組合關係。因為人類科技的發明已經可以突破「時間」與「空間」的現實制約，讓人類可以「移地化」思考與作為，已經實現以往人類所無法達到的，如同西遊記中的主角孫悟空不僅可以「騰雲駕霧」，還具有「千里眼、順風耳」的能力，又能夠透過「猴毛」複製無數個「孫悟空」。這些翻譯成現代文明「術語」（term），就是：噴射客機、高速鐵路、電話、電報，到如今的智慧型手機，以及「網際網路」普及化下的社交媒介：line、「臉書」（Facebook），以及基因遺傳工程的複製，或是3D列印等等。

一如同下「圍棋」比賽，通常是人腦的對決，有其侷限性，自從「美國國際機器公司」（IBM）創造超級電腦：「深藍」（Deep Blue）與人腦對抗「圍棋」以來，不出十年間，「電腦」就開始讓「人腦」頭痛，進而打敗人類。主要在於「電腦」可以不斷的重複學習、累積經驗，避免重蹈錯誤，而且沒有其他心理與生理因素的干擾。其實，圍棋被認知為「人工智慧」（Artificial Intelligence, AI）為進軍日常生

活的第一個戰場。2014年曾經獲得2屆本因坊、1屆王座的臺灣圍棋名家王銘琬，出版一本《迎接AI新時代：用圍棋理解人工智慧》，他認為人腦有成長進步曲線，越接近極限，成長越鈍化，上升曲線越趨近水平。不過，電腦加上深層學習後，可以被人類從讓3個棋子開始，很快超越人類。[10]此外，日本神奈川縣將於2018年度預算案中納入4,800萬日元（1,290萬新臺幣），開發能預測犯罪事件與交通事故的「人工智慧系統」（AI），將會對神奈川縣過去約100萬起犯罪事件、80多萬起交通事故進行分析。[11]

此外，如同美國好萊塢電影《模仿遊戲》（The Imitation Game）一片中，描寫現代電腦之父圖靈（Alan Turing）[12]，提出人腦無法跟電腦對抗。但是，人有多聰明，電腦就有多聰明的論斷。在上述文章中，他稱為a-機器，a代表「自動」（automatic）—為現代電腦、電腦科學及計算理論奠下數學基礎。1950年圖靈發表一篇名為「計算式機器與情

---

10 基本上，圍棋每一步都有400多條選擇，電腦可以快速運算所有可能，做出最有利的決定，但人腦無法一時窮盡所有的可能。王銘琬還引用「死活」、「大小」；「棋力」、「共鳴」的圍棋概念解釋AI打敗人腦的原因。請參見：〈蘋論：圍棋電腦痛宰人類天才〉，《蘋果日報》，<https://tw.appledaily.com/headline/daily/20170529/37665787>(檢索日期：2018年2月10日)

11 〈《關鍵報告》情節成真！日本警方導入AI預測犯罪〉，《自由電子報》，<http://news.ltn.com.tw/news/world/breakingnews/2338946>(檢索日期：2018年2月10日)

12 1936年11月30日出版的《倫敦數學學會會刊》（Proceedings of the London Mathematical Society），有一篇標題看來平平無奇的文章：〈論可計算數及其在判定問題上的一個應用〉（On computable numbers, with an application to the Entscheidungsproblem），作者是圖靈（Alan Turing），參見：〈圖靈機正式面世80年：一個與現實毫不相干的問題為人類帶來了電腦〉，《關鍵評論》，<https://www.thenewslens.com/article/55863>(檢索日期：2018年2月12日)

報」（Computing machinery and intelligence）的文章，討論〈電腦會不會思考〉，成為人工智慧的重要思想來源。由於「思考」本身很難加以定義，圖靈訴諸可供判定的方法：一臺電腦和一個人交談，如果交談的人始終分不清楚誰是電腦、誰是人，那這臺電腦在行為上已經接近人的思考能力。[13]

在電影《模仿遊戲》一片中描述德軍針對英國發動了「潛艇戰」，封鎖其在海上的貿易與補給路線，整個德軍體系所使用的「恩格碼密碼機」（Enigma Machine）[14]，並不只有一種型號。不同區域、不同軍種所使用的機器，都可能有程度不等的落差。是以，英軍延攬圖靈在1940年（與其他許多專家共同）開發出來的解碼辦法及炸彈機，應對Enigma的數學邏輯，他們同時學會了鎖定攻擊一些特定的關鍵字。[15]圖靈力排眾議設計製造「圖靈機」（Turing Machine），以「機器」對抗「機器」，最後破解的關鍵還是在於日常生活的熟悉用語輸入，得以

13　〈圖靈機到人工智慧，誰讓電腦強大？是數學！〉，《Inside》，<https://www.inside.com.tw/2017/12/22/turing-test-ai-to-math>（檢索日期：2018年2月12日）

14　事實上，「在1920年代Enigma已被用於商業之中，運用於加密商業公司內部的機密文件，其最大特色在於加密時不會像傳統密碼同一明文翻譯成同一密文，例如MM翻譯時必定為AA/BB或CC，而Enigma則可以把原訊息中同一個字母轉換成不同的字母，例如把訊息MM轉成密文SX。同時亦可以把不同的字母轉換成同一字母，例如訊息KL轉成密文AA，亦即Enigma不僅只是如傳統密碼中，根據密碼表簡單地把訊息加密，另使普通的解密手法失效」。請參見：〈究竟圖靈是怎樣破解德軍的密碼系統Enigma?〉，《JustdoevilStudio》，<https://www.justdoevil.info/movies/youtubeshare/item/322-how-alan-turing-decode-enigma.html>（檢索日期：2018年2月12日）

15　〈特別報導　電影裡的真實英雄　模仿遊戲背後的真實情報戰：關於Enigma密碼機的那些電影與歷史故事〉，《The News Lens關鍵新聞》，<https://www.thenewslens.com/feature/hacksawridge/14984>（檢索日期：2018年2月12日）

理解其排列的順序，從而破解德軍密碼機，也破解德軍的無限制潛艇戰術，解救許多盟軍勇士的性命。

又例如美國電視影集《犯罪現場》（Crime Scene Investgation, CSI），從2000年開播的《CSI犯罪現場》，已經邁入第十五季且還延展出另外兩條分支（《CSI：Miami》跟《CSI：New York》），是近六年美國禮拜四最熱門的影集。[16]基本上，該影集的故事背景設在賭城拉斯維加斯，由真人真事改編，講述刑事警察局的法庭犯罪調查員如何在作案現場取得證據破案的故事。透過一句名言：「死屍會說話」，這些調查員利用指紋、鞋印、子彈殼、血跡、毛髮、纖維、屍體傷痕等微小證據，經過仔細的分析研究後，尋得破案的關鍵。[17]事實上，所謂「死屍會說話」的意義在於「現場重建」，透過血跡出現方式，[18]一定程度也在於模擬整體事件的發展過程，進而「抽絲剝繭」重現整體事件的輪廓，理解其前因與後果。

同樣的，另外一個美國好萊塢電影《關鍵報告》（Minority Report）中，警察可以使用科技預測將發生的犯罪，然後加以預防。《關

---

16 〈沒看過《CSI犯罪現場》別說你看過熱門影集〉，《痞客邦》，<http://pocato.pixnet.net/blog/post/29390779-%E6%B2%92%E7%9C%8B%E9%81%8E%E3%80%8Acsi%E7%8A%AF%E7%BD%AA%E7%8F%BE%E5%A0%B4%E3%80%8B%E5%88%A5%E8%AA%AA%E4%BD%A0%E7%9C%8B%E9%81%8E%E7%86%B1%E9%96%80%E5%BD%B1%E9%9B%86>(檢索日期：2018年2月10日)

17 〈關於CSI犯罪現場〉，《AXN》，<https://www.axn-taiwan.com/programs/csi-fan-zui-xian-chang>(檢索日期：2018年2月10日)

18 例如：「在犯罪事件中，這些血跡往往是破案的核心。犯罪現場的血跡型態可以用來判斷死亡原因和死亡方式，並重建犯罪現場。血液噴濺型態有助於法醫判斷血液來源和它在犯罪現場的位置，以及噴濺的產生機轉。」，請參見：〈鑑識科學小知識2／從血跡破案　重建犯罪現場〉，《聯合新聞網》，<https://udn.com/news/story/6904/2462590>(檢索日期：2018年9月17日)

鍵報告》的時間設定在2054年的四月，地點是華盛頓。在這個未來世界，犯罪事件可以被事先預測，罪犯可以事先捕捉，於是能達到預防犯罪的絕佳效果。在這樣的未來，警方的業績來自全面的預防犯罪，而民眾期待的是毫無罪孽的寧靜社會。[19]

二、什麼是「人算」、「廟算」不如「天算」？

中國古代流傳「三十六計」的「論述」，其中「總說」提到「六六三十六，數中有術，術中有數。陰陽變理，機在其中。機不可設，設則不中。」[20]易經八卦六十四象，呈現出不同卦象，以及不同事態發展的徵兆。另外，春秋戰國時期百家齊鳴，其中「陰陽家」代表學者鄒衍提出「五德終始說」：金、木、水、火、土等五種元素「相生相成」、「相生相剋」，並各自具備不同特徵與顏色。此一「五德終始說」是採取五行相剋－木剋土、土剋水、水剋火、火剋金、金剋木的循環律，加以解釋歷史演變中的朝代更替，將「五行相剋」視作一種形上的不可抗拒的力量。[21]一定程度是鄒衍建構出來的一種「論述」：「木

19　基本上，《關鍵報告》（Minority Report）為美國導演史蒂芬·史匹柏（Steven Spielberg）在2002年導演的科幻電影，男主角是湯姆·克魯斯（Tom Cruise），故事是根據科幻小說家Philip K. Dick在1956年所撰寫的同名短篇小說。請參見：〈《關鍵報告》（Minority Report）：全面監控的未來科技好可怕〉，《SOS Reader》，<https://sosreader.com/minority-report/>(檢索日期：2018年2月10日)

20　于汝波，《三十六計的智慧》（臺北：大地，2006），頁14。

21　基本上，鄒衍的「五德終始說」，係根據王夢鷗鄒衍遺說考的研究，以黃帝、顓頊、帝嚳、堯、舜五帝為土德(此五帝即史記五帝本紀所採用者，均為黃帝血統)；木勝土，故禹夏為木德；金勝木，故商湯為金德；火勝金，故武、成以下之周為火德。請參考：〈五德終始說〉，《中華百科全書》，<http://ap6.pccu.edu.tw/Encyclopedia/data.asp?id=1339>(檢索日期：2018年2月25日)

火土金水，順位相生，隔位相剋。」[22]

　　其後，中國兵聖孫武的著作《孫子兵法》，其中的〈計篇〉有云：「夫未戰而廟算勝者，得算多也；未戰而廟算不勝者，得算少也。多算勝，少算不勝，而況於無算乎！吾以此觀之，勝負見矣。」[23]其實，《孫子兵法》十三篇通篇基本上都在告誡領導者，如果能夠「知己知彼」，則「百戰不殆」，亦即古人所言：「凡事豫則立、不豫則廢」。[24]

　　另外，中國戰國中期著名的兵法家孫臏幫助齊國田忌贏得一場馬賽，[25]以「下駟對上駟」[26]贏得賽馬比賽的勝利目標。由於比賽的規則在於「多數勝」，而並非「全勝」制度，孫臏區隔出齊國的賽馬匹的能量為：上、中、下三種，面對「彼方」已有多種能力的馬匹，如何能「知己知彼」，相關資料的蒐集為關鍵獲勝指標。其次，思考兩方

22　〈五德終始說：控制中國古代朝代更替的神祕學說〉，《每日頭條》，<https://kknews.cc/history/v9nb4by.html>(檢索日期：2018年2月25日)

23　褚良才，《孫子兵法研究與運用》（杭州：浙江大學出版社，2002），頁3。

24　根據《中庸》二十章之六：「凡事豫則立，不豫則廢。言前定，則不跲；事前定，則不困；行前定，則不疚；道前定，則不窮。」，請參見：〈第二十章之六〉，<http://edba.ncl.edu.tw/ChijonTsai/CEN/CEN-27.htm>(檢索日期：2018年1月5日)

25　普穎華編著，《孫臏兵法：偉大的思想家、卓越的軍事家》（臺北：昭文出版，1996），頁4。

26　其原文為：「忌數與齊諸公子馳逐重射。孫子見其馬足不甚相遠，馬有上、中、下輩。於是孫子謂田忌曰：「君弟重射，臣能令君勝。」田忌信然之，與王及諸公子逐射千金。乃臨質，孫子曰：「今以君之下駟與彼上駟，取君上駟與彼中駟，取君中駟與彼下駟。」既馳三輩畢，而田忌一不勝而再勝，卒得王千金。《史記・孫子吳起列傳》」，〈田忌賽馬〉，痞客邦，<http://boktakhk4.pixnet.net/blog/category/1456108>(檢索日期：2018年2月12日)

「力、空、時」的優劣之處，力量：馬匹戰力的量化分析；時間：出場順序的安排選定；空間：賽場環境的確認熟悉，因此，採取策略爲「以下駟對上駟」，終於贏得勝利。

上述中國各種經典所提出的「算」，其實就是一種「想定」建構（scenarios building）的過程，此種「算」也就是一種「計利」的過程，差別在於雖然「計利當計天下利」，沒有個人「小利」的達成，何以能「求名當求萬世名」？所以，重點在於「目標」的設定爲何，隨著不同事態的發展，會有不同的目標，確立「目標」爲「想定」達成的「關鍵課題」。

如果以2018年南韓平昌冬季奧運爲例，東北亞利益攸關者各有盤算，例如：北韓的戰略目標：「離間美韓關係、創造和解氣氛、爭取國際和解」；南韓的戰略目標：「擺脫中美掣肘、創造統一條件、爭取國內支持」；美國的戰略目標：「避免兩韓接近、創造和平僵局、爭取武力出擊」。當時北韓勞動黨委員長金正恩改變以往的劍拔弩張態勢，轉而採取和平攻勢，在2018年元旦賀詞中，金正恩除了不忘對華盛頓嗆聲外，也對南韓釋出善意，打算參加在南韓平昌舉辦的冬季奧運，並派出代表團，和南韓方商討相關事項，還祝福平昌冬奧能順利舉行。[27]

在南韓總統文在寅居中斡旋，除了兩韓領導人舉行第三次高峰會議之外，也促成於2018年6月12日新加坡的川普與金正恩的世紀會面。有趣的是，金正恩回到北韓後，立即再度前往中國與習近平第三次會面，顯示出北京或許是最關鍵的一個戰略支點。是以，整體東北亞北韓所引發的核武與飛彈威脅，中國所設定的「目標」：希望美國與北韓兩國最高領導人就推進並實現半島的無核化，以及推進並建立半島的和平機

---

27 〈金正恩元旦演說：啟動核武的按鈕「就在我桌上！」〉，《ETtoday新聞雲》，<https://www.ettoday.net/news/20180101/1083742.htm>(檢索日期：2018年9月3日)

制，能夠達成基本的共識，在北京的算盤上成型。[28]

三、什麼不是「兵棋」以及「兵棋推演」是什麼？

是以，「兵棋」是一種過程，是一種人為狀況的「想定」，除了傳統安全威脅，例如戰爭所引發的各種國家安全危機之外，非傳統威脅更是需要從嚴從難來設計「想定」，以好萬全準備。最早有此想定與推演者應該屬於孫武本人，根據《史記》卷六十五〈孫子吳起列傳第五〉，[29]孫武面見吳王闔廬，吳王熟習孫子兵法，但是，要求孫武是否可以「小試勒兵乎？」，於是孫武在吳王許可下，透過宮中美女百八十人，分為兩隊，並提出下列操演守則：「汝知而心與左右手背乎？婦人曰：知之。孫子曰：前則視心，左視左手，右視右手，後即視背。婦人曰：諾。約束既布，乃設鈇鉞，即三令五申之。」[30]這就是一種軍事「演練」的呈現，或是兵棋推演的簡單形式，主要在於目標是要讓吳王理解孫子兵法的實用性，除了兩隊人馬設定代表敵我兩方之外，孫武還設定了一些「規則」，使得整體操演在一種初步「想定」下進行。

2018年1月4日甫開新春之際，中國大陸民航局宣布啟動貼近海峽中線的M503航線的南向北行航線，以及連結福建沿海的M121、M122、M123等三條航線，我國行政院大陸委員會（以下簡稱陸委會）立即在當天下午召記者會，提出三點總結批判意見，當時陸委會主委張小月稱陸方刻意以民航包裝對臺政治、軍事的不當企圖，也有改變臺海現狀的疑慮，並稱「如果陸方一意孤行，將必須承擔任何影響兩岸關係的嚴重

---

28 〈川金會落幕　傳金正恩飛北京會習近平〉，《中時電子報》，<http://www.chinatimes.com/newspapers/20180613000280-260202>(檢索日期：2018年9月3日)

29 〈司馬遷（漢朝），「卷六十五〈孫子吳起列傳第五〉」，《國學網》，<http://www.guoxue.com/book/shiji/0065.htm>(檢索日期：2018年9月3日)

30 魏汝霖注譯，《孫子今註今譯》（臺北：臺灣商務，1984），頁1。

後果。」[31]因為，M503距離海峽中線僅有7.8公里，我國民航局擔憂，開啟後恐危及臺灣往返金門、馬祖的飛航安全，臺灣空防更可能受到衝擊。[32]

但是，中國國務院臺灣辦公室（以下簡稱國臺辦）隨即召開記者會，表達此一航線純屬中國境內航管範疇，航路安全可靠性符合國際民航組織規範，也可有效緩解現有航路流量壓力，也強調航路設計已避開金門馬祖，會與臺灣保持技術性溝通。所以，不需要經由兩岸協商，也希望臺灣方面不要借題發揮，如同中國國臺辦發言人馬曉光強調，啟用新航路本來就無需跟臺灣溝通，勿想藉機干擾或破壞兩岸關係。[33]

其實，早於2015年時，北京方面就要公布上述四條新航路，鑑於當時兩岸政治氣氛融洽，雙方當時在「九二共識」的默契下，在「兩會小空運」架構下，進行多次協商談判。最後，中國宣布新航路延至當年3月29日實施，且僅啟用M503北往南，並再向西偏移6浬，避免接近海峽中線，至於上述三條支線暫不啟用，尚待後續兩岸的協商。[34]

31　〈陸單方面開通M503航線　陸委會：陸方須承擔影響兩岸嚴重後果〉，《中時電子報》，<http://www.chinatimes.com/realtimenews/20180104004167-260409>(檢索日期：2018年1月5日)

32　〈中國啟用『M503』北上航路　恐衝擊我國飛安、空防〉，《自由電子報》，<http://news.ltn.com.tw/news/politics/breakingnews/2302392>(檢索日期：2018年1月5日)

33　〈國臺辦：新航路避金馬無需再溝通〉，《中時電子報》，<http://www.chinatimes.com/newspapers/20180105000090-260301>(檢索日期：2018年1月5日)

34　其實，兩岸的爭議焦點在於，「M503航路爭議主要發生在2015年，該年1月12日大陸宣布該航路預定3月5日生效，我民航局隨即提出抗議，後來雙方達成共識，將M503航路西移6浬，只採北往南單向飛行，其餘3條W121、W122、W123航路則不啟用」。參見：〈國臺辦：新航路避金馬無需再溝通〉，《中時電子報》，<http://www.chinatimes.com/newspapers/20180105000090-260301>(檢索日期：2018年1月5日)

　　2018年1月5日上午，當時我國國家安全會議祕書長嚴德發召集會議研商認為：在未經雙方協商下，中方片面啟動M503等四條爭議航線，這樣的舉動已經片面改變臺海現狀，對東亞區域的和平穩定造成嚴重衝擊，造成區域各方的不安。[35]總統蔡英文在推特貼文指出，這無助區域穩定，應該避免，[36]表達臺灣將持續維護現狀，呼籲各方共同攜手努力。[37]2018年1月7日，總統蔡英文偕同行政院賴清德院長召集國安部會首長研議，在會上做出五點裁示，北京應善盡區域責任，盡速與我恢復協商，並且「針對M503航線飛航所引發的各種疑慮，採取彌補措施，並依據2015年兩岸達成之共識，由雙方盡速展開技術性協商。」[38]

35　〈中國啟用M503新航路　國安會：嚴重衝擊東亞區域和平〉，《自由電子報》，<http://news.ltn.com.tw/news/politics/breakingnews/2303410>(檢索日期：2018年1月5日)

36　蔡英文總統的英文推特原文："Cross-strait stability is impt to regional stability. Recent unilateral actions by China – including M503 flight route & increased military exercises – are destabilizing & should be avoided. #Taiwan will continue to safeguard the status quo. We call on all parties to do the same."請參見：〈臺海M503航路爭議　蔡英文寫Twitter訴諸國際〉，《HiNet新聞》，<https://times.hinet.net/news/21215410>(檢索日期：2018年1月0日5)

37　〈中國單方面啟用M503航路　蔡英文：無助區域穩定〉，《自由電子報》，<http://news.ltn.com.tw/news/politics/breakingnews/2303276>(檢索日期：2018年1月5日)

38　蔡英文總統裁示五點如下：「一、片面啟用爭議航道，是對區域安全的破壞挑釁：我們認為中國身為區域一員，應擔當區域穩定義務，類似不恰當作為，是不負責任的做法。二、完整掌握區域情勢發展，強化國家安全戰略：國安相關部會應總體動員，並與相關國家保持緊密聯繫，以鞏固國家安全及保障人民福祉；同時國安單位也要從國家安全戰略角度，長程評估、規劃臺灣在應對區域變化脈動及可能趨勢發展下，如何達成「國家風險最小化」及「區域合作最大化」的戰略目標，化挑戰為轉機，拓展未來發展空間。三、精進國防整備，捍衛國人與國家民主自由：對於中國軍事動態，國軍應提升全面監控與掌握的能力；四、強化國際宣傳，爭取國

　　2018年1月5日，美國在臺協會發言人游詩雅（Sonia Urbom）強調，美方關切有關北京未經與臺灣當局協商，修改在臺灣海峽民航航路的規定；美方反對任何一方單方面採取行動改變兩岸現狀，鼓勵北京和臺北在尊嚴和尊重的基礎上，進行建設性對話，兩岸民用航空與安全等問題應由雙方對話決定。[39]

　　2018年1月17日，中國國臺辦例行記者會上發言人馬曉光藉由記者的提問再度強調：開通M503北上及銜接航線，是爲緩解該地區航班快速增長壓力。M503航線完全位於臺灣海峽靠近大陸一側，是大陸的內部事務，不涉及臺灣的航線和航點。[40]反之，2018年1月18日，臺灣民

際社會理解與支持：北京當局在未經協商下片面啟用爭議航線，不僅影響飛安，更是對臺海現狀的破壞，這種單方面改變現狀、破壞區域穩定的做法，國際社會並不樂見。外交與民航單位，應持續向各國政府、民航業者與國際組織，說明此爭議航道對區域穩定與飛航安全的破壞，爭取國際社會理解與支持。五、北京應善盡區域責任，盡速與我恢復協商：我們願意以負責任態度共同面對解決問題，我方呼籲北京當局要珍惜得來不易的兩岸和平穩定關係，針對M503航線飛航所引發的各種疑慮，採取彌補措施，並依據2015年兩岸達成之共識，由雙方盡速展開技術性協商，解決飛航安全相關問題，讓此一引發區域與兩岸不安的事件早日落幕。」，請參見：〈中國啟用M503　總統開國安會議籲兩岸盡速協商〉，《蘋果日報》，<https://tw.news.appledaily.com/politics/realtime/20180107/1273895/>(檢索日期：2018年1月7日)

39　〈美方挺臺　批中單一改變現狀〉，《蘋果日報》，<https://tw.appledaily.com/forum/daily/20180106/37895541/>(檢索日期：2018年1月6日)

40　回答記者提問原文：「第一，海峽西岸空域是大陸長三角往返珠三角地區以及港澳、東南亞等地區的空中交通要道，兩岸空中直達航路也經過該地區。開通M503北上及銜接航線，是爲緩解該地區航班快速增長壓力，保證飛行安全，減少航班延誤，保障旅客權益，滿足亞太地區航空運輸發展需要，也有利於改善兩岸航班運營，進一步便利兩岸人員往來，符合兩岸同胞共同利益。
近年來，該區域航班快速增長，交通流量密度極高，延誤日趨嚴重。北上

航局宣布，針對持續使用M503相關航路的航空業者，暫不核准他們過年加班機的申請，包括東方航空、廈門航空，申請的加班機有176班，估計約影響5萬名旅客。[41]

　　上述兩岸航線互動過程中，衍生以下一些問題，也是一個兩岸互動中「兵棋推演」的絕佳範例。首先，中國大陸爲何選擇開春之際宣布此一爭議性航路？臺北是否能夠正確理解與研判中國大陸的戰略目標與戰術作爲？以及此一航線開通是否屬於一種「危機處理」的議題？換言之，必須事先加以釐清，相關利益攸關者的戰略目標爲何？

　　根據2016年1月16日總統大選結果出爐，民進黨再度執政，蔡英文總統就職以來，面對中國大陸要求是否承認兩岸互動的政治基礎：

航線不開通，嚴重影響東南亞和港澳地區經長三角北上。相關銜接線不啟用，始終制約A470航線航班分流。據統計，2017年香港去往上海浦東的航班中，航班平均延誤高達103分鐘，較2016年同期增長了5.1%。航路平均正點率僅爲46%。啟用M503北上航線及相關銜接航線，將有效緩解現有航線流量壓力。第二，M503航線完全位於臺灣海峽靠近大陸一側，在上海飛行情報區內，設立和啟用這一航線是大陸民航空域管理的一項常規工作，是大陸的内部事務，不涉及臺灣的航線和航點，完全不存在單方面開通的問題。第三，2015年3月該航線啟用前，大陸方面充分考慮臺方關切，與臺灣方面進行了溝通。在溝通中，大陸方面表示，以後開啟M503北上航線和相關銜接航線時，會事先與臺灣方面通氣。但這並不意味著開通該航線需要臺灣方面的同意。即便如此，在1月4日大陸啟用M503北上及相關銜接航線前，我們也向臺方作了通報。臺方聲稱大陸違反雙方2015年達成的共識，完全不符合事實。」，參見：〈國臺辦：M503航線完全在大陸一側〉，《中國評論通訊社》，<http://hk.crntt.com/crn-webapp/touch/detail.jsp?coluid=3&kindid=0&docid=104944916>(檢索日期：2018年1月19日)

41 基本上，該兩業者申請航點分別是上海、南京、無錫、合肥，以及杭州、福州、廈門、長沙，依國際慣例已先賣票，買票旅客恐將無法順利搭到原訂班機。請參見：〈反制M503臺民航局將協調過年疏運旅客〉，《大紀元》，<http://www.epochtimes.com/b5/18/1/18/n10068646.htm>(檢索日期：2018年1月19日)

「九二共識」一事，透過不同國內與國際場合，始終表達承認「九二香港會談」的歷史事實，希望以「中華民國憲法」與「兩岸人民關係條例」處理兩岸關係。對於兩岸關係未來發展，始終抱持一個「維持現狀」的戰略思考。相對的，2017年11月18日，中共召開第十九次全國代表大會，確認對臺雙推戰略：「推進兩岸和平統一、推進祖國和平統一」，如何將兩岸發展納入中國國家安全戰略的時程表：2020年全面進入小康社會、2035年實現社會主義現代化、2049年達成世界社會主義強國的總體戰略目標。是以，中國方面是否藉此事件表達推動兩岸統一進程的戰略目標？

其次，此一事件並非「憑空而起」，屬於2015年兩岸空運兩小會的協商餘韻，問題在於，臺灣方面是否有此「先見之明」進而「萬事皆備」？其實，陸委會方面很早就定調三個議題：「國安問題」、「飛安問題」、「中國單方面片面改變臺海現狀」。所謂國安問題就是此一航路過於接近海峽中線，壓縮我方空域與應急準備時間，未來如果有中國解放軍空軍循此路徑犯臺，對我軍事安全影響頗劇。其次，「飛安問題」在於此一航路的三條支線：M121、122、123接近我方臺灣至馬祖與金門的航線。事實上，我國空軍在每年的4至10月期間，派出一個中隊的IDF戰機前進部署到澎湖，執行「天駒駐防任務」。[42]以往在冬季期間，強烈的東北季風不利戰機活動，因此較無戰備上的壓力，但在中國片面啟用M503雙向航路及三條銜接航路後，空防威脅已不分夏季、冬季，「天駒駐防任務」也可能評估調整，爭取全年預警時間，以求有

---

42 基本上，「『天駒任務』依空軍作戰指揮部命令，駐防馬公基地，是我國臺海空防的第一線作戰部隊，以增加用兵彈性及預警反應時間，並遵從為戰而訓的宗旨，藉部隊移防，強化戰備轉場與後勤補保的能力，以因應各種敵情威脅，確保空防安全。」，請參見：〈天駒部隊捍衛臺海空防最前線〉，《青年日報》，<https://www.ydn.com.tw/News/85040>(檢索日期：2018年9月18日)

效維護臺海空防安全。[43]

　　其實，近兩年來解放軍海、空軍進行跨區聯合長訓，不僅突破第一島鏈，多次「繞島巡航」，其第一艘航空母艦遼寧號多次進出臺灣海峽，於2016年12月25日穿越宮古海峽，沿著我國東部防空識別區以外海域，到南海進行遠海長訓，2017年1月11日自臺灣海峽中線以西海域北返；隨後，遼寧號在2017年7月1日自臺灣海峽中線以西海域往南巡航，前往香港參加香港主權轉移20週年活動，在2017年7月12日循原路線北返。[44]2018年1月5日，第三度從青島母港出發，編隊沿海峽中線以西續向西南航行，晚上約2100時將駛離我國「防空識別區」，我國軍全程監控與應處，該編隊航行中無異常活動，籲請國人放心。[45]

　　另外，我國國防部每年度舉行的「臺澎防衛作戰演習」，又稱為「漢光演習」，至今已經舉行過三十次，是國軍每一年度最重要演訓事務，屬於一種「複合式」演習工程。有人戲稱，「漢光演習」雖然一年才舉行一次，但是，準備一次要一年！首先，主演單位進行相關單位的「期程管制」協調會報，分配任務下達啟動，各參演單位進行細部項目規劃，再按既定科目進行操演。一般分成參謀作業、電腦兵棋驗證、實兵對抗、軍力展示等科目，既有集中作業性質，亦有分區演練性質。

　　是以，類似中國人民解放軍於2018年初在河北正定縣進行年度演訓的誓師大會，同時在不同地點進行演練。2018年4月12日，習近平在海南島三亞外海，校閱解放軍海、空編隊，這次參加海上大閱兵的艦艇高達48艘，飛機76架，官兵超過萬人。習近平宣稱，建設強大海軍的任

43　〈反制中國啟用臺海新航路IDF擬全年駐防澎湖〉，《自由電子報》，<http://news.ltn.com.tw/news/focus/paper/1166355>(檢索日期：2018年1月6日)

44　〈寧艦編隊21：00駛離我防空識別區〉，《自由電子報》，<http://news.ltn.com.tw/news/politics/breakingnews/2303884>(檢索日期：2018年1月6日)

45　〈遼寧艦編隊跨區演訓　國軍監控稱無異常活動〉，《HiNet新聞》，<https://times.hinet.net/news/21217832>(檢索日期：2018年1月6日)

務，從來沒有像今天這麼急迫。[46]實際上，從2013年開始，中國在南沙群島組建8個人工島礁，目前有4個具高度軍事化，且擁有機場可供戰機起降設施的島礁。中國將這8個南沙島礁化爲海、空軍前進基地。[47]

四、未來兩岸是否還存在由北京單一主導的「事件」？

2018年1月24日，時任中國國臺辦副主任劉結一赴廣州調研時表示：中共19大報告強調秉持「兩岸一家親」的理念，提出要讓臺灣民眾率先分享大陸發展帶來的機遇，他們也在逐步爲臺灣民眾到大陸發展事業創造更好的條件。[48]隨後，2018年2月1日，中共19大後首場對臺工作會議，中國各省市臺辦主任陸續赴京，聽取下階段對臺政策，除表達堅定不移與臺獨分裂勢力鬥爭態度，更進一步向各省市臺辦下達動員令，兼顧質量的落實更多「操之在我」的中國惠臺措施。[49]中國大陸臺企聯2月5日，動員各省市臺協會長赴北京會見國臺辦舉行座談，國臺辦主任張志軍除親自向臺商傳達下階段對臺政策，各省市臺協會長也會就五險一金、限污令、投資便利和轉型升級等措施，反映有關問題。[50]事實上，中國各省根據中央國臺辦的31項惠臺措施，陸續頒發各省市單

---

46 〈習近平上午完成海上大閱兵　中共官方晚間才宣布〉，《聯合新聞網》，<https://udn.com/news/story/10930/3083759>(檢索日期：2018年9月3日)

47 〈南沙8島礁　不沉航母環伺太平島〉，《中時電子報》，<http://www.chinatimes.com/newspapers/20180805000426-260102>(檢索日期：2018年9月3)

48 〈劉結一：加大力度推出惠臺措施〉，《中央通訊社》，<http://www.cna.com.tw/news/acn/201801250033-1.aspx>(檢索日期：2018年2月11日)

49 〈惠臺措施　陸落實操之在我〉，《中時電子報》，<http://www.chinatimes.com/newspapers/20180129000510-260108>(檢索日期：2018年2月11日)

50 〈惠臺措施　陸落實操之在我」，《中時電子報》，<http://www.chinatimes.com/newspapers/20180129000510-260108>(檢索日期：2018年2月11日)

獨的惠臺條例，[51]例如北京出爐50多項實施細則，廈門推出「從生到死全包」的惠臺60項，溫州推出24條惠臺措施，給臺胞「同等待遇」。福建省廈門市提出惠臺68措施，總結有4個方面，第一是促進廈臺經貿合作，其次是支持臺胞在廈實習就業創業，第三要推進廈臺文化交流，然後要便利臺胞的工作與生活。[52]

　　事實上，中國對臺政策積極主動，行使操之在北京的作為，在頒發「臺灣居民居住證」之後，已經影響臺灣對於赴陸人民的主權與治權的治理問題。2018年8月16日，中國公安部副部長侍俊、國務院港澳事務辦公室副主任黃柳權、臺灣事務辦公室副主任龍明彪出席記者會公布「港澳臺居民居住證申領發放辦法」，從9月1日生效，臺灣居民居住證採18碼，與中國大陸身分證相同，用於在中國「證明身分」。[53]我國陸委會則是指出「居住證」是中國對臺的統戰拉攏策略，政府仍將致力推動兩岸交流正常、有序發展，維護臺灣自由、民主體制與民眾安全福祉。並且提出風險管控建議，因為，中國建制「天網」工程，並與其

51　〈中國各省市不斷加碼惠臺政策細則〉，《世界民報》，<http://www.world-peoplenews.com/content/news/310776>(檢索日期：2018年9月18日)

52　〈福州推惠臺68條　臺商子女享市民待遇〉，《YAHOO奇摩新聞》，<https://tw.news.yahoo.com/%E7%A6%8F%E5%B7%9E%E6%8E%A8%E6%83%A0%E5%8F%B068%E6%A2%9D-%E5%8F%B0%E5%95%86%E5%AD%90%E5%A5%B3%E4%BA%AB%E5%B8%82%E6%B0%91%E5%BE%85%E9%81%87-215009159--finance.html>(檢索日期：2018年9月18日)

53　根據規定：「在中國大陸居住半年以上，符合有合法穩定就業、合法穩定住所、連續就讀條件之一的港澳臺居民，根據本人的意願，可以持有效的港澳通行證或者5年期臺胞證，到當地公安機關申請辦理。申請受理之日起，20個工作日就能領到證件。」，而且「臺灣民眾申領居住證不需要具有大陸戶籍，也不需要放棄臺灣戶籍。目前在臺灣享有的相關權利義務也不應該受到影響」。」請參見：〈等同身分證　陸推18碼臺灣居民居住證〉，《中央通訊社》，<http://www.cna.com.tw/news/first-news/201808160054.aspx>(檢索日期：2018年9月18)

「社會信用體系」結合，全面對民眾進行監控，對赴陸民眾產生一定風險。[54]

一言之，臺灣方面，不管是國安單位是否有整體事件的狀況「想定」？國防部各聯參部門是否已經備妥各種突發軍事危機的「應變方案」？針對中國惠臺31項措施之後，各省市陸續推出實施細則，尤其在「居住證」的頒發後，陸委會除了「諄諄警告」之外，透過電腦模擬可能的接戰態勢與後續發展如何？是否與行政院各部會討論其他非軍事方面的可能狀況？例如在非傳統安全方面的經濟、社會與民間人心穩定問題，是否會間接影響臺灣內部的「民主治理」？

以上屬於傳統兩岸安全威脅方面事宜，而在非傳統安全部分更是需要透過「兵棋推演」演練，爭取時間，做好萬全準備，讓損失到最低程度。2018年2月6日，深夜11時50分，花蓮發生強震。蔡英文總統凌晨2時在總統府「狀況室」開會，和國防部長、行政院長視訊，掌握國軍救災狀況。隨後一早6時多，蔡總統搭機前往花蓮，進行後續的「危機處理」事宜。[55]許多國家也同時發生類似地震的天然災害，為了要減少此類的傷亡，「平時」的「觀念」與「緊急時期」亦有所不同，例如「急救包」或是日本人必備的「地震包」，在危機時期，可以發揮很多功能。我國內政部消防署建議民眾，應事先準備好「緊急避難包」：是萬一在災害發生時（特別是地震），能夠立刻取得逃生所需的相關物

54　〈陸委會：民眾申請中國大陸居住證　仍有一定風險應注意〉，《中華民國大陸委員會》，<https://www.mac.gov.tw/News_Content.aspx?n=05B73310 C5C3A632&sms=1A40B00E4C745211&s=D39B197D1CE1C406>(檢索日期：2018/09/18）

55　〈蔡英文『狀況室』曝光　花蓮地震首練兵〉，《中時電子報》，<http://www.chinatimes.com/realtimenews/20180209001508-260407>(檢索日期：2018年2月9日）

品，[56]迅速離開災害現場進行避難。[57]「緊急避難包」又稱爲「Bug Out Bag」，思考準備的物品時，應該是以「地震後避難時，我該攜帶什麼」爲主，而非「地震當下我要用什麼」。[58]

　　這也是一種「觀念」的調整，因爲「地震」發生時，如何「保命」與「續命」的整體進程非常快速，必須在於平時進行相關的「標準作業程序」（Standard Operation Procedure, SOP），不加思索的本能反應爲基本原則，平時就必須要備妥相關物件，在任何緊急情況，都能夠隨著流程進行，不會有太多的差錯出現。例如海軍艦艇上的意外事故的損管操作SOP演練，世界各國軍艦都應該有一致性的做法，首先要研判災害性質，何種物質引發的災害，啟動船上既有的救生防護行動。其次，要依照平時的分工小組加以實際操作，最後，透過「善後處理」，

---

[56] 出身於花蓮的資深媒體人王尚智在臉書發文，分享自己「救命包」的物品給民眾參考。相關物品如下：「1.臨時取拿★身分ID與存摺等證明文件（身分證，護照，駕照等）★現金（5000元）；2.食物生存★3天份乾糧泡麵與大瓶包裝水★高能量補給食品★乾燥保暖輕便衣物★保溫薄毯與睡袋；3.基本物品★LED手電筒／乾電池★簡易藥品／個人藥品（優碘、OK繃、紗布、感冒藥、胃藥）★暖暖包★衛生紙濕紙巾／數包★防風打火機★口罩／數個★哨子／2個（虛弱時可使用）★輕便雨衣／雨傘；4.進階物品★工地手套（搬瓦礫）★多功能瑞士刀、剪刀★童軍繩（攀爬）★折疊式水袋（貯存水使用）★塑膠袋／大小若干★自己特殊貴重物品。」，請參見：〈餘震不斷！他記取日本經驗自製地震包〉，《Nownews今日新聞》，<https://www.nownews.com/news/20180208/2699144>(檢索日期：2018年2月10日)

[57] 〈平時備妥「緊急避難包」，以備不時之需！〉，《內政部消防署》，http://www.nfa.gov.tw/pro/index.php?code=list&flag=detail&ids=21&article_id=588>(檢索日期：2018年9月3日)

[58] 〈保命必備，「地震避難包」清單大公開！地震無法預測，你能做的是事先準備好〉，商周.COM，<https://www.businessweekly.com.tw/article.aspx?id=21881&type=Blog>(檢索日期：2018/02/11)

並進行檢討報告。

五、本書編寫安排：概念、內涵、理論、途徑與運用

　　探討未來「未知」事物，始終是一種主導人類社會進步的原動力，如果能夠「預知未來」，就可以「及早準備」。一方面「逢凶化吉」，防範可能發生的災害，或者，可以「捷足先登」，提早得知訊息，獲取最大的利益。是以，在掌握「未卜先知」或是「占星算命」的心智導引，就如同現今「未來學」、「未來研究」、「趨勢評估」的學科的運用。[59]不過，未來學研究的主軸在於理解驅動未來發展的相關因素，而非毫無數據根據的「預言」過程。所以，未來所牽涉的三個時間與空間面向：「現在、過去、未來」，唯一能夠掌握的在於「現在」，因為「往者已矣」，「來者之不可追」，唯有「掌握當下」才是確實可行之道。

　　2018年2月21日，美國智庫戰略與國際研究中心（Center for International and Strategic Studies, CSIS）發表一篇報告〈因應強權衝突中的突發行動〉（Avoiding Coping with Surprise in Great Power Conflicts），[60]而另位一位美國情報分析家Mathew Burrows提出亞洲秩序的未來四種發展趨勢：[61]一、延續目前的秩序：美中按照規則競爭，美國持續維繫海

---

[59] 請參考：馬修・巴洛斯（Mathew Burrows）原著，洪慧芳譯。《2016-2030全球趨勢大解密：與白宮同步，找到失序世界的最佳解答》。臺北：先覺出版，2015。

[60] Mark F, Cancian, "Avoiding Coping with Surprise in Great Power Conflicts", A Report of the CSIS International Security Program, CSIS, Accessed at: https://csis-prod.s3.amazonaws.com/s3fs-public/publication/180215_Cancian_Coping-WithSurprise_Web.pdf?Rqyg1b2BKKcR.Jv3b8oy7RKYE_i2HEwY.(2018/02/25)

[61] 馬修・巴洛斯（Mathew Burrows）原著，洪慧芳譯，《2016-2030全球趨勢大解密：與白宮同步，找到失序世界的最佳解答》（臺北：先覺出版，2015），頁186-187。

上霸權，聯盟體系維繫安全秩序，並削弱中國軍事化、北韓核武等安全議題；亞洲體制繼續扎根，朝太平洋軸心發展，主要衝突來源為小型軍事衝突發酵，引發民族主義光熱意識發展；二、權力平衡秩序：美國勢力衰退，降低維護東亞安全意願，有些亞洲國家發展核武強化安全，使整體區域衝突增加；三、統一的地區秩序：東亞共同體依循歐洲民主和平的過程，必要條件在於中國政治自由化、保留亞洲小國的自主權，透過美國來維護多元東亞共同體的安全議題；由於中國崛起的憂慮，目前屬於最不可能出現的情境。四、以中國為中心的秩序：中國處於階層式區域秩序的頂峰，顯示亞洲體制依循「亞洲軸心」的封閉路線發展，而非開放的「跨太平洋區域主義」，只在於北京降低威脅性，並與鄰國之間建構有好雙邊關係。

　　Mathew Burrows曾經在美國「國家情報委員會」（National Intelligence Council, NIC）任職多年擔任顧問，他提出一個關於「未來可以預測嗎？」的論點：「沒有人有水晶球可以洞悉未來，但我們可以對未來累積足夠的瞭解，進而規劃未來。預測與先見是有差別的，預測是想預言精確的未來，這是不可能的任務；先見則是瞭解可能促成未來的因素或變數。先見無可避免是談論另類的未來，因為我們塑造那些趨勢的方式，可能會促成不同的未來。」[62]

　　是以，「兵棋推演」即是一種針對即將發生的各種狀況，透過實際操演過程，求得「應興應革」之道。「兵棋推演」就是針對上述狀況，

---

[62] Mathew Burrows身為一個專業的史學家，於2003年加入「美國國家情報委員會」任職，負責分析與生產主任一職，負責撰寫2004年全球趨勢，2013年退休之後，現任職於華盛頓智庫「大西洋理事會」（The Atlantic Council）的「史克考羅國際安全研究中心」，擔任策略遠見計畫長一職，為民間需要思考未來的客戶服務。參見：馬修·巴洛斯（Mathew Burrows）原著，洪慧芳譯，《2016-2030全球趨勢大解密：與白宮同步，找到失序世界的最佳解答》（臺北：先覺出版，2015），頁36至40。

在推演前、中、後所做的一切準備工作。「兵棋」如同一般坊間所理解的對抗性遊戲：象棋、陸軍棋、五子棋，或是更複雜的「圍棋」，雖然是一種「遊戲」，但也帶來許多教育訓練的功效。在國防軍事方面，「兵棋推演」是一個例行的實作課題，有時又被稱之為「沙盤推演」，就是一種「狀況」或是「想定」的「事先」或者「事後」的重建過程，或是針對尚未發生的事件，進行預先「推估」的過程。

本書的編寫安排，除了第一章前言敘述本書寫作的「兵棋推演」的一般性論述、主要論點、運用價值等等。第二章從傳統歷史分析途徑，細部解說「兵棋推演」的概念、意涵與歷史演進。第三章則是從國際關係與戰略研究領域，嘗試指出幾個攸關「兵棋推演」運用的理論與途徑，建構合理進行推演程序的基礎，並且區分「兵棋推演」的三個模式：1.教育訓練；2.模式模擬；3.策略分析。

第四章則是逐一探討「兵棋推演」的教育訓練模式，主要目的在於進行「決策領導人才的發掘與運用」。第五章為「模式模擬模式」，主要功能在於整合「策略制定」與「成效驗證」的過程，透過不同客制化程序，建立相關評估模式，以為後續「兵棋推演」的客觀參考數據。第六章為「策略分析模式」，主要面對未來事件的預測與評估，透過「情節式」為主的思考途徑，架構出對於未來政策釐定的參考之用。最後，為本書的結論，透過上述各章分析，架構出「兵棋推演」的梗概與「兵棋推演」之後的完整事項，以及如何運用至現實國際關係與戰略研究，應該是後續研究的挑戰議題。

第二章

兵棋推演：概念、演進與內涵種類

「兵棋推演」的核心關鍵就在於：如何從不同決策考量下，透過「想定」的淬鍊，進行最適當「決策選擇」的過程。

兵棋的設計是一種藝術，而非科學。（Designing a wargame is an art, not a science）

Peter P. Perla

一、兵棋推演：概念與定義

（一）兵棋推演的概念

一般討論「兵棋」（War Game）或稱為「兵棋推演」（Wargame），簡稱「兵推」，都聯想到這是屬於一種軍事性質的活動。所以，一般都被定義為：「描述任何形式的戰爭行動模型，包括：模擬、戰役與系統分析，以及軍事演習。」[1]根據《劍橋大學進階學習英文辭典》（Cambridge Advanced Learner's Dictionary & Thesaurus）中載明「兵棋」為：「以訓練為目標導向的假想軍事戰鬥」（a pretend military battle that is performed only for the purpose of training）。[2]如果依據Merriam-Webster英文大辭典線上版的定義：「兵棋」有三個英文相似語：war-gamed或war-gaming，以及war-games，表示兩種意義：第一、一個模擬的戰役

---

[1] 其原文為：" Any type of warfare modeling, including simulation, campaign and systems analysis, and military exercise", Perla, Peter P., The art of wargaming: a guide for professionals and hobbyists (Annapolis, Maryland: United States Naval Institute, 1990), p.163.

[2] "War Game", Definition of "war game" from the Cambridge Advanced Learner's Dictionary & Thesaurus © Cambridge University Press, Cambridge Dictionary, accessed at: https://dictionary.cambridge.org/dictionary/english/war-game. (2018/09/18)

或是戰鬥，藉以測試作戰理念，通常由軍官扮演敵對人員幕僚，以議題討論方式進行的一種訓練型態；第二、由兩方對壘而由眞正軍事力量參與構成，並配合仲裁的一種訓練型態。[3]

依照我國的《國軍軍語辭典》記載，所謂「兵棋推演」就是「戰術研究之一種技術，係按照規定之推演規則，模擬實戰之各種狀況，運用計畫作爲因素，以分析某一課目中所涉及之各種行動方案。」[4]。亦即透過會議形式來操作，由軍官來扮演敵對方人員，或是具有實際武裝人員參與的兩邊仲裁式訓練演習行動，以符合實際軍事人員參與的演練型態。[5]

例如2017年我國國軍爲了因應新軍事戰略：「防衛固守、重層嚇阻」，例行的「漢光演習」重新調整，爲了理解臺海防衛作戰可能遭遇的困難和問題，其中「電腦兵棋」推演時間擴增長達1個月時間，分成軍種推演、國防部預推、正式推演3個階段。[6]同時，由國防大學扮演「假想敵」或「紅軍」，對抗參謀本部所屬各聯參單位，進行兩方電腦

3　其原文爲：“1: a simulated battle or campaign to test military concepts and usually conducted in conferences by officers acting as the opposing staffs; 2: a two-sided umpired training maneuver with actual elements of the armed forces participating”, 請參見：“Definition of War Game”, Merriam-Webster, accessed at: https://www.merriam-webster.com/dictionary/war-game.(2018/09/19)

4　國防大學軍事學院編修，《國軍軍語辭典（九十二年修訂本）》（臺北：國防部，2004），頁7-17。

5　Perla, Peter P., The art of wargaming: a guide for professionals and hobbyists (Annapolis, Maryland: United States Naval Institute, 1990), p.163.

6　基本上，以往「漢光演習電腦兵推演習，僅用5天時間就模擬打完臺海大戰，其中聯合制空階段打1天、聯合截擊部分打1天半、聯合反登陸打2天，最後則是登陸後的首都保衛戰。」，請參見：〈「獨家」臺海大戰5天打不完！驗證國軍新戰略　漢光兵推首度延爲4周〉，《風傳媒》，<https://www.storm.mg/article/239315>(檢索日期：2018年9月19日)

兵棋的推演工作。之後，才進行實際部隊的現地模擬操演，以驗證兵棋
「想定」的「適切性」。中國人民解放軍也表達所謂「兵棋推演」，
「是對抗雙方運用兵棋，按照一定規則，在模擬的戰場環境中對設想的
軍事行動進行交替決策和指揮對抗的演練。推演者可充分運用統計學、
機率論、博奕論等科學方法，在虛擬戰場上排兵布陣，進行智慧的較
量。」[7]

　　不過，「兵棋推演」並非僅僅上述比較偏重於「軍事定義」表達的
內涵，2018年3月26日，臺北市消防局規劃的各項演練項目，除了舉行
火山災害兵棋推演之外，消防局、兵役局及北投區公所也會同國防部，
於3月31日在國防大學政治作戰學校復興崗營區，舉行震災及火山災害
搶救演練。[8]2018年9月21日，蔡英文總統參加「107年度國家災防日：
大規模震災消防救災動員演練」，強調政府未來將加強與民眾的災害風
險溝通，用民眾理解的話來傳遞訊息，並規劃一年內建構「國家災害預
警機制」。[9]同樣，2016年9月1日，日本政府實施了假想發生南海海槽
大地震的第45次綜合防災演練，日本全國36個都道府縣約有100萬人參
加。各地也分別進行防災演練，地方政府職員也確認了緊急情況下的應
對方式。[10]

---

[7] 〈兵棋推演，軍校學員帶你走入『戰爭大片』〉，每日頭條，<https://kknews.cc/military/8mmno3g.html>(檢索日期：2018年9月19日)

[8] 此次兵推想定：「主要假想火山群熔岩上升，地震頻繁，大屯火山群火山爆發，災害種類為火山熔岩、火山噴發岩屑，以及遇大雨發生土石流，另外就是四散火山灰。兵棋推演將假想火山缺口方向，疏散山下居民。」請參見：〈假想大屯火山群噴發　兵棋推演月底登場〉，《聯合新聞網》，<https://udn.com/news/story/11322/3031581>(檢索日期：2018年9月19日)

[9] 〈921國家防災日　蔡英文：一年內完成災害預警機制〉，《中時電子報》，<https://www.chinatimes.com/realtimenews/20180921002507-260407>(檢索日期：2018年9月21日)

[10] 此次演練想定為：「1日上午7點10分前後發生以和歌山縣南部海域為

（二）兵棋推演的定義

首先，「兵棋推演」至少在軍事研究社群的通常意涵，並非僅僅是一種「分析」而已。它並非是一種針對一個問題的技巧，而是建構一種巨大的、量化的或是邏輯性的解構（解釋），或是從另類角度有效的建構出解決之道。第二、「兵棋推演」也非眞實情況的再現，雖然與眞實的軍事行動相較，有同樣相似的操演語言、操演經驗。但是，「兵棋推演」也存在一些多樣的抽象性概念，也因爲出現太多範例，顯然必須與實際經驗相互配合。第三、「兵棋推演」過程，無法透過隨意的改變「參數」，而加以「複製」。因爲，兩個獨立的「推演」，如果會產生同樣的決策過程與結果，其實現的機率相當低，甚至可以被忽略。[11]

所以美國兵棋推演專家Perla提出「兵棋推演」是一種「戰爭模型」（warfare model）或是「模擬」（simulation），並不牽涉到實際軍事武力的活動，整體事件的影響因素在於，代表敵對方的推演者的決策作爲。亦即，一個「兵棋推演」是一種人類互動的練習過程，以及人類決策的相互作爲的互動結果，以及上述決策過程的模擬演練，使得兩種演習產生不同的結果。[12]

是以，「兵棋推演」並非學習戰爭與解決戰爭問題的「萬靈丹」（panacea），它的「利基」在於發掘影響人類決策的角色與潛在效

震源的芮氏9.1級大地震，以九州至東海地區太平洋一側爲主，遭遇最大震度爲7（日本標準）的劇烈晃動。」，請參見：〈日本防災日　百萬人參加大地震演練〉，《中時電子報》，<http://www.chinatimes.com/realtimenews/20160901004600-260408>(檢索日期：2018年9月19日)

[11] Perla, Peter P., The art of wargaming: a guide for professionals and hobbyists (Annapolis, Maryland: United States Naval Institute, 1990), p.164.

[12] Perla, Peter P., The art of wargaming: a guide for professionals and hobbyists (Annapolis, Maryland: United States Naval Institute, 1990), p.164.

應。至於其他的工具有助於理解「眞實世界」的技術面向。好的「兵棋推演」必須具備「結構」，來協助推演者進行決策，使得他們能夠從中學習理解他們所作的決策會產生何種影響。[13]所以，「兵棋推演」是一種協助人類決策的「過程」與「工具」，它具有一再演練的「重複性」功能，也可以減少人爲的資源浪費，從而讓人類能夠進行最佳的決策。

二、兵棋推演：演進與發展

一般討論到「兵棋推演」的「演進」（evolution）與「發展」（development）過程，不管其運用的工具與技術，隨時代發展呈現不同程度的演進結果，「兵棋推演」的組成要素與本質，依舊沒有改變。從早期配置簡單的地形圖，以及固定詳盡圖解的「戰爭遊戲」（Kriegsspiel），到配置鉛製士兵與彈性裝置大炮道具的兵棋遊戲「小戰爭」（Little Wars），[14]配備小型電腦的「戰場運輸」（Carriers at Wars），[15]或是配合大型電腦架構的「海軍戰爭兵棋系統」（Naval

---

[13] Perla, Peter P., The art of wargaming: a guide for professionals and hobbyists (Annapolis, Maryland: United States Naval Institute, 1990), p.164.

[14] 事實上，「小戰爭」（Little Wars）爲H. G. Wells所著作，並於1913年出版的一本小說，敘述兵棋遊戲的歷史故事，並從社會與政治角度討論兵棋。Wells本人是一個「和平主義者」，此本書主要提供給有興趣者閱讀，主要基於「兵棋」是其最喜歡的「嗜好」。他認定「小戰爭」當中的「將軍」角色，爲毫無顧忌的小丑行徑，同時，他擔心其國家會陷入戰爭的爆發。參見：”Little Wars”, BoardGameGeek, accessed at: https://boardgamegeek.com/boardgame/12067/little-wars.(2018/09/20)

[15] 「戰場運輸者」（Carriers at War）是一個戰略性兵棋遊戲，存在歷史性、虛構性與隨意性的想定內涵，其場景設定二次世界大戰期間的海空軍對抗，玩家可以控制美國（盟軍）或是日本（軸心國）的力量來操作。請參見：“Carriers at War”, Wikipedia, accessed at: https://en.wikipedia.org/wiki/Carriers_at_War. (2018/09/20)

Warfare Gaming System），顯示出兵棋推演的工具與技術持續演進。[16]
2015年10月27日，我國國防部配合《104年國防報告書》出版，除了用
漫畫方式呈現國防資訊，還設計「國防桌遊」，將我國國防政策融入遊
戲當中，配合當下國軍的戰力做兵棋演進，用有限的軍力進攻敵軍，讓
民眾輕鬆瞭解國防政策。[17]

　　至於「兵棋推演」開始於何時？是一件無法考察的事實，最早有
歷史記載的以戰爭為主題的兵棋推演，出現於蘇美人與埃及軍隊所設計
的玩具性質物品，而中國古代戰略家孫子所著作的《孫子兵法》，應該
是啟發後世發明圍棋、西洋棋等軍事遊戲的始祖。其實，在印度也有類
似恰圖蘭卡（Chaturanga）的四邊棋戲，[18]具有很濃重的地方色彩，並
非光滑的石頭，而是代表步兵、戰車、大象、騎士的一些石頭製品。根
據一個固定的規則，進行各種遊戲次序，透過骰子呈現的數字，來決定
「動次」順序。因此，大部分都認同當代的「西洋棋」來自經過改良
的印度古老恰圖蘭卡（Chaturanga）四邊棋戲，玩家從四人改為兩人對
奕。因為一場遊戲不太容易找到四個玩家，一起花費長時間來玩。同
時，因為骰子也被取代決定遊戲的進行，而通常輸家都會怪罪運氣不
好，而非自己的牌藝不精。[19]

　　直到當代西洋棋的發明與推廣之後，「兵棋」才有進一步的發
展。基本上「西洋棋」類似一個抽象的兵推，不過早期的西洋棋或是印

---

[16]　Perla, Peter P., The art of wargaming: a guide for professionals and hobbyists (Annapolis, Maryland: United States Naval Institute, 1990), p.163.

[17]　〈國防部推『兵棋桌遊』28種武器進攻敵軍〉，《TVBS》，<https://news.tvbs.com.tw/politics/623180>(檢索日期：2018年9月20日)

[18]　Chaturanga是一個古老的印度戰略性遊戲，被認定為各種棋盤形式的始祖，包括「西洋棋」（chess）、「圍棋」等遊戲。請參見："Chaturanga", Wikipeda, https://en.wikipedia.org/wiki/Chaturanga. (2018/09/15)

[19]　Perla, Peter P., The art of wargaming: a guide for professionals and hobbyists (Annapolis, Maryland: United States Naval Institute, 1990), p.16.

度的恰圖蘭卡（Chaturanga）遊戲，並不具備軍事衝突作戰的思維，僅
僅被限定在一個固定的目標，並且分析自己與對方的能量，他們必須分
析各種不同排列組合的優點與缺點，並透過一定的策略與戰術運用，來
克服本身的缺點，以贏得棋盤的勝利。

　　從17世紀中葉起，這些傳統棋戲被賦予更多軍事的細節與偏好。
首先，出現的是德國地區發明的「國王遊戲」（King's game）或是
所謂「戰爭遊戲」（Das Koenigsspiel），由1664年在德國Ulm地區的
Christopher Weidhmann所發明的戰爭遊戲兵棋推演。[20]根據西洋棋的概
念Weidhmann創造更大的棋盤，給每一個遊戲者三十個棋子，每一個棋
子代表一種人物性格，如同當時所處的政治與軍事環境，例如國王、元
帥、上校、上尉、騎士、私人雇傭兵等等。在此棋盤上，每一個棋子都
有其特別的行動規則。是以，上述的棋盤遊戲就被後世當作一種現代版
的兵棋推演遊戲來源。Weidhmann認為它所發明的遊戲不僅是為了打發
時間，也可以被視為最實用的軍事與政治原則的一種學習概念。[21]

　　1780年另外一位德國人Dr. C. L. Helwig發明了一種兵棋遊戲，運用
「集合體」的概念，一個單一的棋子代表一大群的軍人，或是有組織的
戰鬥體，他取代抽象的、兩種顏色的棋盤，透過多種色彩代表許多實際
的地形、地物概念。同時，他引進「裁判」來監督兵棋遊戲的進行，以
及安排「推演者」之間對於結果的仲裁討論。[22]Helwig是Duke of Bruns-
wick's master of pages公爵的主要侍從官，設計兵棋戲的主要目的在於

---

[20] Perla, Peter P., The art of wargaming: a guide for professionals and hobbyists (An-
napolis, Maryland: United States Naval Institute, 1990), p.17.

[21] Farrand Sayre, Major, U.S. Army, Map Maneuvers and Tactical Rides, 5th ed.,
(Springfield, Massachusette: Printing and Binding company, 1912), p.6,轉引自
Perla, Peter P., The art of wargaming: a guide for professionals and hobbyists (An-
napolis, Maryland: United States Naval Institute, 1990), p.17.

[22] Perla, Peter P., The art of wargaming: a guide for professionals and hobbyists (An-
napolis, Maryland: United States Naval Institute, 1990), p.18.

教育與娛樂他所負責的年輕貴族子弟。他透過此一兵棋遊戲來誘導年輕子弟思考重要的軍事問題，從而引導他們軍事技術與科學。雖然他的發明是一個創新，始終是被視為一般基礎棋戲的裝飾品。

Helwig設計的兵棋整體範圍大約1666正方形空格，基本上與一般的棋盤相當。紅色正方形部分代表山丘，藍色部分為湖泊、河流，淺綠色部分為沼澤，深綠色部分為森林，黑色與白色正方形區域代表一般地形地物，半紅色部分代表建築物。基本單位就是一些代表「兵卒」的棋子，用以代表不同的軍事單位。兩個棋盤對奕者，各自擁有一百二十個棋子：砲兵、輕騎兵、步兵、平底船、攻船設備等等，每一方還可以擁有兩百個棋子代表堡壘與壕溝的標誌。以點線方式分開棋盤對奕的兩方，任何一方棋手必須要越過點線，才能去攻擊對方的堡壘，此種堡壘經常都布署在棋盤的後方。每一個棋子的走動方式類似西洋棋，步兵走直線，輕騎士類似西洋棋的騎士走法。[23]

上述此種兵棋遊戲推廣至法國、奧地利、義大利。後續有許多遊戲的模仿者與改造者，而這些相關遊戲都被統稱為「軍事兵棋」（military chess）或是「戰爭棋」（war chess），呈現出以「戰爭」為本質的兵棋遊戲。使得「戰爭棋」（war chess）走向「兵棋」（wargame）發展過程。1797年德國人Georg Venturini，身為一位學者也是一位軍事作家，在德國Schleswig地區設計一種軍事遊戲，他在「戰爭棋」（war chess）基礎下，加以修正內涵。根據Helwig設計的基礎系統下，擴大範圍到3600個正方形空格。每一個代表一平方公里，每一個方格塗以不同顏色，代表不同的地形地物。棋盤不再是一個抽象的概念，而是真得顯現出法國與比利時部分邊境的寫真。雙方對抗的棋子不僅有代表騎士團、步兵基本戰鬥單位、也包括其他戰場支援部隊。總之，Venturini在

---

[23] Perla, Peter P., The art of wargaming: a guide for professionals and hobbyists (Annapolis, Maryland: United States Naval Institute, 1990), pp.18-19.

設計此一兵棋推演過程中，除了既有的武力編裝之外，也增加「後勤體系」的配置，應該是一個新的創舉。[24]

19世紀歐洲爆發連年不斷戰爭，相關兵棋遊戲持續推廣至整體歐洲大陸，也開始真正走向精緻化道路。普魯士的Baron Von Reiswitz男爵，他不是一個軍人，而是一位位於Breslau地區的普魯士法院平民戰爭仲裁官（civilian war counselor (Herr Kriegs-und –Domanenrath) to the Prussian court at Breslau. Von Reiswitz）。他拋棄傳統棋盤的裝置，而是代之以「沙盤」（Sand table）裝置，使得真實的地形、地物可以浮雕方式的出現。對壘各方運用木製的棋子，依照各時期軍事標準的形態設置。他的兵棋遊戲被另一位普魯士軍官von Reiche所接觸，他是一位柏林駐軍的候補軍官學校的上尉，於1811年正好負責教授Friedrich and Wilhelm堡壘術，他也跟他的學生介紹此一兵棋遊戲。因此，Von Pirch II[25]上校被要求找Von Reiswitz and Von Reiche在柏林駐軍地區，進行此一兵棋推演，結果深受學生的歡迎。由於Von Pirch II也看過此一兵棋推演，允許將此過程跟國王King Friedrich Wilhelm報告，得到國王讚賞。經過一連串的修改，建立一些更精密的規則，仿照軍隊階層單兵、旅、師到軍團的層級。後來，於1824年Von Reiswitz跟其他助手共同努力出版一本名爲as Instructions for the Representation of Tactical Maneuvers under the Guise of a Wargame（Anleitung zur Darstellung militarische manover mit

---

[24] Perla, Peter P., The art of wargaming: a guide for professionals and hobbyists (Annapolis, Maryland: United States Naval Institute, 1990), pp.21-22.

[25] "Lieutenant-General Otto Karl Lorenz von Pirch or Pirch II (23 May 1765 in Stettin in Pomerania – 26 May 1824 in Berlin) was a Prussian officer who fought in the Napoleonic Wars"請參見："Otto Karl Lorenz von Pirch", Wikipedia, accessed at: <https://en.wikipedia.org/wiki/Otto_Karl_Lorenz_von_Pirch>. (2018/09/20)

dem Apparat des Kriegsspiels）的書。[26]

　　直到19世紀中葉，Kriegsspiel此一兵棋遊戲仍很受到普魯士軍方間的歡迎，越來越多軍官參與此一兵棋推演之後，驅使他們根據所擁有的經驗與觀點，嘗試著改變原有版本的規則。此兵棋遊戲也受到當時有很多軍官的修正與出版，尤其是von Tschischwitz[27]關於兵棋推演結果的修正，大部分都聚焦於原來許多規則的複雜性與僵化性，以及仲裁的規定等等。[28]從18世紀之後，兵棋的發展突飛猛進，[29]各國發展走向都不一致。[30]其中以德國、日本、英國、美國與俄羅斯的兵棋推演較有特色，主要也是因爲這些都是一、二次世界大戰主要的參戰國家，自然對於軍事性兵棋推演有其戰略與戰術性的需求。以下則是兵棋歷史發展的一覽表，僅僅從19世紀開始整理，或許也是考慮排除其他非軍事性棋盤遊戲的結果。同時，目前的兵棋遊戲的發展，也因爲電腦周邊設備的

26　Perla, Peter P., The art of wargaming: a guide for professionals and hobbyists (Annapolis, Maryland: United States Naval Institute, 1990), pp.23-25.

27　"Erich Wilhelm Ludwig von Tschischwitz (* 17. Mai 1870 in Kulm; † 26. September 1958 in Berlin) war ein deutscher Offizier, zuletzt General der Infanterie der Reichswehr.", "Erich von Tschischwitz", Wikipedia, accessed at: https://de.wikipedia.org/wiki/Erich_von_Tschischwitz (2018/09/20)

28　Perla, Peter P., The art of wargaming: a guide for professionals and hobbyists (Annapolis, Maryland: United States Naval Institute, 1990), p.30.

29　請參見：Section 1 – Wargaming in recent history, in: Ministry of Defence, Wargaming Handbook (UK: Development, Concepts and Doctrine Centre,), pp. 2-3. pp.2-3., https://assets.publishing.service.gov.uk/government/uploads/system/uploads/attachment_data/file/641040/doctrine_uk_wargaming_handbook.pdf. (2018/09/21)

30　Perla, Peter P., The art of wargaming: a guide for professionals and hobbyists (Annapolis, Maryland: United States Naval Institute, 1990), pp. 40-59.

配合，[31]已經成爲跨越全球的電玩產業。參見表2-1：兵棋遊戲發展一覽表。

表 2-1 兵棋遊戲發展一覽表

年代	名稱	創辦者
19th	Kriegspiel 戰爭遊戲	Von Reisswitz
19-20th	Table game 桌面遊戲	H.G. Wells and Fred T. Jane
1950	Hobby Wargames 嗜好兵棋	Charles Roberts
20th	Subsequent Wargame 系列兵棋	Computer Wargames

資料來源：Perla, "The Art of Wargaming, for a discussion of the history of modern board wargames", 轉引自 Peter P. Perla, Albert A. Nofi, Michael C. Markowitz, Wargaming Fourth-Generation Warfare (U)(Alexandria, Virginia: CNA, 2006), p. 27，筆者加以整理。

三、兵棋推演：內涵與分類

（一）兵棋推演：內涵

通常不管是一個「專業兵棋推演」（Professional wargame）或是「業餘兵棋推演」（Hobby wargame），其內涵組成大多包括以下7個部分：[32]

---

[31] 例如根據「2016年影音遊戲產業規模高達1千億美元，成爲全球最大的娛樂產業之一，主要原因在於線上影音遊戲透過智慧手機應用程式到沉浸式穿戴設備，讓玩家玩的無日無夜」優游其中。請參見：〈電玩產業爲何暢旺？經濟學人：因爲年輕人找不到好工作〉，《科技新報》，<https://tech-news.tw/2017/06/03/why-video-games-boost/>(檢索日期：2018年9月21日)

[32] Perla, Peter P., The art of wargaming: a guide for professionals and hobbyists (Annapolis, Maryland: United States Naval Institute, 1990), pp.165-167.

1. 「目標」（Objectives）

每一個「兵棋推演」都有其一定的推演「目的」，針對「業餘兵棋推演」提供遊戲者享受在一個近似軍事狀況設定的下午娛樂時間。對於「專業兵棋推演」，在缺乏實際的硬體設備與實際的軍需品提供下，讓推演者能夠獲得最符合實際的訓練經驗。不管選擇何種目的，只要清楚設定「目標」，能夠提供正確的判斷，足夠有助於舉行一場成功的兵棋推演。是以，兵棋推演的贊助者、設計者、分析者必須清楚兵棋推演設定的目標確認如何、以及以何種方式，可以提供何種形式的資訊與經驗，以便「推演者」可以進行相關的「兵棋推演程序」。

是以，一場成功的「兵棋推演」，關鍵在於清楚的確立有限目標，例如2016年5月20日，蔡英文總統上臺以來推動「新南向政策」（new southbound policy），如何能夠與過往的南向政策有所區隔？如何能夠減少長期以來過度「西進中國」所帶來的經濟依賴脆弱度。當蔡總統設定以「雙向交流」為主軸，更重視人才的吸收與在臺灣的東協人才的在地運用，進而型塑臺灣與東協、南亞、澳洲與紐西蘭等十八國的「共同體意識」目標。[33]

2. 「劇本或想定」（A scenario）

劇本的設計提供「推演者」在一個特定的狀況下，賦予「推演

---

[33] 新南向政策的總體及長程目標在於：「促進臺灣和東協、南亞及紐澳等國家的經貿、科技、文化等各層面的連結，共享資源、人才與市場，創造互利共贏的新合作模式，進而建立「經濟共同體意識」，以及「建立廣泛的協商和對話機制，形塑和東協、南亞及紐澳等國家的合作共識，並有效解決相關問題和分歧，逐步累積互信及共同體意識。」參見：〈總統召開『對外經貿戰略會談』通過『新南向政策』政策綱領〉，《新南向政策專網》，<https://www.newsouthboundpolicy.tw/PageDetail.aspx?id=9d38cb45-4dfc-41eb-96dd-536cf6085f31&pageType=SouthPolicy&AspxAutoDetectCookieSupport=1>(檢索日期：2018年9月4日)

者」一個特定角色進行決策演練。這些「劇情」的安排，會影響推演者的各種決策設定。因此，兵棋推演設計者必須瞭解，何者為主要影響他所想要達成決策的「劇情」設定。一般狀況下，兵棋設計者有必要讓推演者瞭解與「劇情」有關的因素與如何配置。但如果推演者事先掌握理解相關的「前提設定」，就會因此影響推演者的決策產出。如同一般戲劇的「橋段」的設計，都是為了鋪陳主要故事情節的發展過程，設計許多相關的主題，或是相互埋下伏筆，以吸引觀眾的興趣，才能繼續欣賞戲劇的演出。

2018年8月31日，我國國防部送交立法院〈2018年中共軍力報告〉指出，中國人民解放軍計畫於2020年前完備對臺全面性用武作戰準備。若對臺動武，可能行動包含：「聯合軍事威懾、聯合封鎖作戰、聯合火力打擊、聯合登島作戰」。[34]換言之，國防部認為解放軍為達成徹底解決臺灣問題，未來勢將執行嚴峻、複雜的聯合登陸作戰整備與訓練，其戰力增長及對臺威脅值予關注。上述相關解放軍軍力發展的「情節」的設定，有助於我主管國防事務的「推演者」，進一步思考北京的可能各種軍事動向。

3.「資料庫」（A data base）

提供「推演者」決策時，所需要的各種資訊與數據，包括軍力供應能量、實施能力的方式、實際與環境方面的條件，以及其他相關技術因素，讓「推演者」能夠易於取得並加以運用。一般資料庫或是數據庫，平時就應該儲存相關兵棋推演所需要各項對比數據資料。例如：敵我雙方的兵力對比，以往相關兵棋推演的決策經驗，整體地緣與地理環境因素，甚至長期與短期的氣候溫度的變化，都是足以影響「推演者」的評

---

34 〈軍事威懾、封鎖作戰、火力打擊、登島作戰〉，《自由電子報》，<http://news.ltn.com.tw/news/politics/paper/1228864>(檢索日期：2018年9月20日)

斷思考要素。

4. 「模式」（Models）

通常是兵棋設計者所設計出的一些方程式與數學符號的整合，目的是讓各個推演者經由數據資料的輸入，透過方程式的解算以得出決策的結果。這些「模式」必須要有彈性，來配合推演者的開放式決策結果。因此，「模式」的設計可以透過更改資料，而不必調整模式本身的主要結構，或者針對不同客戶，委託者的需求，針對不同情境而設計一個可以重複的評量程式，例如針對一定項目的攻擊武器的射擊諸元，包括射程、破壞力與破壞面積，以提供仲裁組評估的基礎。

5. 「規則」（Rules）

一個兵棋推演設計必須要有規則與程序，來指導「何時」與「如何」運用「模式」本身，這些規則協助兵棋推演進行各種系列性兵棋推演事件的推演過程，並且允許獲得正確的原因的連結與結果，或者決策行動與再行動的累積過程，也讓推演者在演習過程，獲得足夠的質化與量化的資料。

在可能的情況下，透過「規則」的設定，讓推演者獲得相關資訊，從而來引介「錯誤」的因素，或者「遲滯」新的資訊取得，或是執行指示的過程。這些「推演程序」的設計，原意在於模擬與創造「戰爭之霧」（Fog of War）。事實上，「戰爭之霧」是在劇本設計過程中，最難以創造出來的項目。在一般業餘或專業兵棋推演中，也會引進「仲裁」來監看推演者行為與資訊的流動，以及一個更有力、更有彈性的電腦，可以扮演更加中立客觀的仲裁者角色。是以，規則的建立有助於作為兵棋推演之後總結與評判的基礎。

6. 「推演者」（Players）

一個真正的兵棋推演需要真人參與推演的過程，他們下達的決策，透過推演的事件，呈現影響或是被影響的過程。一個有效地推演在

於推演者能夠扮演執行的角色，並提供資訊與賦予責任，能夠進行各項決策的產出。換言之，在推演過程中，最重要關鍵因素在於忠於劇本的設計想定，扮演自己被賦予的角色身分，瞭解相關職責與決策權限，明白與其他角色身分的互動關係。在兵棋推演設計者亦即「導演」指揮下，共同完成一場具有一定目標的模擬項目。

7. 「分析」（Analysis）

「兵棋推演」中的「分析」是一個「專業兵棋推演」的重要組成。在「訓練型兵棋推演」中，分析的項目包括：指導者的觀察、對於推演者在過程中的表現與批判；在「研究型兵棋推演」中，主要在於瞭解為何產出如此的決策？好的「評估者」必須聚焦於設計者現實的觀點，以及透過兵棋推演過程，重現設計者觀點的途徑。「評估者」強調如何確認「觀點」的「優勢」與「弱勢」，基本上對於整體兵棋推演結果與整體推演效益的評估會產生重大的影響。是以，「兵棋推演」後的分析評估，主要目的在於「前事不忘後事之師」，透過事後分析可以瞭解：兵棋推演的目標是否達成？推演程序是否正確？相關劇情想定是否配合目標？所產生的不同決策之間的關聯性？是否產生決策相互衝突的矛盾現象？推演者是否能夠進入情境？扮演好劇中人物的身分與功能？[35]

另外一種「分析」的形式是從「裁判者」的角度出發。因為，真正兵棋推演的操演過程，在於透過不同「想定」來建構各項「動次」的推演結果。以瞭解推演者總結其決策考量的因素，並透過處於中立地位的裁判評估，基於裁判先前對於兵棋推演的經驗，與瞭解推演兩方的計畫作為的基礎上，針對所有決策的衡量過程加以評估。此種兵棋推演分析

---

[35] Perla, Peter P., The art of wargaming: a guide for professionals and hobbyists (Annapolis, Maryland: United States Naval Institute, 1990), p.167.

方式，主要從仲裁者的角度，研判推演各方是否能夠依據其先前所設定的目標，透過不同的決策階段，從而達成預定的目標。[36]

（二）兵棋：分類

在一般「業餘兵棋推演」（Hobby wargame）分類上，以「推演者」的指揮層級、或是參與者的活動範圍來區分，可分為戰略性、戰術性與作戰性質三種類型。在戰略層級：決策層級屬高層次戰略規劃性質。推演者的職責延伸至資源整合、經濟與政治資源，以及軍事力量，藉以贏得一場完全戰爭；戰術層級：則為中層次的作戰計畫擬定，安排相對人員與武器數量的安排，以因應面對的敵人贏得一場戰役勝利。作戰層級：為一個底層次的作戰行動，推演者調動實際作戰兵力，以贏取戰鬥勝利，透過戰鬥的勝利，以贏得戰役的成功，再藉由戰役勝利的累積，達到戰略的成功。[37]以下進一步加以延伸解釋上述三個類別的分野：

1. 「戰略層級」：更加抽象化評估過程，超越領土與時空的一種決定性行動，比較不重視武力的部署與運用。[38]例如兵棋遊戲「太平洋艦隊」（Pacific Fleet），主要目標在於處理二次大戰期間的太平洋地區海戰戰場情勢。由兵棋推演遊戲者擔任最高指揮官，主導整體海上艦隊與陸戰武力，推演時間可能超越數月到數年，在每個海域或區域中相對於敵方，如何有效施展軍事力量來克敵制勝。事實上，當美國川普總統在其首年度國家安全戰略報告中宣布啟動「印太戰略」，並將美國

---

36 Perla, Peter P., The art of wargaming: a guide for professionals and hobbyists (Annapolis, Maryland: United States Naval Institute, 1990), p.167.

37 Perla, Peter P., The art of wargaming: a guide for professionals and hobbyists (Annapolis, Maryland: United States Naval Institute, 1990), p.168.

38 Perla, Peter P., The art of wargaming: a guide for professionals and hobbyists (Annapolis, Maryland: United States Naval Institute, 1990), pp.168-169.

「太平洋司令部」改名爲「印度—太平洋司令部」，不僅涉及海權觀念的重新思考，軍事戰略指導的重新布局，相關執行途徑的檢討，更重要的在於後續如何執行「印太戰略」。並且協調主要盟邦：印度、澳洲與日本，以及相關理念相近的亞太周邊國家的具體參與事項。

2.「戰術層級」：仲裁者抽象化其評估過程，只是相對的比較敵我兩方態勢、數量、武力對比，而非在於雙方運用何種武器的作戰方式。例如：兵棋遊戲「第二艦隊」（2nd Fleet），遊戲者主導整體戰場的發展（例如戰場位置設定在英國北海海域，或是挪威海域），存在不同形式軍事力量的對抗。兵棋推演主要目標在於控制海洋，而非僅僅在於摧毀敵方船艦。所以，推演的單位就必須跨軍兵種，至少在戰場控制方面，僅靠單一軍兵種是無法完成兵棋推演設定的目標。

3.「作戰層次」：評估在於整體過程，不僅是結果，更重視其發生時的實際產生的「物理過程」（physical processes）；例如在一場有限海域中，如何運用「魚叉飛彈」（Harpoon missile）攻擊敵方。在此兵棋遊戲中，遊戲者操控一艘軍艦，或一小群艦隊，或許配備航空母艦提供戰鬥支援，進行相對性的戰鬥，從而避免本身受到損傷。換言之，透過單一部隊或單一兵種人員所配備的性能諸元所造成的殺傷力，來進行的相關推演。目前，由於科技的進步，無人化武器的出現，例如許多電影描述無人機配備各式飛彈、火箭或是各類型炸彈，可以進行遠距離無人員傷亡的戰術性戰鬥行動，也即所謂「斬首戰略」的具體呈現。

如果是以「目標」加以區分，亦可以分成「教育型」與「研究型」兵棋推演（參見下表2-2：教育與研究性兵棋推演差異一覽表），一般教育型兵棋推演目標在於一項新課程的傳授，例如：2013年以來，中國推出「一帶一路」倡議之後，此一新課題的後續整體發展過程，及其影響層面，可以透過兵棋推演，以瞭解此一中國建構的歐亞經濟聯合戰略，是否在於建立以北京爲主導的國際區域經濟秩序，挑戰傳統以來以美國爲主導的全球經濟秩序。至於，研究型兵棋推演從軍事角度言，

當中國第一艘航空母艦遼寧號正式下水，納入解放軍海軍的戰鬥序列之後。從日本海上自衛隊角度，未來日本海上生命線的維護，包括航運與能源運輸，就會受到很大的威脅挑戰，透過研究型兵棋推演可以模擬可能的狀況，及早做好國防與軍事投資，以因應未來更多中國航母出現的挑戰。

表 2-2 教育與研究型兵棋推演差異一覽表

教育兵棋推演	研究兵棋推演
教授新課程	發展或是測試戰略與計畫
深化舊課程	確認議題性質
評估學生	建構共識與理解

資料來源：Perla, Peter P., The art of wargaming: a guide for professionals and hobbyists (Annapolis, Maryland: United States Naval Institute, 1990), p.195.

如果以戰爭的範圍加以界定，可以分成以下三種「專業兵棋」的類別：全球／戰略性，戰區／戰術性，以及區域／作戰性，透過主要決策者、目標、主焦點、主要產出，可以得出以下專業兵棋推演類別一覽表（參見表2-3：專業兵棋推演的層次分類表）。上述三者的目標不同，從議題的確認，其實就是找出一些戰略問題，例如：全球性角度而言，未來美中在南海地區因為人工島礁爭議，所產生的是全球戰略的變化；從南海戰場立場言，未來如何整合相關南海周邊國家，共同維護此一地區的公海自由航行權的挑戰是戰區戰術的運用；然如何思考相關軍力、兵力的部署與投射能量的布局是區域作戰的執行。在焦點方面，從平時就必須考慮與兵力部署有關的政軍關係、資源分配及實際運作等問題。

表 2-3 專業兵棋推演的層次分類表

	全球／戰略性	戰區／戰術性	區域／作戰性
主要決策者（Primary decision maker）	國家指揮機構	國防指揮官	戰場指揮官
目標（Goals）	提高推演者一個較好的觀點、測試一個戰略、確認主要議題、激勵意見的交換。	探索特殊議題；在演習中確認戰略、作戰、後勤補給問題，以及確認未來後續研究區域。	提供參與者更好的視野，比較不同的策略與兵力部署，針對未來研究與演習、測試來確認重要的變數與區域。
焦點（Focus）	敵意與過渡期間與兵力部署的政治關係；D-day 突然爆發與升級至戰爭狀態。	為達到特殊軍事任務建構可見與需要的兵力部署層級與考量。	兵力階層與策略性部署、武器與偵測系統、戰場間的整合系統。
主要產出（primary output）	質化的。透過一些數據資料進行敘述性與解釋性的工作；通常適用一個推演課題。	質化的。透過某些數據資料進行敘述性與解釋性的工作；通常適用一個小型的推演課題。	量化為主，質化為輔平衡。重複狀況機會出現很少，但是，基本上會高於其他國家事務層面。

資料來源：Perla, Peter P., The art of wargaming: a guide for professionals and hobbyists（Annapolis, Maryland: United States Naval Institute, 1990），p.173. 筆者加以翻譯整理。

　　除了上述三種層級之外，亦存在一種「混合式層級遊戲」（Hybrid levels），諸如一些「遊戲兵棋」經常出現一種高階層次的決策，配合低階的戰鬥行動，或戰略式作戰型態，或作戰性戰術型兵棋推演。例如：「太平洋戰爭」（Pacific War）如同「太平洋艦隊」（Pacific Fleet），也包括一些作戰層級的指揮系統；「航艦戰役」（Carrier Battles）則是描述一種二次大戰期間，圍繞西太平洋索羅門群島區域的空海戰鬥，基本上是一種作戰型態的指揮層級，以及包括一些細節性的

戰術性規則與決定性戰鬥。[39]

　　未來臺海戰場不僅牽涉兩岸之間軍事衝突對峙情勢，且臺灣海峽事涉國際重要公海航道，攸關東北亞各國能源與海上生命線的暢通需求。所以，當中國人民解放軍企圖跨越的第一島鏈，建構從黃海、東海、臺海到南海的「內海化」海洋戰略。同時，北京也必須警惕美國介入臺海的歷史教訓，組建區域拒止與反介入的能量。總之，上述戰場模擬與想定，涉及到高階決策與戰場經營的戰術性決策，兩者必須相互配合才得以窺得全貌。

　　事實上，「兵棋推演」亦可以依照下列五種「指標」：評估的方式、推演者的數目、資訊的取得、進行方式、媒介手段等加以分類（參見表2-4：兵棋推演的分類基準一覽表）：[40]

1. 「評比的方式」（Mode of Evaluation）

　　針對活動過程的「評比方式」（the mode of evaluating activity），主要區別在於「自由裁決」（free evaluation）與「固定裁決」（rigid evaluation）兩種技術。前者依賴「仲裁者」個人的能力與經驗，不需要任何特別的資訊或是數學模式，來進行兵棋對抗結果的評比。「固定裁決」則是透過正式的系統模式與技術加以進行兵棋「評比」，而非個人、自由心證的方式。一般「業餘兵棋推演」大多使用「自由仲裁」技術，不過，現實情況下，混合式仲裁技術廣為一般兵棋推演所採用。由於「自由仲裁」的評比屬於個人與主觀的判斷，通常都會由資深的專家或是高階長官來扮演裁判的工作，有時被稱為「統裁組」或是「觀察組」。至於「固定裁決」則是存在一個定量化規範的分數模式，只要推

39　Perla, Peter P., The art of wargaming: a guide for professionals and hobbyists (Annapolis, Maryland: United States Naval Institute, 1990), p.169.

40　Perla, Peter P., The art of wargaming: a guide for professionals and hobbyists (Annapolis, Maryland: United States Naval Institute, 1990), pp.172-177.

演雙方的決策下達，引發一連串的結果，雙方的量化評比自然會顯現。例如經典電腦遊戲《世紀帝國》（Age of Empires）[41]成功與失敗的關鍵就在於遊戲參與者，在一定時間內所獲得的「攻城掠地、取得敵首」的成果。在遊戲螢幕上會顯現兩方一定程度的現有數據與資料，至於運用何種戰略與戰術於遊戲中，某種程度是無法加以量化來觀察。

2.「推演者的多寡」（Number of Players）

一般「兵棋推演」通常屬於兩方對壘的形式，代表兩個主要競爭當事人或是團體的對抗態勢。一般遊戲型兵棋在「西洋棋」（chess）發明以前，屬於兩人對奕式遊戲，與軍事專業遊戲一樣受到歡迎。不過，「軍事專業棋戲」（military professional games），還包括一組非推演者：稱之為「控制者」，主要任務在於推演事項以外的相關事宜，以及仲裁角色的扮演。多方賽局常出現於外交或是軍事兵棋推演。例如「外交」（Diplomacy）此一「兵棋遊戲」，[42]由七個推演者代表歐洲七個強國，場景設定於在20世紀轉變時期。透過七個國家之間戰略與戰術上的「合縱」與「聯盟」，看那一方能夠獲得最多領域與在政治、經濟與軍事方面的影響力。至於，美國「參謀首長聯席會議」（US Joint Chief of

---

41 《世紀帝國》（Age of Empires）系列屬於歷史題材即時戰略電子遊戲，由全效工作室開發、微軟工作室發行，1997年推出首款遊戲：《世紀帝國》，描述從石器時代到鐵器時代發生在歐洲、亞洲的大事件。請參見：《世紀帝國》系列，維基百科，<https://zh.wikipedia.org/wiki/%E4%B8%96%E7%B4%80%E5%B8%9D%E5%9C%8B%E7%B3%BB%E5%88%97>(檢索日期：2018年9月5日)

42 「外交」又稱：「強權外交」（Diplomacy），或「外交風雲」，1959年由Allan B. Calhamer設計的經典桌遊，遊戲性質屬於戰棋及談判類型。請參考：〈外交遊戲〉，維基百科，<https://zh.wikipedia.org/wiki/%E5%A4%96%E4%BA%A4_(%E9%81%8A%E6%88%B2)>(檢索日期：2018年9月5日)

Staff）、美國國防大學與其他國安機構都使用多方賽局形式，嘗試瞭解在一個「多變情節」（variety of scenarios）下的「多方互動」（multilateral interactions）結果。另外，一種單人遊戲的版本，對抗方事先已預先設定的對手，或是由「控制組」來操控，扮演相反的對手，以測試其性能。

3. 「資訊的限制」（Information limits）

在推演者各組之間，有關資訊提供與否的限制差異（the information limits imposed on the players），在兵棋遊戲中，最大的差異在於「開放式」（open game）或是「封閉式」（closed game）遊戲。前者主要在於讓所有推演者可以自由進出獲取對手的能力與能量的各種訊息（不包括實際作戰構想與計畫），在此種開放式兵棋推演中，使用單一狀況地圖，顯示雙方具有的能量，讓雙方能夠各盡其能，各取所需的戰勝對方。在封閉式兵棋推演中，呈現一種「戰爭之霧」（fog of war）狀態，主要在於限制推演者獲取足夠的資訊能量。在此種封閉性兵棋推演下，限制玩家瞭解自己與對手的能量，僅能依賴現有的偵測裝置，理解對手的能量。一般封閉式遊戲需要一些電腦系統輔助，除非整體場景相當狹小，在一定程度上雖然限制推演者的想像空間。不過，也有效限制推演各方「天馬行空」的想像，真正實際構思如何下達決策，以完成既定目標。

4. 「方式」（Style）

從「兵棋推演」的形式（the game's style）來區分，「討論式兵棋推演」（seminar game）與「系統式兵棋推演」（system game）兩種方式。「討論式兵棋推演」：是透過每一個動次由推演者雙方進行討論，同時他們也希望在一定場景下對動次提出回應，即「反動次」（countermoves），並思考那些議題是可以出現的*互動過程*（interaction）。由控制組評估推演者的互動過程，並將訊息通知推演者。此種「過程」

（process），在每一次「動次」中反覆出現。「討論式兵棋推演」運用不同「動次」來呈現實際時間的長度（time steps），並針對不同層次細節，以解決不同時期行動的決策，此屬於一種開放式遊戲。他們基本上都限定在於專業性兵棋推演，研究、討論、學習更勝於「業餘兵棋推演」中，強調個人對抗扮演更重要的角色。

所有「業餘兵棋推演」（hobby wargames）屬於「系統兵棋推演」（system games），是一種結構清晰具有特殊規則與過程的兵推方式，相對性不具有較多的討論空間。推演者的決策透過系統為中介，只要「決策」被認定，「系統」就會經由已設定的程式自行解算，直接決定「互動」（interactions）的過程與決策的「結果」（outcomes）。雖然並非所有「系統兵棋」是封閉的。但是，所有「封閉式兵棋推演」都屬於「系統兵棋推演」，「系統兵棋推演」屬於「固定統裁」（rigid umpiring），「討論式兵棋推演」屬於「自由裁決」（free umpiring），在一種專業性兵棋推演中存在一種長期固定與自由裁判的競爭中，同樣的存在討論與系統兵棋推演的爭議中。

5.「媒介（手段）」（Instrumentality）

大多數兵棋推演需要一系列的工具來追蹤、識別，藉以顯示數據、武力部署與軍事行動的概況，以及不同對手間「對抗」結果。在「西洋棋」中，棋盤上具有64個方格，足夠讓32粒棋子活動。「手冊遊戲」（Manual games）屬於百年以來制式的兵棋遊戲，相關工具例如：地圖、圖表、筆記本、數據、戰場規則。然自其後電腦系統的快速發展後，成為輔助兵棋推演的最有力工具。

「電腦輔助式兵棋」（computer-assisted games），係藉由桌上型與大型電腦的運算與顯示功能，展現出對於武力部署的追蹤、敵我雙方的行動，武器能量，其他關鍵性數據資訊（data-intensive pieces of information）的掌握。例如美國智庫藍德公司（Rand Corporation）的

戰略評估系統中，嘗試運用電腦軟體來取代真人推演者，運用「人工智慧」（Artificial intelligence）與「專家系統概念」（expert-system concept），建構一個自動化決策過程，透個基本前提的改變，多元化呈現「兵棋推演」的效果。然這種「電腦推演兵棋」（computer-played games）是無法與真實兵棋推演加以分類。[43]

表 2-4　兵棋推演的分類基準一覽表

項目	分類標準	分類內容
1	評比的方式	自由裁決與固定裁決
2	推演者人數	兩方、多方與單人型態
3	資訊的限制	開放式與封閉式
4	推演的方式	討論式與系統性
5	媒介或工具	傳統工具與電腦系統

資料來源：Perla, Peter P., The art of wargaming: a guide for professionals and hobbyists (Annapolis, Maryland: United States Naval Institute, 1990), pp.172-177.

此外，亦可以透過進行方式區隔為：「系統兵棋推演」或「討論兵棋推演」（system or seminar games）。[44]首先，一般基於國防領域的兵棋推演，往往不免會牽涉到一些機敏數據與現行運作資訊，例如軍事情報、武器性能、部隊駐地編號、監偵系統等等。所以，基於保密需求，封閉式系統兵棋推演或許是最恰當運用於軍事防衛領域。其次，系統式兵棋推演的設計構想比較固定，比討論式兵棋推演相較來得實際。不過，由於模式設計，或是參數資料如果過時未加以更新，會存在一種危

43　Perla, Peter P., The art of wargaming: a guide for professionals and hobbyists (Annapolis, Maryland: United States Naval Institute, 1990), pp.176-177.

44　Perla, Peter P., The art of wargaming: a guide for professionals and hobbyists (Annapolis, Maryland: United States Naval Institute, 1990), p.222.

險性。相對討論式兵棋推演較無法察覺其錯誤所在，從而失去加以修正的機會。

　　反之，「討論式兵棋推演」的優點在於提供推演者之間的一個自由意見交換的環境，協助群體達到一個共同行動課程的共識建立，比系統兵棋推演更有助於訓練與教育目標的課程設計。是以，如何平衡大型的系統式兵棋推演與彈性的討論式兵棋推演，來完成兵棋推演目標的達成，對於兵棋推演設計者來說是一個艱難挑戰。[45]

　　例如眾所週知包含東北航道、西北航道和中央航道等三條的「北極航道」，由於全球氣候變遷造成冰層的融解，使得長年冰封的航道再現。因而使「北極航道」有望成為另一個國際貿易的重要運輸幹線，進而成為世人矚目的焦點。2018年1月26日，中國發布「北極政策白皮書」，其主要目標在於「認識北極、保護北極、利用北極和參與治理北極，維護各國和國際社會在北極的共同利益，推動北極的可持續發展。」[46]

　　同時，中國願依托北極航道的開發利用，與各方共建「冰上絲綢之路」，參與包括北極航道基礎設施建設、商業化利用和常態化運營。從討論式兵棋推演角度言，可以從中國企圖連結「一帶一路」跨越亞歐大陸的基礎建設倡議，影響整體歐亞世界島的戰略布局，從而牽動俄羅斯固有戰略疆域，以及未來美、中北極戰略競逐的態勢。如果配合「系統式兵棋推演」，瞭解相關冰層融解速度、洋流風向與溫度變化，更有助於提升政策判斷的基礎，而非無限制性的政策論辯。

45　Perla, Peter P., The art of wargaming: a guide for professionals and hobbyists (Annapolis, Maryland: United States Naval Institute, 1990), p.222.

46　〈中國的北極政策白皮書（全文）〉，《中國國務院新聞辦公室》，<http://www.scio.gov.cn/zfbps/32832/Document/1618203/1618203.htm>(檢索日期：2018年9月2日)

總之，專業性兵棋推演與業餘性兵棋推演不同之處，在於除了透過相對性封閉的團體進行操演對抗之外，爲某單一團體特別設計的兵棋推演，也無法適用於其他團體的運用、批判與採納。此外，一般專業兵棋推演設計者會採取傳統方式整理其設計的兵棋推演，透過出版展現其兵棋推演成果。但是，當他們受僱於建立兵棋推演的過程時，他們不會描述設計的過程。所以，一般坊間無法理解如何整合一個模式於一個兵棋推演中，可能產生的問題。從教學相長的角度言，其實專業兵棋推演的設計，不僅讓推演者瞭解如何學習，也要讓他們知道如何教導的過程。

四、兵棋推演：設計與想定

（一）兵棋推演：設計

兵棋推演設計（Designing wargames），Perla認爲：「兵棋推演設計是一種藝術，而非科學。」（Designing a wargame is an art, not a science），[47]同樣的，「兵棋推演是一種溝通的行動」（Wargaming is an act of communication），設計一個兵棋推演架構，類似描述一個「情節式」的歷史小說，而非建立一個「代數式」原理。後者需要透過一個學識的架構，進行演繹式分析過程，也就是藉由一系列的前提、結論，以及一定路徑與邏輯思考的過程。前者需要建立一個完整的架構，以建構一個內在完整與一致性的「世界觀」，而上述「世界觀」也是建立在具有一定邊界的歷史內涵之中。[48]

是以，兵棋的設計需要透過「歷史研究途徑」的角度，按照事件發展順序，蒐集「規範性」與「實證性」資料，才能進行情節設計，如

---

[47] Perla, Peter P., The art of wargaming: a guide for professionals and hobbyists (Annapolis, Maryland: United States Naval Institute, 1990), p.183.

[48] Perla, Peter P., The art of wargaming: a guide for professionals and hobbyists (Annapolis, Maryland: United States Naval Institute, 1990), p.183.

果涉及未來導向的政策判斷，更需要建築在當下可供參考的資料，加以研判。例如：中國未來南海軍力的演變，可能需要解放軍海軍航母的組建，強化海權維護與海洋安全護衛。然問題在於需要多少艘航母？何時才能完成？根據2017年4月26日，中國首艘國產航空母艦001A型航母正式下水，一些專家估計，001A航母最快可在18個月後進行海試。同年5月23日，中國媒體刊登大連造船廠在已抽乾的船塢裡出現的新的航母分段，可能是開造「另外」一艘002型航母，若消息屬實，中國大陸將在6年內達成擁有4艘002型雙航母戰鬥群的目的。[49]不過，擁有航母多少艘是另一回事，是否形成戰力，才是中國海軍真正的挑戰。尤其目前殲-15A艦載機已服役於遼寧號，目前量產已達30架左右，基本上已足夠運用。國產001A航母未來3年內不會交付海軍，則該艦使用的艦載機尚未定案，可能開發新型的殲-15B或以殲-31隱形戰機做為下一代航母的艦載機。[50]這就是兵棋推演設計者必須思考事實。

　　基本上，專業兵棋設計一般存在六個問題是必須獲得解答的：[51] 1.兵棋贊助者希望從推演者獲得何種學習經驗？2.贊助者想借此兵棋推演過程傳達何種資訊給推演者？特別在於教育兵棋推演上，贊助者希望推演者學習何種決策能力？3.那些是屬於此一兵棋推演的參演者？那些參演者實際上會被涵蓋在此一兵棋推演中，什麼是他們所關切與利益所在？4.兵棋推演的設計如何能夠確保贊助者的目標與推演者的目標具有

49　〈有圖為證!？大陸開造第4艘航母〉，《中時電子報》，<http://www.china-times.com/realtimenews/20170523003300-260417>(檢索日期：2018年9月21日)

50　〈大陸突關停遼寧號艦載機殲-15A生產線〉，《中時電子報》，<http://www.chinatimes.com/realtimenews/20170831005936-260417>(檢索日期：2018年9月21日)

51　Perla, Peter P., The art of wargaming: a guide for professionals and hobbyists (Annapolis, Maryland: United States Naval Institute, 1990), pp.190-191.

一致性？5.在推演中必須提供推演者何種關鍵資訊？以及提供必須與贊助者目標一致的何種資訊？6.兵棋結構如何設計？如何使得相關必須的資訊，盡可能地達到必要的交換過程？

　　一般兵棋推演設計的成員：包括現役或是退役的軍事人員、電腦程式設計員、或是作業研究分析員。後兩類人員，在兵棋設計過程中，扮演提供不知不覺的陷阱或地雷，來考驗推演者的能力。電腦程式設計者與分析師的功能在於設定大型與複雜的問題，並將它分解為小型的、可操作的部分。[52]總之，兵棋推演設計的目標屬於抽象概念，其他量化模式的輔助設計屬於複雜的設計工程，由於高速電腦運用與大數據時代的來臨，使得兵棋的設計牽涉更多專業考量。

　　在完成上述專業兵棋推演必須解答的六個問題之後，兵棋推演設計者即開始著手思考劇本的架構，其基本原則如下：[53]

1. 「設定目標」（Specific Objectives）：設定一個明確所欲達成的目標

　　在一般遊戲兵棋中，比較容易設定自身的目標。在專業兵棋推演中，在兵棋推演設計開始之前，贊助者、設計者、分析者必須緊密合作討論，不僅需要確認兵棋推演的「目標」，並且也要「確認」（define）以何種方式的兵棋推演，能夠協助他們完成上述「目標」。一般從實務經驗的角度言，起初贊助者的原始目標（initial goals）不是很明確，或是不瞭解、不確定是否可以透過兵棋推演來達成上述目標。是以，遊戲「設計者」（game designer）必須扮演主要角色來協助「確認」目標（the definition of goals），兵棋分析者必須協助如何來確認那

52　Perla, Peter P., The art of wargaming: a guide for professionals and hobbyists (Annapolis, Maryland: United States Naval Institute, 1990), p.191.

53　Perla, Peter P., The art of wargaming: a guide for professionals and hobbyists (Annapolis, Maryland: United States Naval Institute, 1990), pp.192-228.

些「推演」（gaming）可以或無法達成目標。當上述贊助者、設計者及分析者的問題獲得界定，以及瞭解如何運用兵棋推演來達成目標，這樣兵棋設計即得以開始。[54]

在一般專業兵棋推演基於設計的「目標」為理由，形式上亦可以區分為兩種：第一、「教育性」（education）與「研究性」（research）兵棋推演（參見下表2-5：教育兵棋推演與研究兵棋推演的差異一覽表）。教育性兵棋推演可以進一步確認其「屬性」在於提供一個積極的「自我學習」的過程，超越一般傳統學院學習的設計，或是強化及評量學生已經得到相關課程的學習成果。研究兵棋推演的目標有以下三種：首先，聚焦在於發展或測試相關的軍事戰略與作戰計畫；其次，確認相關決策議題的性質；第三，建構兵棋推演設計者、推演者與分析者的共同共識。[55]

表 2-5 **教育兵棋推演與研究兵棋推演的差異一覽表**

教育兵棋	研究兵棋
教授新課程	發展或是測試戰略與計畫
深化舊課程	確認議題性質
評估學生	建構共識與理解

資料來源：Perla, Peter P., The art of wargaming: a guide for professionals and hobbyists (Annapolis, Maryland: United States Naval Institute, 1990), p.195.

例如坊間一般高中與大學社團從事的「聯合國兵棋推演」，屬於一種「教育兵推」的性質，主要針對某一項當前緊要國際危機課題，例

---

[54] Perla, Peter P., The art of wargaming: a guide for professionals and hobbyists (Annapolis, Maryland: United States Naval Institute, 1990), p.193.

[55] Perla, Peter P., The art of wargaming: a guide for professionals and hobbyists (Annapolis, Maryland: United States Naval Institute, 1990), p.194.

如如何處理敘利亞內戰所引發難民潮的「人道危機」問題。推演者分別扮演各國代表，透過外語能力相互之間協調折衝，嫻熟國際議事規則與談判技巧，從而爭取推演一國最佳戰略利益。至於，美國川普（Donald Trump）總統上臺以來建構「印太區域」（Indo-Pacific Region）戰略，如何從單一太平洋思考轉型包括印度洋的戰略思維，如何整合四個主要盟邦的戰略構想與實際作為，必須要透過不同層次的戰略與戰術性「研究兵棋推演」，才得以「確認」印太戰略的「定義」、「內涵」與「機制」為何。

2. 「確認推演者與決策」（Identifying Players and Decisions）：確認推演者，其所扮演的兵棋角色，以及他們可能必須作出的決策為何

「瞭解你的觀眾」（know your audience），這是兵棋推演「溝通」過程最關鍵的事物。在一場兵棋推演中，「推演者」就是觀眾本身，透過兵棋推演過程，以及贊助者最起先的溝通，發出與接收各種訊息，使得「推演者」扮演贊助者進行溝通與學習的對象。是以，瞭解誰是兵棋推演的「推演者」，應該是兵棋推演設計過程中關鍵的一步。

基本上，「推演者」（players）的定義，係指在一場兵棋推演中，每一個單一的「決策者」就是一個「推演者」，也就是指涉在兵棋推演中，獨立一方的人員數目。例如分隸兩方的紅、藍對抗，在「政治軍事領域」（political-military arena）的多方推演者，或是強調不同「推演者」所扮演的角色，例如代表「藍軍角色」（Blue-NCA player）的推演者。兵棋推演「設計者」必須瞭解意涵及其差別所在，也要注意角色與實際推演者的行動差異，及其他「管制組」與「裁判組」的關係。

首先，應該瞭解，至少相關願意參加推演的「推演者」的「個性」（characteristics）為何？在一個「業餘兵棋推演」（hobby wargame）中，遊戲設計者可以聚焦於特殊的群眾，可以設計兵棋推演

來配合不熟悉的群眾，與首次接觸新遊戲的人員對象。

其次，在「專業兵棋推演」中，聚焦於如何達成推演目標。特別是關注兵棋推演中，個別特殊推演者的角色安排。[56]例如：如果兵棋推演目標在於熟悉海軍艦隊的指揮操作，最好的推演者安排，就是讓指揮官扮演指揮官的角色。兵棋設計者要調和推演者的背景與經驗（階級），讓他們真正參與兵棋推演所給予的「角色」。設計者必須思考那些是最重的「角色」，以利「兵棋推演」目標的達成。最成功的設計者在於提供「推演者」：一個確認、定義清楚的「操作角色」（operational roles）。例如：在一場真實海軍艦隊指揮狀況下，指揮官會收到相關報告與指揮事項，而在一場兵棋推演中，扮演指揮官的「推演者」必須同樣操作上述的事項。[57]一言之，讓「推演者」扮演與其職務相稱的「角色」，透過各種「想定」（scenario），訓練與培養其所需要的決策、溝通與協調能力。

此外，大部分「專業兵棋推演」涉及相當多專業、複雜與細節部分，是以相當稀少由單一個別「推演者」可以在一方單獨推演。因此，推演隊伍中的一些軍官幹部，通常被當作是兵棋推演中的小組（game cells）成員。在一個「戰鬥情資中心」（combat information center）裡，海軍艦隊指揮的參謀、或是國家安全會議的資深顧問，通常扮演一個「觀察組」（watch team）角色。上述人員的多寡，端賴資訊與溝通過程中的需要，以及贊助者、推演者與相關推演設施的主觀需求來確定。

最後，提供「推演者」獲得一般「玩家綜合性經驗」（give players

---

[56] Perla, Peter P., The art of wargaming: a guide for professionals and hobbyists (Annapolis, Maryland: United States Naval Institute, 1990), pp.195-196.

[57] Perla, Peter P., The art of wargaming: a guide for professionals and hobbyists (Annapolis, Maryland: United States Naval Institute, 1990), pp.195-196.

synthetic experience）。如果一個推演者不明白其所扮演的兵棋角色，設計者必須思考設計一些「情節」，讓推演者可以完成角色任務的扮演。主要包括：提供推演者一些相關資訊，以及兵棋的結構，作為此一兵棋角色扮演所需要的一般綜合性經驗。同時，提供「兵棋結構」的內涵給推演者參考，讓推演者得以瞭解何時作出決策、那些因素影響決策的進行，以及那些決策的形式？換言之，相關資訊提供給推演者，使其瞭解何者為影響決策的關鍵因素，那些造成決策困難的因素何在！[58]美國好萊塢電影《驚爆十三天》（Thirteen Days）詳細揭露1962年古巴飛彈危機期間，美國國安機制的處理過程，相關決策角色的扮演，需要那些專業知識，面對前蘇聯在古巴部署配備核彈頭的中程飛彈，如何進行各種決策的推動，與外界溝通等等細節，實際上可以提供推演者一個完整的參照，有利於後續學習的參考。

3. 「確認資訊需求」（Define Information Requirements）：確認與蒐集相關資訊，得以進行決策下達，針對專業兵棋推演而言，確認資訊的回饋，需要完成兵棋推演的目標

好的兵棋推演可以讓設計者、贊助者、推演者、分析者與其他參與人員，可以相互在資訊交流過程中，相互溝通理解。兵棋設計者展開第一步設計，就是讓推演者進入兵棋設計中，需要他們作出決策，此一過程可以稱之為「兵棋推演想定」（wargame's scenario）。

是以，推演者必須獲得關於會影響人員與目標的各項資訊，藉以判斷「敵對」與「友好」的他方，以及其他有形物質能量的安排與部署情況。推演者也必須有能力根據這些資料，包括相關的兵棋推演數據資料，形成一些基本判斷，並考量關於決策之後的各種可能後果。此外，

---

[58] Perla, Peter P., The art of wargaming: a guide for professionals and hobbyists (Annapolis, Maryland: United States Naval Institute, 1990), p.199.

兵棋設計者還要提供一些「即時」（real time）的有關敵對與友好勢力的兵力部署與配置，適時安排在兵棋推演過程中出現的時機。[59]換言之，在進行一場兵棋推演中，設計者必須先提供一些戰略環境背景給推演者參考，讓不同專業的參與者能夠迅速的進入未來所設定的劇本中，共同參與相關決策的推動。

4. 「確認工具」（Devise the Tool）：確認需要的協助工具使得整體過程得以推演

基本上，假如在「想定」底下，由資料庫提供資訊與情資，以供「推演者」判斷之用。則「兵棋推演」可視為兩種系統的相互結合成果：「模式」（model）與「程序」（procedure）。一方面「模式」可以扮演轉化資料於決策過程中；「程序」則是確認推演者可以，或是不允許的事務，以及為何不可以？規範相關想定程序，藉以提供準確的結果回應，以及管理推演者與管制組之間的資訊流通。[60]一言之，兵棋推演中運用「模式」的主要目的在於表達兵棋推演的各種面向，需要透過模擬來加以呈現，這些模式出現許多型態。十九世紀的兵棋推演大多依賴專業軍官與有經驗航海人員的專業仲裁，現代專業兵棋推演則是導入許多配備數學程式系統的高速電腦，而近代許多兵棋推演遊戲藉由武器單位測量與一覽表化，將戰役的結果來當作遊戲結果的評量。

一般兵棋推演所需要的「模式」內涵有以下七項：[61]「物質性環境」（physical environment）、「運動學」（kinematics）、「情資

---

[59] Perla, Peter P., The art of wargaming: a guide for professionals and hobbyists (Annapolis, Maryland: United States Naval Institute, 1990), p.203.

[60] Perla, Peter P., The art of wargaming: a guide for professionals and hobbyists (Annapolis, Maryland: United States Naval Institute, 1990), p.214.

[61] Perla, Peter P., The art of wargaming: a guide for professionals and hobbyists (Annapolis, Maryland: United States Naval Institute, 1990), p.215.

蒐集與散播」（intelligence collection and dissemination）、「指揮、
管制與溝通」（command, control and communications）、「感應器」
（sensors）、「武器」（weapons）、以及「後勤系統」（logistics sys-
tem）。不管上述系統整備情況如何，他們必須完成以下五個特點：[62]
第一、「模式」必須反應相關推演者，進行決策最需要的關鍵要素。第
二、這些「模式」必須要能因應非尋常的決策事項。第三、他們能夠適
應資料庫的改變。第四、他們是一種透過「隨機過程」方式來延伸現實
世界（There are stochastic to the extent reality is stochastic）。[63]第五、由
於完整的記錄，使得其他人瞭解假定。最重要因素還是在於：將兵棋推
演決策與角色扮演的過程中，真實的反映相關影響因素。

　　基本上，在兵棋推演過程中，透過兩種途徑來運用「模式」：[64]第
一種途徑：在兵棋推演操作之前，運用精密的「模式」處理相關數據資
料，複合式計算或是裁判工作，以及被運用來準備一些兵棋推演結果的

[62] Perla, Peter P., The art of wargaming: a guide for professionals and hobbyists (An-
napolis, Maryland: United States Naval Institute, 1990), p.215.

[63] 基本上，「隨機過程一般都會被檢視為一系列的隨機變數，或是可描述具
體現象大量記錄數目。記錄可以是時間函數{xk(t)}或頻率{xk(f)}。每個記
錄與任何其他記錄多少都會有些不同。因此，在分析中包括所有可能的記
錄就非常重要。而隨機過程則是在統計資料屬性中描述。隨機振動研究中
的每個負載都是隨機過程。這些負載的模型回應也是在統計資料項式中描
述的隨機過程。每個記錄與任何其他記錄多少都會有些不同。因此，在分
析中包括所有可能的記錄就非常重要。而隨機過程則是在統計資料屬性中
描述。隨機振動研究中的每個負載都是隨機過程。這些負載的模型回應也
是在統計資料項式中描述的隨機過程。」，請參見〈定義：隨機過程〉，
《1995-2018 Dassault Systèmes》，<http://help.solidworks.com/2011/chinese/
SolidWorks/cworks/LegacyHelp/Simulation/AnalysisBackground/Dynamic_
Analysis/Definitions.htm?format=P&value>(檢索日期：2018年9月14日)

[64] Perla, Peter P., The art of wargaming: a guide for professionals and hobbyists (An-
napolis, Maryland: United States Naval Institute, 1990), p.216.

表格與數據。這些數據與表格在兵棋推演中時常被運用，此種途徑相對
透明化，推演者可以相對的瞭解不同兵棋推演的結局。有助於推演者在
回顧的過程中瞭解決策過程與考量因素。當然也存在不利因素，此種途
徑被限定在事先設計的案例中，需要仲裁來加以解說不同條件下的不同
兵棋推演案例。[65]

第二、現今電腦的運用帶來第二種途徑，運用複雜程式運算獲得兵
棋推演進行的結果。例如一個艦隊被配備飛彈的戰機攻擊，雙方的軍事
能量，包括偵查與偵測裝備的能量可以事先輸入電腦模式。如此一來，
模式可以從而計算相關的戰鬥損耗，以及兩方的對峙結果。此種途徑有
助於事後檢討真實對戰情況下的戰損評估。另外一個使用精確模式的不
利因素，在於導致整體兵棋推演時程的無法控制性，所以，兵棋設計者
除了要輸入精密模式之外，也需要提供更精細的推演計畫。[66]

關於兵棋推演過程中的「程序」（procedure）也是兵棋推演一個相
當重要的成功關鍵因素。基本上，「想定」、「資料庫」、「模式」等
等，都是兵棋推演的重要組成。但是，一個「程序」就如同樂團的指揮
者，將上述「組成」加以整合至兵棋推演過程中。有時「程序」被稱之
為兵棋推演的「規則」，而由一群仲裁者、調解人或是控制者所組成的
專業兵棋推演。主要涵蓋以下三種功能：[67]首先，監督「推演者」的行
動過程，使其符合所設定的規則，以及規範推演者不切實際的一些行
動。其次，評估兵棋推演各方的互動過程，必要時運用「程序」、「規
則」，或者「仲裁」加以決定相關紛爭議題。第三、通知推演者兵棋推

65　Perla, Peter P., The art of wargaming: a guide for professionals and hobbyists (An-
　　napolis, Maryland: United States Naval Institute, 1990), p.216.

66　Perla, Peter P., The art of wargaming: a guide for professionals and hobbyists (An-
　　napolis, Maryland: United States Naval Institute, 1990), p.217.

67　Perla, Peter P., The art of wargaming: a guide for professionals and hobbyists (An-
　　napolis, Maryland: United States Naval Institute, 1990), p.217.

演的結果，有時設定一些「戰爭之霧」來加以引導或是限制推演情勢。
（參見下表2-6：一般兵棋推演程序功能表）

表2-6 一般兵推程序功能一覽表

項次	項　目	內　涵
1	監督推演者的行動	轉換推演者行動符合兵推的條件； 強制執行兵棋推演的規則； 避免具體不切實際的行動或是事件的發展順序。
2	估計互動過程	使用模式、資料、規則； 如果需要情況下運用「裁判」。
3	通知推演者相關行動的結果	引介實際的限制； 導引「戰爭之霧」。

資料來源：Perla, Peter P., The art of wargaming: a guide for professionals and hobbyists (Annapolis, Maryland: United States Naval Institute, 1990), p.217.

　　基本上，首先，仲裁與程序轉化推演者的「決策」成爲一種「專門術語」（terms），也可被稱之爲一種「兵棋推演模式」。例如一個艦隊指揮官決定要進行空中攻擊行動，必定「重現」一個程序：決定運用那一種戰機以及多久能夠完成任務，假如規則設定在一場飛彈攻擊情況下，必定出現一艘被炸毀，仲裁者必須強制執行此一「程序」。同時，仲裁與程序也必須注意下列不可能的狀況，例如船艦不能行駛於陸地上，或是一個戰車團在橋樑尚未建構完成之前，不可能越過河流。[68]第二、估計互動過程與兵棋推演事件的結果，推演者關於各項行動、武力使用、偵測器與武器，必須加以評估其使用後的相互影響，此種影響可以透過「模式」，以及裁判的「判決」加以計算。第三、推演者必須

[68] Perla, Peter P., The art of wargaming: a guide for professionals and hobbyists (Annapolis, Maryland: United States Naval Institute, 1990), pp.217-218.

被告知兵棋推演的結果：[69]許多遊戲性質的「業餘兵棋推演」都是公開性質，提供推演者所有公開資訊，假如沒有任何「偵蒐器」的配備，對於長程飛彈攻擊的效力，推演者是無法執行任何動作使兵棋推演繼續進行。

　　上述，攸關兵推成功的工具除了「模式」與一般「程序」之外，「時間的管理」（management of time）應該是兵棋推演「程序」中最關鍵的課題，其重要性超越並且影響兵棋推演程序的功能與仲裁結果。如何有效利用時間的安排，是任何一個成功兵棋推演的重要混合物。首先，在「現實」意義上，時間與行動的速度，決定一場軍事行動成功與否的關鍵。第二、一場兵棋推演中的「時間管理」，通常決定推演活動的長度及其可以發掘的事項。[70]正如一般西洋棋與圍棋遊戲，透過一連串的交手或動次以達成比賽的進行。以圍棋為例，根據〈中華民國圍棋協會比賽規則〉中「第12條計時」規定，載明「計時」：「是保證比賽順利進行的重要手段之一。一切有條件的比賽均應採用計時制度。不同的賽事均應事先規定一局棋的每方基本時限。」[71]事實上，一般籃球比賽也有時間的限制，每場籃球比賽分四節比賽，每節為10分鐘，中間休息時間為10分鐘，關於實際運作傳球也有嚴格規定。[72]其他類似足球比

69　Perla, Peter P., The art of wargaming: a guide for professionals and hobbyists (Annapolis, Maryland: United States Naval Institute, 1990), pp.220-221.

70　Perla, Peter P., The art of wargaming: a guide for professionals and hobbyists (Annapolis, Maryland: United States Naval Institute, 1990), p.222.

71　根據〈中華民國圍棋協會比賽規則〉第12條「計時」的規定，採取「讀秒制：基本時限用完後，一種強制性延續比賽的辦法。讀秒限制皆在60秒內，可自由規定超過次數，每次下子若在讀秒限制內則不計次數，反之每超過一次則記一次，累積達到規定的超過次數之一方則裁定敗。」，請參考，〈中華民國圍棋協會比賽規則〉，http://kcs.kcjh.ptc.edu.tw/~lslian/stud-www/s102/s20058/a.pdf（檢索日期：2018/09/02）

72　一般籃球規則主要：「在後場獲得控球權的隊伍，必須在8秒鐘內使球進入

賽也有同樣的規定，足球賽分成上下半場，每半場為45分鐘，上下半場之間進行中場休息（不超過15分鐘）。因換人、處置傷兵等情況會占用到比賽時間，因此在半場的最後會進行補時。[73]

一般兵棋推演的「動次」（move）時間的設定有以下三種方式，包括：「持續時間」（continuous clock）、「區段時間」（block of time）與「兵棋推演時間」（game clock）等。

(1)「持續時間」的途經並沒有「動次」的概念，正如同美國海軍戰院兵棋系統一樣，推演者下達命令，軍隊依照命令執行相關軍事行動。這種方式具備許多優點，例如比較跟現實情況一致，也比較能夠產生一些在實際行動中出現爆發力的互動。問題在於，此種方式會造成計畫階段的一些混亂狀況，當兵推時間與實際時間的比率並非一比一的時候，如果兵棋推演時間比較快，顯示出一個實際時間的一分鐘代表數分鐘時間，推演者或許會感受到真實計畫行動時間在兵棋推演時間計算上太漫長。反之，假如兵棋推演時間較慢，有可能在進行一種策略性行動計畫下，推演者在真實行動前，必須更加詳細理解狀況，因為一個錯誤的「時間壓力」的印象可能會存在。[74]

例如美國海軍戰爭學院舉行的「複合式」戰爭兵棋推演強調：

前場，而且獲得控球權的一方，必須在24秒內設法投籃。再者，當一方球員獲得控球權時，同隊的球員不得在對方端線至罰球線之間的限制區（俗稱的鎖匙圈或禁區）內，作超過3秒以上的停留。若任何球員在對方威脅持球達5秒而不傳、投、拍、或運球時，便屬違例。」，請參見：〈籃球比賽規則(FIBA)〉，<https://www.nwcss.edu.hk/subject/pe/04_0405.files/04_0405.htm>(檢索日期：2018年9月14日)

[73] 〈【2018世足賽】一日球迷又怎樣？「足球規則大解析」讓你搞懂世足究竟在踢什麼！〉，《Man's Fashion》，<https://mf.techbang.com/posts/5848-2018-world-cup-football-match>(檢索日期：2018年9月21日)

[74] Perla, Peter P., The art of wargaming: a guide for professionals and hobbyists (Annapolis, Maryland: United States Naval Institute, 1990), p.223.

「模擬複合戰場環境，從海上到外太空到資訊空間，得以建立分析、戰略與決策能量。兵棋課程不僅豐富課程設計，同時有助於不同領導與機制，提供確認防衛計畫與政策。」，[75]採用「全球戰爭兵棋」（Global War Game）系統，一些指揮官可能為了因應一些事務，因此需要更加緩慢的時鐘速度，如此一來會形成不同的時間界線，更增加兵棋推演的控制度。[76]

(2)另外一種是屬於「區段時間」（block of time）概念，例如一種兵棋推演可以界定一個單一的動次代表一整天的行動，一天之中事件的順序，將可以被裁判或其他系統方式加以評估。大部分「兵棋推演手冊」（manual wargames）不管是「業餘性兵棋推演」或是「專業性兵棋推演」，通常使用此種區間時鐘途徑。[77]

其他屬於「漸進式時間兵棋推演」下的兩種基本途徑，一種屬於大部分業餘兵棋推演運用的方式，運用極短的時間，通常從幾秒鐘到三個月時間，此種固定式極短時間的途徑，每一個動次代表相應對的真實時間，推演者就必須經常蒐集資訊，解釋此一資訊，並加以決定，同時運用上述的決定。另外一種漸進式時間兵棋推演在於更加有彈性，在一個極短時間的考量下，每一動次代表不同長短的實際時間，並且依照兵推各動次的重要性來決定，例如一個敵對前的動次，可能涵蓋時間達到

---

[75] 其原文為："Simulating complex war situations—from sea to space to cyber—builds analytical, strategic, and decision-making skills. Wargaming programming not only enriches our curriculum, but it also helps shape defense plans and policies for various commands and agencies"，請參見："Wargaming", US Naval War College, accessed at: https://usnwc.edu/Research-and-Wargaming/Wargaming (2018/09/14)

[76] Perla, Peter P., The art of wargaming: a guide for professionals and hobbyists (Annapolis, Maryland: United States Naval Institute, 1990), p.223.

[77] Perla, Peter P., The art of wargaming: a guide for professionals and hobbyists (Annapolis, Maryland: United States Naval Institute, 1990), p.223.

十五天的行動，D-day的動次也可能僅僅代表一天的活動。

(3)最後，存在一種屬於面對真實時間，運用於兵棋推演「動次」時的兩種途徑（there are two approaches for dealing with the amount of real time players expend in making a move）：第一種大部分美國海軍運用，它們是先界定每一動次的時間，以確保每一動次都能順利推演，舉例而言：兩個動次代表一天，一個動次代表早上，一個動次代表下午，這是一種標準時間設定方式。另外一種途徑，經常出現在「業餘兵棋推演」中，讓不同的動次基於不同的需求，存在不同的時間速度。因此，如何選擇動次的途徑與時間的安排，挑戰兵棋推演設計者的能力。但是，隨著不同兵棋推演目標與想定動次的安排，選擇正確的不同時間設定，是一件兵棋推演成功的相當關鍵課題。[78]

5. 「記錄兵棋推演設計」（Document the Design）：記錄整體兵棋推演過程與努力的結果

一般非專業性，僅有參與並觀察兵棋推演的人可能以為，重要的兵棋推演設計在於建構一套機制來結合戰術與決策，從而讓推演者重現在一個真實的版本。其實，兵棋推演設計者本身即具有豐富的知識技能。因為，兵棋推演系統的設計需要具備創造性與知識性能力。是以，挑戰兵棋推演的設計過程，實際上最困難的工作在於如何記錄上述的設計與其規則的建立。換言之，兵棋推演的各個層面：「想定」、「數據資料」、「模式」被個別或組織性的加以儲存。但是，不幸的是，通常兵棋推演活動的最後一步驟，始終都忽略將整合記錄或記載的過程。[79]

以上兵棋推演設計的五種基本原則，整合如下表2-7：兵棋設計的

---

[78] Perla, Peter P., The art of wargaming: a guide for professionals and hobbyists (Annapolis, Maryland: United States Naval Institute, 1990), p.224.

[79] Perla, Peter P., The art of wargaming: a guide for professionals and hobbyists (Annapolis, Maryland: United States Naval Institute, 1990), p.225.

五項基本原則一覽表。

表 2-7　兵棋推演設計的五項基本原則一覽表

項次	項　目	內　容
1	設定目標	設定一個明確想要達成的目標
2	確認推演者與決策	區隔推演者與決策層級關係
3	確定兵推資訊需求	提供兵棋推演需要的質化與量化資料
4	確認兵推工具	提供兵棋推演必須的軟硬體設備或設施
5	記錄兵推過程	紀錄整體兵棋推演關鍵與細部內容

資料來源：Perla, Peter P., The art of wargaming: a guide for professionals and hobbyists (Annapolis, Maryland: United States Naval Institute, 1990), pp.192-228. 筆者加以整理。

（二）兵棋推演：想定的意涵

　　一般在兵棋推演整體設計過程中，除了推演架構與規則之外，具有衝擊性的「想定」（scenario）[80]，或「劇情」的設定是一個相當重要的課題。基本上，「想定」此一概念從劇場世界延伸出來，主要係指一場戲、小說或是相關工作的幾個簡單概要或綱要場景。兵棋設計者設置一些場景，從而讓推演者進行決策下達，並穿插適時的、特別的情境，目的在於改變、或是影響整體情境的發展過程，以及誘發「推演者」針對特殊狀況與利益，作出適時的反應。「想定」可以指導兵棋的推演過程，走向「狹隘」或是「寬廣」的過程，一切端賴兵棋推演的設計目

80　「想定」的意義可以分成兩種：「一齣戲劇的演出大綱或是一場歌劇的歌詞。」（a: an outline or synopsis of a play; especially: a plot outline used by actors of the commedia dell'arte, b: the libretto of an opera。）參見："Definition of scenario", Merriam Webster, accessed at: https://www.merriam-webster.com/dictionary/scenario (2018/09/14)

的。[81]

　　例如1996年3月爆發第三次臺海危機，中國人民解放軍對臺進行三波飛彈試射，引發臺海當面的緊張情勢，影響臺灣的政治、經濟與金融情勢。當時，我國政府提出已經備妥「十八套劇本」，就是一種對抗「想定」或是「劇本」的呈現，類似「兵來將擋、水來土掩」，一定程度穩定民心，提振全民士氣的目的。事實上，在前一年1995年李登輝前總統前往其母校康乃爾大學訪問，發表一篇「民之所欲，常在我心」的演講，提到「中華民國」多次，激怒中國當局，不斷從事針對性軍事演訓。當年7月15日，我國國防部情研部門奉令擬定「中共對臺軍事行動想定」，當時參謀總長羅本立要求：從共軍立場分析想定，想定內容應把「準軍事行動期間」，中國刻意製造難民潮與潛伏在臺人員可能採取行動等因素列入考量。[82]不過，面對當前中國軍事現代化下，其武力犯臺的時刻也產生變化，例如2018年5月期間，美國退役海軍上校情報官法內爾（James Fanell），在美國國會眾議院情報委員會一場關於中國在全球軍事擴張的聽證會上做出預測：中國解放軍至遲可能在2030年前對臺灣發動武力侵略，因此2020年到2030年將是「令人擔憂的10年」。[83]

　　其次，由於「想定」的導引推演的界線，以及「想定」所帶來的敏感影響，都能成為「制約」推演者決策時的緊身衣。是以，兵棋推演設計者必須確認所有的「想定」設計，都能使得推演者有足夠的決策彈

---

[81] Perla, Peter P., The art of wargaming: a guide for professionals and hobbyists (Annapolis, Maryland: United States Naval Institute, 1990), pp.203-204.

[82] 丌樂義，《捍衛行動：1996臺海飛彈危機風雲錄》（臺北：黎明文化，2006），頁49。

[83] 〈美國軍事專家：中國最遲2030年武力犯臺，美國嚇阻中國擴張要從臺灣開始〉，《風傳媒》，<https://www.storm.mg/article/439973>(檢索日期：2018年9月21日)

性，使得兵棋推演進行能夠達到目標。因為，兵棋推演的目標在於聚焦發掘何種因素？影響特殊決策的理由解釋。想定的設計必須減少人為的限制因素，使得推演者可以在決策過程中，充分自由的進行相關決策的推動。[84]

例如：討論如何防衛公海自由航行安全時的「想定」，就必須包括那些潛在威脅自由航行的現象？以及可以採取那些潛在「攻勢性」作為？從而相關作為產生戰略性或是作戰性考量，而非僅僅不作為。[85]例如美國不斷提出在南海地區的公海自由航行權，不斷駛臨逼近中國在南沙組建的七個人工島礁。因此，美國船艦必須思考，中國海、空軍與島礁防衛單位，會出現那些空中、水面上的阻絕行動，使得公海自由航行權成為空話。又例如2018年德國智庫Legarad學者提出中國可能於2049年武力進犯臺灣，以實現其民族復興大業的想定。這份報告強調，從中國對臺灣發言的敵意、不斷在國際上孤立臺灣的動作，以及近來解放軍積極擴展作戰能力等跡象來看，對臺灣採取軍事行動也是符合實際現況的選項。[86]

針對「業餘兵棋推演」（Hobby game）的想定，通常僅聚焦於作戰與執行層次，推演兩邊的作戰能量，勝利的條件或是目標為何？在歷史性兵棋的想定方面，關於決定性戰役設計方面，兵棋推演設計者都會

---

84 Perla, Peter P., The art of wargaming: a guide for professionals and hobbyists (Annapolis, Maryland: United States Naval Institute, 1990), pp.203-204. 轉引自Perla, Peter P., The art of wargaming: a guide for professionals and hobbyists (Annapolis, Maryland: United States Naval Institute, 1990), p.204.

85 Perla, Peter P., The art of wargaming: a guide for professionals and hobbyists (Annapolis, Maryland: United States Naval Institute, 1990), p.204.

86 Helena Legarda, "China Global Security Tracker", Mercator Institute for China Studies (MERICS), No. 3, January – June 2018, accessed at: https://www.merics.org/sites/default/files/2018-09/MERICS_China_Global_Security_Tracker_No_3_1.pdf.(2018/09/16)

考量：什麼「假如—如果」（what if）的「想定」，來提供推演者進行比較平衡、對抗性的遊戲方式，通常一些假設性想定在關鍵性時刻的想定設計，會去思考那些因素會影響決策的推動，並設計此種影響放入想定的設計中。[87]不過，相關「假如—如果」的兵棋「想定」設計也不能脫離歷史的真實結果，例如發生於1944年10月20日持續至10月26日，美國與日本在二次大戰最後一場海戰「雷伊泰灣海戰」（Battle of Leyte Gulf）[88]，是世界上最後一次航艦對戰和戰艦海戰，日軍決定在「雷伊泰灣」與美國軍艦決一死戰，美國因而改變不在臺灣登陸，而在菲律賓登陸的作戰計畫。

（三）兵棋推演：想定的注意事項

「想定」是兵棋推演的起始點：提供贊助者、推演者、分析者以及其他兵棋推演參與者共同想像表達兵棋推演的目標所在。是以，兵棋推演想定必須提供關於兵棋推演的整體描述性，其前後關係或是背景因素，包括：立場態度、目標、相關參與者的動向，不管是友好、敵對或第三方勢力。當然上述提供的資訊與情資在質與量方面，應該屬於有限性質，從而反映出現實世界的「不確定性」與「不準確性」。[89]換言之，提供一個「戰場之霧」，建構一個不完整的戰場環境，才能夠讓推演者面對許多不確定因素，使得相關「決策」難以下達，借以達到心理與生理的施壓效果，才能達到兵棋推演的目標。

---

[87] Perla, Peter P., The art of wargaming: a guide for professionals and hobbyists (Annapolis, Maryland: United States Naval Institute, 1990), p.25.

[88] 〈雷伊泰灣海戰〉，《維基百科》，<https://zh.wikipedia.org/wiki/%E9%9B%B7%E4%BC%8A%E6%B3%B0%E7%81%A3%E6%B5%B7%E6%88%B0>（檢索日期：2018年9月17日）

[89] Perla, Peter P., The art of wargaming: a guide for professionals and hobbyists (Annapolis, Maryland: United States Naval Institute, 1990), pp.205-206.

其次，除了背景因素的分析外，「想定」也應該包括：提供推演者必須達成何種特殊目標或是任務為何？推演者及其附屬小組成員的指揮關係，以及控制者與推演者之間，必須有明確的界定，得以處理相關能量與支援。另外，關於「及時」增加於想定的因素，也必須視之為想定的一部分，雖然這些想定並不必然是先提供給推演者。同樣的，「管制組」亦必須回應推演者的行動或是要求，例如關於是否核准使用核子武器，藉以達成兵棋推演目標的特殊途徑，這些指示都應該屬於「想定」的一部分。[90]關於核武使用原則，世界各國都有戰略性的準則，中國一直堅持「不率先使用核武原則」，[91]某種程度是針對相對擁有核武優勢的美俄等國的原則。但是，一般面對恐怖主義組織運用大規模毀滅性武器的非傳統威脅，如何適當運用有限戰術性核武，達成有限破壞效果，通常也會成為「想定」要去突破之處。

（四）兵棋推演：想定的設計原則

一般兵棋推演想定設計的基本概念在於：創造一個能夠達成兵棋推演目標的環境，「想定」就是連結相關的元素成分，包括以下四個基本原則：[92]瞭解問題、由下往上設計想定、記錄相關決策、溝通結果等。

第一原則，首先在於瞭解問題所在？因為此一原則太明顯，以至於經常被忽略，通常「想定」起始於兵棋推演的設定目標為何？但是，僅僅瞭解目標還不夠，設計者還必須瞭解如何讓目標呈現於兵棋推演想定

90　Perla, Peter P., The art of wargaming: a guide for professionals and hobbyists (Annapolis, Maryland: United States Naval Institute, 1990), pp.206-207.

91　潘振強，〈中國不首先使用核武器問題研究〉，《空天力量雜誌（北京）》，頁12-24。<http://www.au.af.mil/au/afri/aspj/apjinternational/apj-c/2015/2015-1/2015_1_03_pan.pdf>(檢索日期：2018年9月14日)

92　Perla, Peter P., The art of wargaming: a guide for professionals and hobbyists (Annapolis, Maryland: United States Naval Institute, 1990), pp.207-211.

之中。同時，確認推演者的各項活動與決策機會，都在於追求兵棋推演目標的達成，以及確保相關的活動與機會能夠被建構與提供。一般「想定」的組成內涵請參考下表2-8：想定組成內涵一覽表：[93]

表2-8 想定組成內涵一覽表

項次	項目	內涵
1	背景（background）	情勢（situation）、態度（attitudes）、企圖（intentions）、目標（goals）、物質條件（physical conditions）
2	目標或是任務（objectives or missions）	所有推演者或是小組成員（All players and cells）
3	指揮關係（command relationships）	所有推演者或是小組成員（among players and cells）推演者與控制組（between players and control）
4	資源（resources）	武力結構（force structure）可用資源（available support）
5	指示事項	每天「及時」針對推演者，「控制組」的指導（updates during play, and control team instructions）

資料來源：Perla, Peter P., The art of wargaming: a guide for professionals and hobbyists (Annapolis, Maryland: United States Naval Institute, 1990), p.208.

　　例如：面對面飛彈來襲的兵棋推演中，讓推演者早一點瞭解可能的目標、理解適當的雷達追蹤、指定程序，才能瞭解如何能夠偵測目標。想定設計者必須選擇一個物質性與戰術性環境，以使得上述的想定得以產生。設定目標在於接近海岸地區，使得推演者難以辨別雷達反射波，讓推演者可以理解現實環境中的雷達監偵的複雜度問題。[94]例如臺海戰

93　Perla, Peter P., The art of wargaming: a guide for professionals and hobbyists (Annapolis, Maryland: United States Naval Institute, 1990), p.208.

94　Perla, Peter P., The art of wargaming: a guide for professionals and hobbyists (Annapolis, Maryland: United States Naval Institute, 1990), p.208.

場情勢複雜，一方面屬於國際航道，各國船舶飛機絡繹於途，再者，兼顧海峽中線的安全考量，我國軍必須二十四小時警戒待命，除了平時想定一般狀況發生的情勢，也必須針對特殊情況下從嚴從難的戰場態勢思考。尤其在中國於2018年初推出「M503航線」之後，我方空防壓力更大。我國總統府指出，有關北京當局違背兩岸雙方2015年關於處理爭議航線的共識，在未經協商下片面啟動M503等四條爭議航線，對臺海和平現狀及東亞區域的安全穩定造成嚴重衝擊。[95]

第二原則，「從下到上」的兵棋推演想定設計：在瞭解兵棋推演的目標之後，設計者必須開始建構想定的過程，使得「途徑」與「工具」兩者可以配合目標加以運用，才不會讓推演者只能採取單一、固定的途徑。其實，在推演過程中，出現的關鍵環節，會驅使推演者進行一定的決策下達，出現許多不同程度的替代方案。例如命令部隊進入一個海灣或是在公海上待命，立即攻擊或是等待敵方反擊，上述狀況都是屬於所謂的「決策點」（A decision point）的選擇。此種「決策點」必須讓推演者清楚「界定」，產生何種不同的替代方案，使得「管制組」可以適當的針對任何推演者的決策進行評估。[96]例如針對疑似或可能進入中國設立的「東海防空識別區」，日本海上與空中自衛隊如何建構一個「交戰規則」（rules of engagement），來避免「誤判」以至於造成擦槍走火的衝突事件，相關「決策點」的選擇就是一種訓練的重要課題，關鍵在於能夠清楚理解為何選擇此一「時機」。

同時，針對上述想定設計過程的關鍵在於「由下到上」階層式的途

---

95 〈陸片面啟用M503航線　蔡總統呼籲北京採取彌補措施〉，《聯合新聞網》，<https://udn.com/news/story/6656/2939691>(檢索日期：2018年9月14日)

96 Perla, Peter P., The art of wargaming: a guide for professionals and hobbyists (Annapolis, Maryland: United States Naval Institute, 1990), p.208.

徑設計，設計者首先思考那些關鍵性決策點，如何與兵棋推演目標相互配合。想定設計者必須回溯時間角度，來設計可能的事件順序，使其有可能引導推演者進入關鍵的決策點。在此第二原則下，設計者思考必須確認關鍵事件，決策或是行動。基本上，已經超越推演者的可控制範圍的特殊決策點。是以，將上述事件整合至想定中，一般通常狀況下，上述這些事件的嵌入時機在於即時性的想定投入，或是管制組的臨時狀況設定的結果。[97]例如一個全球性知名的國際企業面對內部網路遭遇駭客攻擊的兵棋推演，正當該企業資訊安全部門正全力處理相關電腦缺漏之處，坊間謠傳不利於該企業的說法，「管制組」及時輸入一個「特殊想定」，讓謠言滿天飛，企圖影響該企業股價，其公關部門如何因應與對外溝通說明。

此種由下往上想定設計原則，可以讓設計者隨時建構，以及經常性觀察想定的「全面性」、「一致性」與「可信度」。事實上，一個完整的「想定」提供所有兵棋推演者與分析者所需要的資訊與情資，使得他們能夠扮演其所設定的角色身分。亦即，如果一個戰場指揮官沒有被賦予一個任務，此一「想定」就不完整，假如一個分析者不知道戰爭為何爆發，此一想定也不是十分完整。[98]

換言之，必須要讓推演者內化「為何而戰？為誰而戰？」的戰鬥目標與任務，推演者就可以根據上述指示，籌劃其採取的途徑與作為。例如針對中國在南海島礁的軍事化作為，美國艦船進入此一海域，主要「目標」與「任務」在於彰顯《聯合國海洋法公約》上律定的「公海自由航行權」，不承認中國在南沙群島的人工島礁的建設成果，所以必須

---

[97] Perla, Peter P., The art of wargaming: a guide for professionals and hobbyists (Annapolis, Maryland: United States Naval Institute, 1990), p.209.

[98] Perla, Peter P., The art of wargaming: a guide for professionals and hobbyists (Annapolis, Maryland: United States Naval Institute, 1990), pp.209-210.

不斷透過「實際存在」，來挑戰中國南海島嶼領土建構「既定事實」的實踐結果。換言之，美國艦船在南海只是一種「存在訊號」，沒有必要挑起美、中兩國之間的軍事衝突危機。

其次，想定的「一致性」問題，表達「想定」的「假設」（hypothesis）必須符合邏輯的一致性，但其意涵不僅僅是一種「一致性」。一個一致性的想定必須連結兵棋推演的所有成分：目標、相關機制與其分析者。例如一個軍事兵棋推演的重要目標在於瞭解冰層下潛艦的作戰能量，一個一致性的想定必須確認此一行動的可能性，可以被操作並使其具備成功的機率。同時，一個成功的「想定」也必須具備「可信度」（credibility），使得兵棋推演參與者跟其後的觀眾，針對兵棋推演結果願意拋棄其天生的、對於已經設定的假設情境下的不信任態度。因爲，「假定」係表達可能現實存在的一些觀點。不過，此一實際情況並不一定是最有可能的狀況。但是，必須也應該是一般性最有可能的一種實際情況。此外，有些想定也許被認爲在眞實世界裡不可能存在，例如一次大戰與二次大戰是否有可能出現美國與英國海軍的對抗？[99]1982年爆發的英國與阿根廷的福島戰爭，中、南美洲國家如果回溯此段戰爭史，或許很難「想定」華盛頓會爲了遠在歐洲的倫敦，跟近在其腳下的鄰國作戰，基本上已經超越地緣戰略的考量，而是一種更優先的政治與文化戰略的思維，貫徹美國與英國之間「血濃於水」的連結紐帶。

第三原則，記錄決策結果：在兵棋推演過程透過不同的「想定」所建立的各種決策過程，必須加以記錄及整理。以利分析在決策背後的假定考量爲何？相關影響與想定的變項爲何？運用何種特殊的情報資訊？以及其他推演者所做出的決策爲何？透過相關記錄整理，「設計者」才

---

[99] Perla, Peter P., The art of wargaming: a guide for professionals and hobbyists (Annapolis, Maryland: United States Naval Institute, 1990), p.210.

能理解那些「因素」影響推演者的決策行為，透過一個完整的紀錄，提供一個堅實的基礎來「解讀」想定過程中的最關鍵因素。事實上，在兵棋推演過程中，經常會出現一些原先「設計」沒有出現的特殊情境，為何產生有其先後因果關係，透過及時的記錄，才能回顧其全貌。目前，由於電子資訊科技發達，例如「臉書」（Facebook）配備及時通訊與轉播功能，可以同步播出與錄影上傳，解決了許多兵棋推演有聲有影的紀錄需求。

第四原則：「溝通問題」，任何一個兵棋推演遊戲都必須跟所有相關者進行溝通，涉及到五個方面的使用者：遊戲贊助者、遊戲管制者、遊戲參與者、遊戲分析者、未來觀眾，以及針對遊戲的報導或是綜整者。贊助者必須確認想定的設計有助於兵棋推演目標的達成，管制組成員必須瞭解兵棋推演的前後背景，以及運用管制組的特權限制推演者的能量，推演者須要獲得與管制組一樣的資訊情資。但是，這些情資必須有限度的，讓推演者有限度的理解他們所進行的真實兵棋推演世界場景。分析者需要知道不僅是所有基本故事的「事實背景」（ground truth），以及跟推演者告知的故事。分析者才能解讀資訊受限制所產生的影響關係。最後，未來的觀眾或是遊戲客戶也必須瞭解不僅是遊戲的上下文關係，也必須要瞭解「想定」在於兵棋推演中的輸入與輸出關係。一般都要以文字形式或是圖表方式展現，最重要是必須將完整的資訊透過所有文件，提供給特定族群參考使用。[100]總結，想定設計的原則請參見下表2-9：想定的設計原則一覽表：[101]

---

[100] Perla, Peter P., The art of wargaming: a guide for professionals and hobbyists (Annapolis, Maryland: United States Naval Institute, 1990), p.211.

[101] Perla, Peter P., The art of wargaming: a guide for professionals and hobbyists (Annapolis, Maryland: United States Naval Institute, 1990), p.211.

表 2-9 想定的設計內涵一覽表

項次	項　目	內　涵
1	瞭解問題	兵棋推演的目標 「想定」如何影響成果
2	由下而上建構	確認「決定點」 資訊與假定的層級化 一致、完整與可信度
3	紀錄決策	詮釋假定與決策 資訊來源
4	溝通結果	贊助者、控制者、推演者、分析者、觀眾群

資料來源：Perla, Peter P., The art of wargaming: a guide for professionals and hobbyists (Annapolis, Maryland: United States Naval Institute, 1990), p.211.

（五）兵棋推演：想定的數據與資料

　　在思考與建構「想定」的過程中，需要參考相當多「資訊」與「資料」（data base）的問題。一般數據資料庫與兵棋推演有關的量化方面的資料：包括兵力、後勤支援、相關軍火力對抗的數據。此一數據資料庫與「想定」相互連結，係以輔助方式來支撐兵棋推演的進行。因此，此一資料庫必須提供輸入所需要的資料，使得「兵棋推演模式」能夠運作，以便再次建立質化想定條件，並且進一步整合推演者互動的結果。不過，資料庫不僅僅是一種初步，當提供未經加工的資料時，可能還需要進一步提供一定程度的解析資料。目前一些專業兵棋推演面臨一些困境在於推演者接收許多初級的數據與資料，涵蓋太多不需要的資料在內。反之，攸關「推演者」息息相關的重要情資卻不易提供。例如：一個戰場指揮官或海軍艦隊指揮官並不需要瞭解「魚叉飛彈」（Harpoon missile）的性能諸元，例如巡弋速度與破壞力量，關鍵的是他們

要知道：打擊一群敵對軍隊的成功機率為何？[102]不過，這並不表示相關武器性能諸元不重要，而是指揮官要如何判斷威脅來源、意圖確認，從而能夠下達及時、明確的「作戰指令」。

此外，相關資料的提供，有助於推演者結合其扮演的角色，並與其進行決策有關的資訊情報。同樣，「管制組」與「裁判組」更需要精確的資料，來判斷「推演者」所進行的任何決策基礎的判斷是否齊全。不過，依據情勢發展需求，也可以提供推演者進一步精確的資料。事實上，真正的領導者都希望能夠獲得更多量化資料來進行分析。如果缺乏資料，推演者很難進行精確的決策下達。而透過處理的資料有助於消除一些不確性因素，成為提供研判規劃未來成功機率的基礎。假如「推演者」明白不同程度的可能決策結果，以及其他相對可能性的決策結果，推演者可能會比較接受那些不可能的結果，如同所謂的「戰爭命運」（fortunes of war），而非認定這是「管制組」巧妙所設計出的策略安排。[103]

五、兵棋推演：推演與運作（角色扮演）

（一）兵棋推演：推演

從事兵棋推演的過程中：「角色扮演」（role playing）是一個相當關鍵的問題，誠如美國兵棋專家Perla認為：「如果兵棋推演的本質是『決策』，從事兵棋推演的核心在於推演者能夠從事一個有意義的決策角色。」（The essence of wargaming is decisions, the the essence of playing wargames lies precisely in the players' ability to assume a meaningful

---

[102] Perla, Peter P., The art of wargaming: a guide for professionals and hobbyists (Annapolis, Maryland: United States Naval Institute, 1990), p.212.

[103] Perla, Peter P., The art of wargaming: a guide for professionals and hobbyists (Annapolis, Maryland: United States Naval Institute, 1990), p.212.

decision-making role）。[104]在一個兵棋推演場景中提供「推演者」有機
會扮演實際上的軍事或政治決策者，而在一個模擬眞實世界下，透過兵
棋推演再次重現環境與場景：讓決策者再度面臨決定時刻，使得推演者
可以達到轉換、教育、訓練於一個更有利於理解眞實的世界。不過，涉
及如何發揮「角色扮演」作用，存在兩種不同觀點：[105]第一、角色扮演
應該不在於推演者做什麼？應該會是「必須」扮演何種角色？而是在於
推演者是否必須侷限在單一兵棋推演下的單一角色？[106]第二、一定程度
認爲推演者應該聚焦於某一種角色身分的扮演。基本上，重要關鍵辯論
並不在於：推演者應該扮演好其賦予的角色身分，也不是單一推演者應
該扮演多少角色？重要的理念在於推演者角色的結構安排，是否能有助
於兵棋推演實際推演情況的需求？以及推演者如何能夠去除不信任感！
一方面，如果推演者的角色設定比較狹隘，推演者會比較沒有興趣，而
且會懷抱這只是一場差強人意的兵棋推演。但是，如果推演者的角色身
分負擔較重，決策任務繁多，也並非其主要角色身分所需，推演者或許
會失去原先的主要角色身分的扮演。[107]

　　在專業兵棋推演下，「角色扮演」是一個非常重要的事項，主要在
於教育與訓練的需求。所以，「角色設定爲兵棋推演效度的基本特質」
（role-assumption is a fundamental feature of gaming's utility）。[108]一旦推

---

[104] Perla, Peter P., The art of wargaming: a guide for professionals and hobbyists (Annapolis, Maryland: United States Naval Institute, 1990), p.247.

[105] Perla, Peter P., The art of wargaming: a guide for professionals and hobbyists (Annapolis, Maryland: United States Naval Institute, 1990), pp.248-249.

[106] Perla, Peter P., The art of wargaming: a guide for professionals and hobbyists (Annapolis, Maryland: United States Naval Institute, 1990), p.248.

[107] Perla, Peter P., The art of wargaming: a guide for professionals and hobbyists (Annapolis, Maryland: United States Naval Institute, 1990), pp.248-249.

[108] Perla, Peter P., The art of wargaming: a guide for professionals and hobbyists (Annapolis, Maryland: United States Naval Institute, 1990), p.249.

演者進入一場專業兵棋推演過程中，他們經常很難緊緊忠於其單一角色的扮演，通常都會傾向扮演較低階角色事務，因為一方面比較熟悉。再者，扮演較高階者身分，除了業務比較不熟悉，會面對更多決策時刻的挑戰。因此，大部分讓推演者保持角色扮演，一直要到管制組提出「損害報告」（damage assessment）之後，而此報告內容往往超乎這些推演者的期待。舉例而言，一場對敵海灘的攻擊行動，造成我方攻擊戰機的巨大損失，那些推演者關切的事項包括一些熟悉的數學模式與兵棋推演評估，通常不會抱怨系統模式所造成的結果，而是詢問針對損失如此高的操作性解釋。[109]在兵棋推演中，錯誤的辨識、戰術執行不良，以及誤判敵人狀況，都可以在兵棋推演中呈現。不過，有時也會受到太好的結果影響。通常兵棋推演設計者要避免建構出一個超乎預期之外的兵棋推演成果。通常一個設計良好的兵棋推演與準備充分的管制組，通常不會提出一個超乎邏輯思考的評估報告。但是，往往有些管制組成員只是根據兵棋模式的結果加以評估，而缺乏針對實際戰鬥情況結果的實證分析。[110]

（二）兵棋推演：推演者間的互動

在兵棋推演中特別強調：人員互動與角色扮演的關聯性，是以兵棋推演可以成為一個很有利的學習工具（learning from playing wargames）。兵棋推演的參與者、推演者能夠練習他們扮演的角色身分，主要是兵棋推演並非真實場景，透過關鍵的界線，推演者可以從中學到許多的效益。在一個戰爭兵棋推演中，真實軍隊不會部署，不會有

---

[109] Perla, Peter P., The art of wargaming: a guide for professionals and hobbyists (Annapolis, Maryland: United States Naval Institute, 1990), p.249.

[110] Perla, Peter P., The art of wargaming: a guide for professionals and hobbyists (Annapolis, Maryland: United States Naval Institute, 1990), p.250.

真實的武器裝備，也不會有人傷亡，類似演習一般，是一個不完整的真實戰爭的呈現，不管是遊戲或者是專業兵棋推演，都會有類似上述的情境。所以，當我們要理解如何能從兵棋推演中獲得什麼？最關鍵者在於：那一個兵棋推演經驗更趨近於與現實戰爭經驗相同者。[111]

例如：我國行政院每年舉行的「災害防救演習」就是配合國防部年度的「萬安演習」同步進行，[112]主要的核心理念在於：「演習視同作戰」，同時「救災視同作戰」。臺灣中部地區也於2018年6月7日，舉行萬安41號演習，[113]當天下午1點30分到2點實施，臺中市在北屯區進行警報發放、人車疏散等實作演練，由於此次除利用「國家災害防救科技中心」（NCDR）的「災害訊息廣播平臺」連接系統，發送簡訊提醒民眾配合演習管制作為，同時首增飛彈空襲警報。[114]

---

[111] Perla, Peter P., The art of wargaming: a guide for professionals and hobbyists (Annapolis, Maryland: United States Naval Institute, 1990), p.250.

[112] 「臺灣地區遭受風、水災及地震災害侵襲風險極高，總統特別要求政府必須每年於防汛期前定期辦理全國災害防救演習，以因應颱洪、地震等大規模複合型災害威脅。爰此，政府自99年度起，均於防汛期前動員全國縣市辦理演習，由中央各災害防救業務主管機關結合全國22個縣（市）全面辦理，並配合國防部萬安演習同步實施，以驗證中央及地方政府整體災害防救機制運作能力。」，請參考：〈年度演習〉，《行政院中央災害防救會報》，<https://www.cdprc.ey.gov.tw/News.aspx?n=7CF4B27CFA2D957B>(檢索日期：2018年9月2日)

[113] 基本上，從6月4日至7日為「民國107年「萬安41號」軍民聯合防空演習，區分為北、中、南、東部、澎湖、金門、馬祖等7個地區，採有預告、分區方式，於下午1時30分至2時間實施。」，請參見：〈萬安41號演習　明天起至7日實施〉，《聯合新聞網》，<https://udn.com/news/story/10930/3177524>(檢索日期：2018年9月18日)

[114] 此次演習也啟用「國家災害防救科技中心」（NCDR）「災害訊息廣播平臺」連接系統，除發送簡訊至演習區域內所有3G、4G行動電話，也增加飛彈空襲警報測試，提醒民眾配合演習管制作為。請參見：〈中部萬安演習

（三）兵棋：壞小孩的角色

　　一般在兵棋推演過程中，也要有人從事一個「扮演壞小孩角色」（playing the bad guys）身分的工作。主要在於透過「兵棋推演」互動的過程，「推演者」可以學習很多東西，這些是奠基於推演者間的動態式互動、競爭性觀念與意願的結果。兵棋推演的推演者需要一個「對手」（即使是只有一個人的業餘兵推遊戲，雖然缺乏競爭性對手）。因為，許多「洞見」（insights）都來自於兵棋推演過程中，必須要靠強勁對手的激發。是以，有時很難區隔相關的「洞見」來自於特殊的環境下，與特殊的對手展開的兵棋推演結果。特別是，如何與為何對手運用其武力？應是最重要的學習目的，也是最難加以詮釋之處：如何延伸推演者的「鏡像思考」於對手上（the extent to which players "mirror image" the opposition）。冷戰時期在美蘇對抗想定中，一定存在一種不安情緒：一個美國人以美國人的行事風格，可以扮演一個蘇聯人而不去運用蘇聯的能力與武力。[115]

　　是以，在一個專業兵棋推演中，扮演非美國人或是威脅角色通常沒有太多區別，扮演有好的或是藍軍的角色，如果扮演威脅角色，需要特別的訓練與知識。至於，扮演紅軍的角色，不僅要瞭解對手的科技能量，也要理解其戰略與策略準則的內涵。是以，扮演紅軍推演者就必須以紅軍來思考，一般兵棋推演中，通常都會建立一個特別的紅軍角色，通常都是由情治單位扮演。[116]

首增飛彈空襲警報　小學生嚴肅面對〉，《自由電子報》，<http://news.ltn.com.tw/news/life/breakingnews/2450862>(檢索日期：2018年9月2日)

[115] Perla, Peter P., The art of wargaming: a guide for professionals and hobbyists (Annapolis, Maryland: United States Naval Institute, 1990), p.257.

[116] Perla, Peter P., The art of wargaming: a guide for professionals and hobbyists (Annapolis, Maryland: United States Naval Institute, 1990), p.257.

　　基本上，紅軍推演者必須非常小心，不要自我設限，不必依照標準或是接受藍軍的每一個反應，紅軍可以採取任何不確定性因素與任何存在的討論。在不同兵棋推演中採取不同的途徑，或是在一個兵棋推演中的部分時段採取不同途徑來因應藍軍的作為。針對特殊情況下，應該採取一些有想像力的紅軍反應措施，紅軍推演者有時應跳脫針對敵軍準則固定式的思考。當他們跳脫固定思考時，紅軍也必須解釋清楚他們的理性與通知對手，他們的「詮釋」或許不能符合情治資料關於威脅行為態勢的解讀。當然，上述這些不尋常的動作必須與兵棋推演的目標一致性，否則他們就會被兵棋推演贊助者所反對。[117]

　　在「業餘兵棋推演」的操作上，會有一些規則來限制「天馬行空」的思考，主要目的在於確認遊戲的進行，自然如何避免一些「鏡像效應」（mirror imaging）的出現，從而避免誤判潛在敵人所具有的企圖與能量。但是，也存在一個疑問：「推演者」如果依據固定性規則，是否能有效透過此一途徑完成兵棋推演目標？（What is less clear is the efficacy of imposing rigid restrictions on players as the means of achieving this goals）。因此，必須建構一種敏銳的「平衡點」：創造一種合理重現敵手的能量與準則，以及針對「推演者」有關「想像力」與「創造力」的一種人為限制。[118]

　　以上本章各節針對「兵棋推演」：概念、意義、歷史發展、內涵與分類，並且詳細分析有關兵棋設計所面對的問題：模式、程序、想定、推演等具體的實作部分。接著以下第四至六章，將透過「兵棋」不同模式：區隔為「教育訓練」、「模式模擬」與「策略分析」等三項主軸加以說明，配合相關實例加以分析。

---

[117] Perla, Peter P., The art of wargaming: a guide for professionals and hobbyists (Annapolis, Maryland: United States Naval Institute, 1990), p.258.

[118] Perla, Peter P., The art of wargaming: a guide for professionals and hobbyists (Annapolis, Maryland: United States Naval Institute, 1990), p.258.

第三章

兵棋推演：理論基礎與模式建構

　　兵棋推演簡單來說就是運用一個邏輯思考的方式，對問題性質的分析、定義、建構及解決。而對於問題本質的認識，則需透過理論研究的方法，對問題的性質做明確有效的分析，方能建構兵棋推演想定的立案假定。

重點摘要：

1. 兵棋推演基本上是一個解決問題的協助思考工具。
2. 兵棋推演的想定假設命題，如果不具備合理性、有效性及預測性，就會失去兵棋推演的價值。
3. 可運用國際關係理論及戰略理論，檢視兵棋推演的想定假設、命題的合理性、有效性及預測性。
4. 戰略分析5大步驟分別為問題性質解構、戰略目標設定、與問題有關的因素分析、可能行動方案擬定與利弊比較及最適合的行動方案選擇。
5. 兵棋推演的方式有許多種，本書將其歸類為教育訓練、模式模擬及策略分析3種模式。
6. 本書的3種兵棋推演模式具備由上而下的指導，以及由下而上的回饋，交互串聯或獨立使用的功用。
7. 沒有一個策略執行計畫是完美無缺的，只有在當時環境中決定最適合的選擇。
8. 達到戰略目標的途徑有許多方式，每一位決策領導者的最適合策略執行計畫的選擇都會不同。沒有絕對的對與錯，而是每一位決策領導者想要的與可用的能力都不同。

　　兵棋推演簡單來說就是運用一個邏輯思考的方式，對問題性質的分析、定義、解構及解決。而對於問題本質的認識，則需透過理論研究

的方法，對問題的性質做明確、有效的分析，方能建構兵棋推演想定的
立案假定。因此，首先我們必須瞭解作為兵棋推演研究基礎概念的「理
論」是什麼。何謂「理論」（theory）？從國際關係的社會科學角度來
說，美國著名學者詹姆士・多爾蒂（James Dougherty）與羅伯特・法
爾資格拉夫（Robert Pfaltzgraff）在其所著《爭論中的國際關係理論》
（Contending Theories of International Relations）一書中，認為「理論」
是對現象系統的一種反應，目的在說明這些現象，以及顯示它們之間的
相互關聯性（interrelated）。[1]並認為理論也是一種思維的象徵性建構，
含括了一系列相互關聯的假設、定義、法則、觀點和原理。[2]

　　也就是說「理論」是由一具有相互關聯的命題（proposition）所組
成的一個廣泛體系，而這些命題與某些社會的運作有密切的關係。然
命題是由構念（construct）所形成，命題說明構念間的因果關係。羅伯
特・利爾伯（Robert J. Lieber）在其《理論與世界政治》一書中對「理
論」的定義，認為「理論」代表一種「取向」（orientation），也是一
種概念架構，其中涵蓋分析的技巧。[3]查理斯・麥克萊蘭（Charles A.
McClelland）認為理論是組合事實的框架、認可和遴選事實的模式、加
工知識原料的手段，也是對客觀事務的一種抽象思維，以選擇、分類、
排列、簡化、推理、歸納、概括或綜合的過程呈現出來。[4]肯尼斯・華
爾滋（Kenneth N. Waltz）認為理論是從屬於特定行為或現象法則的集

---

[1] James E. Dougherty, Robert L. Pfaltzgraff, Contending Theories of International Relations: a comprehensive survey (New York: Longman, 1981), p.15.

[2] James E. Dougherty, Robert L. Pfaltzgraff, Contending Theories of International Relations: a comprehensive survey, p.21.

[3] Rober J. Lieber, Theory and World Politics (Cambridge, Mass.: Winthrop, 1972), p.8.

[4] Charles McClelland, Theory and International System (New York: macmillan, 1996), pp.6-11.

合或組合，並且對法則提供解釋。[5]由此，可以瞭解理論來自於命題，而命題來自於假設。而兵棋推演則是爲達成策略目標，藉由理論建構命題再形成假設。所以，想定的假設是兵棋推演的起源，是可以藉由理論來建構想定假設，而非無依據的憑空想像。

「戰略」（Strategy）思考所需考量的是對內、外環境的分析、競爭對手的能力評估及自我能力評估。因此，戰略思考途徑可提供兵棋推演參演人員，針對想定的假設、命題透過戰略思考邏輯擬訂有效的因應方案。「戰略」一詞對於許多人來說，所指的是軍事領域謀略的方法，而在一般的商業上的用語則稱之爲「策略」。然就英語的文字使用上「戰略」與「策略」都是「Strategy」，就其定義英國著名戰略家李德哈特（B. H. Liddell-Hart）在其《戰略論：間接路線》（Strategy）一書對「戰略」一詞下了一個定義，認爲「戰略」是分配和運用軍事工具，以達到政策目標的藝術。[6]

美國學者艾弗瑞，桑德（Alfred D. Chandler, Jr）則在其《決策與結構：美國工業企業歷史的章篇》（Strategy and Structure: Chapters in the History of the American industrial Enterprise）一書中，對於「策略」一詞的定義，認爲「策略」是一個企業長期目標的決策，以及實現這些目標所需的行動及資源分配的方法。[7]從上述兩位專家對於「戰略」與「策略」一詞的定義，可以瞭解到「戰略」與「策略」用詞的不同點在於，一般大眾將「戰略」窄化爲僅限於國家、軍事及外交範疇的運用，而「策略」則用於民間企業、機構上。對於西方國家而言，「戰略」所涵

5　Kenneth N. Waltz, Theory of International Politics(Long Grove Il: Waveland Press, 2010), pp.2-5.

6　B. H. liddel-Hart, Strategy(New York: Faber and Faber, 1991), p.321.

7　Alfred D. Chandler, Jr, Strategy and Structure: Chapters in the History of the American industrial Enterprise (Cambridge, Mass.: MIT Press, 1990), p.53.

蓋的層面則非常廣泛，除了國家與軍事之外，政治、經濟、教育、外交及企業經營都有其運用的範圍。因為戰略不僅僅是一個概念，也是一個思考邏輯，以及行動的方法。

因此，「戰略」在理論上除了以人為主體的社會科學外，亦兼具相關環境解析的自然科學，具有「質性」（qualitative）的詮釋，也具有「量化」（quantification）的統計。中國古代兵書之首《孫子兵法》，在其開章始計篇即指出「兵者，國之大事，死生之地，存亡之道，不可不察也。故經之以五事，校之以計，而索其情：一曰道，二曰天，三曰地，四曰將、五曰法。」這就是「戰略」的相關事務的「質性」詮釋。而「夫未戰而廟算勝者，得算多也；未戰而廟算不勝者，得算少也。多算勝，少算不勝，而況於無算乎？吾以此觀之，勝負見矣。」[8]以上則指出「量化」的統計，提供思考「戰略」的方向與可行性。二次大戰後西方古典戰略學家法國將軍薄富爾，在其著作《戰略緒論》（An introduction to strategy）一書中指出，「戰略」是一種達到目的的手段，也是最重要的心靈練習。[9]其應用的必要條件是堅定的意志、冷靜的頭腦及堅強的決心，[10]其中冷靜的頭腦所思考的作為即時間、空間及所能動用的力量規模與素質。[11]由此，從戰略分析來說，「戰略」研究所涵蓋的是「質性」與「量化」兩個面向。

兵棋推演在國內、外不管是政府機構或民間企業都有其運用的足跡，也許有不同的名詞。但基本上思考運用的邏輯是相同的，在方法上則依據不同的需求目的及環境而有所不同。例如討論式的兵棋推演、電

8　蔣緯國，《五經七書：陽明先生手批》（臺北：國防大學戰爭學院，1988），頁79-81。

9　Andre Beaufre, An introduction to strategy(London: Faber and Faber, 1967), p.50.

10　Andre Beaufre, An introduction to strategy, p.47.

11　Andre Beaufre, An introduction to strategy, p.35.

腦輔助式的計畫性推演及決策式的程序推演等。但大部分國內的兵棋推演仍僅著重於對領導階層人員的教育與訓練領域。如「聯合作戰電腦兵棋推演」（國防大學戰爭與指揮參謀學院）、「全國戰略社群聯合政軍兵棋推演」（自2011年開始每年由國防大學戰略研究所與淡江大學國際事務與戰略研究所共同舉辦）、「高階決策模擬營」與「外交決策模擬營」（淡江大學國際事務與戰略研究所）、「外交決策與運用模擬推演」（外交部外交與國際事務學院）及「模擬聯合國會議」（臺灣各大學）等。在國外計有各國國防大學戰爭學院的「政軍兵棋推演」及指揮參謀學院的「軍事作戰兵棋推演」等。

政策計畫可行性分析性質的兵棋推演，計有總統府的「玉山政軍兵棋推演」、行政院原子能委員會的「核安演習兵棋推演」、中油、臺電與各地方政府等的「災害防救兵棋推演」及財政部與經濟部針對重大財經問題的「政策沙盤推演」等。在民間企業則有大同公司為確保企業資訊安全所舉辦的「資安實戰演練兵棋推演」，以及中油因應天然氣不足與環保團體的可能抗爭，針對第3個天然氣接受站的設置實施「沙盤推演」等等。因此，本章將藉由國際關係理論的運用及戰略思考方法，透過教育訓練、模式模擬及策略分析3種兵棋推演模式的推演架構分析，建構兵棋推演的理論、架構及操作。

一、推演理論基礎：國際關係理論運用

國際關係理論雖以國與國之間的競合關係為研究的重點，如新現實主義強調國際間處於無政府（anarchy）狀態的概念，從權力平衡（balance of power）的角度分析利益在目標與手段之間的關係。新自由主義從全球化（globalization）相互依賴（interdependence）的角度，分析對國家權力的限制。並強調國際機制（mechanism）有助於大國透過外交途徑獲得各種利益，以及藉由對穩定的期望防止衝突與戰爭和建

立秩序。建構主義則從對新現實主義與新自由主義的批評，提出行為體（Actor）在社會環境中，經由共同認知建構「身分」（identity）和「利益」（interest）。而社會的建構是由能動者（Agency）之間的互動所建構的，這也就是國際體系下無政府狀態的形成原因。雖然上述國際關係的經典理論主要討論的是國際間國家與國家之間的關係與行為，但其理論經過一些調整後，亦可適用於其他領域。因此，本節將以國際關係肯尼思‧華爾滋（Kenneth N. Waltz）的結構現實主義（Structural Realism）、羅伯特‧基歐漢（Robert O. Keohane）與約瑟夫‧奈伊（Joseph S. Mye）的新自由主義（neoliberalism）及亞歷山大‧溫特（Alexander Wendt）的社會建構主義（constructionism）3個理論經典代表，作為兵棋推演想定建構的理論基礎。

（一）新現實主義（Neorealism）

新現實主義的代表人物基本上非肯尼斯‧華爾滋莫屬。華爾滋從系統方法與理論的角度分析政治結構，認為系統是由結構與互動的單位所構成。系統透過結構的組成形成一個整體。如果要使結構的定義具有理論的作用，必須將單位屬性如政治領袖、社會和經濟制度、意識型態和信仰，以及關係的互動如文化、經濟、政治、軍事等方面抽離。也就是忽略單位是如何互動，而關注在彼此關係中所處的地位（如何排列與定位）。以國內政治為例，各單位之間的「機構和組織」為上下級關係。在政治體制中，職位的等級序列並非絕對完全清楚的，上下級的關係仍有許多模糊地帶。單位在相互關係中的位置不完全是由系統的排列原則，或是各部分在形式上的區別來規定的。單位的地位會隨著其相對能力的變化而變化，使得行使功能的過程中，機構有可能獲得或喪失能力。而即使規定的功能保持不變，但隨著相對能力的變化，單位彼此之間關係也將會改變。因此，對於國內政治結構的定義是根據各部分的組

織和排列方式，各單位的差異及其功能規定，以及各單位能力的分配而定。[12]

在國際社會的形式上，各國都是平等的一員。沒有任何一個國家有權對其他國家發號施令，也沒有任何一個國家需要服從。其與國內政治不同之處在於國際系統是分權與無政府的狀態。儘管國際組織確實存在而且數量不斷的增加，但超越國家的機構只有在某些國家的特性與能力的情況下，才能夠有效的發揮作用。國際舞臺上出現的任何威權幾乎都不能缺少以實力作爲基礎。所以威權是以實力爲形式的轉化。然國際秩序是如何形成的，華爾滋運用微觀經濟學理論描述國際社會之間的問題，認爲一個分散的經濟市場根源於個人主義自發形成的，而不是人爲有目的創造。市場產生於獨立的行爲單位（個人與公司）的活動，其目的並非爲了建立一種秩序，而是爲了運用一切手段實現自我定義的利益。個體單位爲自身利益而行動，並從同類的共同行動中產生結構，因而對所有行爲體形成制約。當市場一旦形成，自身就成爲一種力量，單個或少量的單位就無力控制市場。

由於市場的條件不同，創造者或多或少都成爲市場的創造物。如果以市場作爲誘因，介入於經濟行爲體與其結果之間，將影響行爲體的計算、行動及互動。由於市場是一種結構性動因，使得市場具有制約內部組織單位不採取某種行動，同時促使其採取另一種行動。因此，市場產生於自我導向與互動的經濟單位，並根據行爲的後果選擇行爲。國際政治系統與市場經濟一樣，是由關注於自我單位的共同行爲所形成的。單位的生存、繁榮或消亡都取決於自己的努力，單位所信奉的是自助原則。然在經濟領域，自助原則會受制於政府的限制，而國際政治則無。行爲體可能會認識到系統結構會約束其行爲，也瞭解結構具有對行爲的獎勵與懲罰能力。結構界定行爲者參與其中的遊戲，並決定何種博奕者

12　Kenneth N. Waltz, *Theory of International Politics*, pp.79-82.

可能會獲得成功。[13]

　　在無政府狀態下，由於國家可以選擇在任何時候使用武力，致使所有國家都必須時時戒備。國家之間的自然狀態就是戰爭狀態，但不意味著戰爭會經常發生，而是戰爭隨時有可能爆發。不論是家庭、社區和全球範圍內，衝突是無法避免的。因此，無政府狀態經常會與暴力的發生聯繫在一起。在自助體系中每一單位都花費部分精力發展自衛的手段，而非用於增進自身的利益。當面對共同利益開展合作機會的同時，對於一個具有不安全感的國家就會詢問收益是如何分配的。其所需要瞭解的並非「我們雙方都會受益嗎？」，而是「誰受益最多？」。這顯示出不安全感的狀態，也就對對方可能的意圖和行動懷有不確定性，阻礙了雙方的合作。因此，在任何自助系統中，單位都對自身的生存感到憂慮而限制了自身的行動。獨占企業壟斷市場限制了公司之間合作的方式，同樣的在國際政治結構也限制了國家之間合作的方式。

　　作為身處在一個自助世界的一個經濟實體，所有的公司都希望增加自身的利潤。公司要在當前和未來獲得利潤最大化，首先要保證自身的生存。公司之間的相對實力會隨著時間不斷變化，進而迫使公司在獲取利潤最大化，與最大限度的減少遭致破產危險之間維持平衡。但在資本主義國家永遠不可能為了共同獲利而進行合作，獨占企業與國家一樣，所關注的是相對收益，而非絕對利益。就國家來說，一個國家專業化程度越高，就越依賴他國提供自身無法生產的原料和商品。進出口的額度越大，則對他國依賴的程度就越深。國家間相互依賴越緊密越會受到脆弱性的影響。在無政府的狀態下，國家的動機就是要能自我保護，「關心自我」是國際事務中不變的原則。而國防的支出所能帶來的回報不是利益的增加，而在於獲得獨立自主的能力。[14]

---

[13]　Kenneth N. Waltz, Theory of International Politics, pp.88-92.

[14]　Kenneth N. Waltz, Theory of International Politics, pp.102-107.

對於武力的使用上，在國內對於暴力的制止具有威權和權利。而國際領域則是出於保衛國家自身及其利益。因此，國家之間的戰爭只能決定競爭者之間損失與收益的分配，並在一定的時期內確認誰是強者。強國可以遏制弱國提出要求，原因不在於弱國承認強國統治的合法性，而考量與強國競爭非明智之舉。但不可否認，武力不僅是國際政治的最終手段，也是首要與常用的手段。唯有通過相互適應才能獲得調整與和解，因為國家之間必須考慮到所獲得的收益，是否值得去冒戰爭的風險。[15]華爾滋的結構現實主義除了說明國際之間處於無政府狀態之外，另一個核心重點就是權力平衡。即使在冷戰時期美、蘇兩大強權的兩極體系，權力平衡政治依然存在，唯彌補權力失衡的手段主要依靠努力的強化內部能力。[16]

兩極世界中軍事相互依賴的程度要低於多極的世界，因為第三方的加入或退出聯盟並不會改變兩極的權力平衡。聯盟領袖可以根據自身對利益的計算採取靈活的戰略行動，而不須滿足盟友的要求，其所受到的約束力主要來自於對手的反應。蘇聯威脅的存在令美國不安，反之亦然。因此，爆發戰爭危險的根源在於其中一方的過度反應。也由於兩極體系具有簡單性的緣故，所產生的強大壓力使得雙方變得保守，進而維持了和平與穩定。在核武的議題上，擁有核武的小國雖然對大國具有談判的籌碼，但不會改變美、蘇兩極權力平衡的態勢，因為核武不會改變國家實力的經濟基礎。由此，可瞭解到大國之所以強大不只是因為擁有核子武器，而是在於還擁有龐大的資源。能夠在戰略和戰術層面上，形成與維持軍事及其他方面的各種權力。[17]

---

[15] Kenneth N. Waltz, Theory of International Politics, pp.112-113.

[16] Kenneth N. Waltz, Theory of International Politics, p.117.

[17] Kenneth N. Waltz, Theory of International Politics, pp.169-183.

（二）新自由主義

相較華爾滋為代表的新現實主義，新自由主義則是由基歐漢與奈伊兩位學者為代表，在1977年出版的《權力與相互依賴》（Power and Interdependence）一書，奠定新自由主義的理論基石。認為我們生活在一個相互依存的時代，以及隨著多國企業、跨國企業及國際組織等非領土行為體的出現，領土國家的作用在減弱。[18]這成為新自由主義理論的先驗條件。人類交往對相互依賴的影響，取決於與人類有關的制約或成本。當交往產生需要對相關各方付出代價的相互影響時，即發生相互依賴的情況，但有時相互影響不盡然都是對等的。而付出代價的結果有可能是另一個行為體直接或有所意圖強加所致。

同樣的，相互依賴也並不侷限於互利的情境。由於相互依賴限制自主權，相互依賴關係總是與代價相關聯。但卻無法事先認定某種關係的收益會大於其所付出的代價，而是取決於行為體的評價以及關係的本質。權力在相互依賴中的作用涵蓋了「敏感性」（sensitivity）與「脆弱性」（vulnerability）。所謂敏感性所指的是某政策框架內做出反應的程度，也就是一方的變化導致另一方對代價的相對反應。脆弱性則是指行為體獲得替代選擇的相對能力及其付出的代價。[19]

在全球化複合相互依賴的現況下，現實主義所強調的軍事武力將不再是國家生存的絕對必要手段。因為動用軍事力量的代價太高，而其成效如何難以預料。[20]例如1979年蘇聯入侵阿富汗，2001年美國入侵阿富汗及2003年入侵伊拉克。使得經濟問題在國際政治中有越來越重要的趨勢，如何獲取經濟的支配權讓相互依賴的議題成為關注的焦點。全球化

---

18 Robert O. Keohane, Joseph S. Nye, Power and Interdependence(New York: Longman, 2001), p.3.

19 Robert O. Keohane, Joseph S. Nye, Power and Interdependence, pp.7-12.

20 Robert O. Keohane, Joseph S. Nye, Power and Interdependence, pp. 23-24.

與相互依賴並非等同的概念，全球化所指的是全球主義變得越來越強的進程，而全球主義被定義爲世界的一種狀態，所涉及的是全球各大洲之間存在的相互依賴網路，通過資本、商品、訊息、觀念、人民、軍隊、環境和生物相關物質的流動和影響連結在一起，並可區分爲經濟、軍事、環境及社會與文化等不同的範圍。相互依賴所指的是國家之間或不同國家行爲體之間相互影響爲特徵的情形。[21]

全球化所反應的是相互依賴的深度、廣度及強度的增強。全球主義的強度可能引發網路密度、制度轉化率及跨國參與程度的變化。隨著相互依賴和全球主義程度的增強，不同網路之間的系統關係將變得越來越重要，因而使得系統效益也變得更爲重要。深入的經濟相互依賴對社會與環境相互依賴產生影響，反之亦是如此。資訊技術的快速發展成爲建構當代全球化的基本泉源，資訊革命提供跨國組織和市場開拓的可能性，進而促進新型式的國際分工。從全球主義的角度看，再復合相互依賴的政治中，經濟、環境和社會全球主義的程度高，而軍事全球主義的程度低。[22]

強的全球主義不僅僅以各種方式影響各國的政治和治理，如經濟全球主義對政治聯盟產生影響，從而也影響各國的政策傾向；環境全球主義對政治聯盟和網路也產生影響；軍事全球主義可以不同方式影響他國國內政治；社會及文化全球化也對國內產生影響，如近年來的韓流對年輕人的文化認同產生影響。同樣的，國內政治也可以各種方式塑造全球主義的影響。[23]不可否認全球化已滲透到各個主權國家，那全球主義該如何治理呢？基歐漢和奈伊列舉了五種形式，一是在領土邊境內採取單邊國家行爲，降低脆弱性或接受外在標準，以增強競爭力；二是強國

21　Robert O. Keohane, Joseph S. Nye, Power and Interdependence, pp. 228-231.

22　Robert O. Keohane, Joseph S. Nye, Power and Interdependence, pp. 243-246.

23　Robert O. Keohane, Joseph S. Nye, Power and Interdependence, pp. 252-254.

或國家集團採取單邊行動，以影響領土之外的國家、企業、非政府組織等行為體；三是區域合作，增強政策的有效性；四是全球層次的多邊合作，建立管理全球化的國際機制；五是跨國和跨政府合作（包括公民社會），以管理全球化，其方式不涉及一致性的國家行為。

如果將全球化的社會空間視為一個三角形，市場、政府及公民社會分別在三個角上，彼此間相互的關係受到資訊革命與當前全球化的影響。在擴張的市場上，公司結構變得更像網路；在公民社會領域，新的組織和交往管道穿越了國家邊界；此外，經濟和社會壓力促使政府的組織形式和職能發生改變，最終，變革將根植於民眾的心中。[24]21世紀互聯網的快速發展讓資訊更快速也更遠，即使政府對資訊的集中監控，也將面臨相當高的代價，這意味著世界政治將越來越不再是政府的專屬領地。未來的權力將更加分散，非正式網路將挑戰傳統官僚機構的壟斷地位。[25]2011年「阿拉伯之春」就是互聯網的民眾動員促進了政治變革最令人關注的範例。全球的資訊時代第一個特徵就是強化了跨國行為體的作用。尤其是非政府組織（NGO）運用資訊直接或間接（動員民眾）對政府和企業領袖施加壓力，促使其改變政策。[26]

當然，在資訊爆炸的時代，豐富的資訊亦導致注意力的分散。注意力本身不是資訊，而是能夠在眾多的資訊中，區分出那些是無用的，那些是具有價值的，而是擁有此項注意力能力的人就擁有權力。例如新聞媒體編輯、資訊篩選員及具有創意的人就變得更加重要。此外，公眾對於宣傳的態度也變得更加謹慎和敏感，信譽的重要性已超過以往。在政

---

[24] Robert O. Keohane, Joseph S. Nye, Power and Interdependence, pp. 258-263.

[25] Joseph S. Nye Jr, David A. Welch, Understanding Global Conflict and Cooperation: An Introduction to Theory and History(New York: pearson Longman, 2011), p.272.

[26] Joseph S. Nye Jr, David A. Welch, Understanding Global Conflict and Cooperation: An Introduction to Theory and History, p.283.

治的競爭中所圍繞的是確立自己的信譽和破壞別人的信譽。而可信度不僅僅存在於政府之間，同時也存在於政府與新聞媒體、企業、非政府組織、政府組織及科學共同體網路等在內的眾多行為體之間的競爭。

現今政治已經變成一場爭奪可信度的競爭，誰的故事能獲得勝利就變得越來越重要。例如2006年以色列空襲真主黨導致兒童被殺，讓真主黨獲得宣傳戰的勝利。2003年美國及英國藉由誇大伊拉克擁有大規模毀滅性武器和支持恐怖組織，造成美國及英國信譽受到很大的損害為例。隱瞞資訊的人不一定能獲得權力，在某些情況下私有資訊可能會破壞該資訊擁有者的信譽。從傳統商業貿易的觀點來看，在相互依存的關係中，基本上權力屬於敢於堅持立場或是斷絕貿易關係的一方。但從資訊權力的角度來看，則屬於可以編輯資訊、辨別資訊真偽，已獲得正確與重要資訊的一方。[27]

（三）建構主義

新現實主義和新自由主義在國際關係的研究領域中，具有屹立不搖的地位。但隨著冷戰的結束，新現實主義與新自由主義已無法解釋「一極多強」的國際現狀，尤其21世紀中國的崛起，東方的國際觀與西方的國際觀有著截然不同的觀念，致使建構主義逐漸獲得重視。國際關係學者逐漸接受建構主義兩項基本信條，一是人類關係的結構主要來自於共享觀念（shared ideas）的影響，而不是物質力量；二是有目的行為者的身分與利益是由這些共享觀念所建構的，而不是自然給定的。這些原則所強調的是共有觀念是以社會為本源，相對的與強調生物性、技術性或環境性的物質主義觀點不同，並強調社會結構的層創進化力量（emergent powers）。

---

[27] Joseph S. Nye Jr, David A. Welch, Understanding Global Conflict and Cooperation: An Introduction to Theory and History, pp.286-287.

新現實主義從物質主義的角度觀察，認為國際體系結構就是物質力量的分配；新自由主義則以物質力量為基礎，再加上國際制度的超結構因素，認為國際體系為物質力量與國際制度的相加；而建構主義以理念主義本體論的觀點，認為國際體系是觀念的分配（distribution of ideas）。美國學者亞歷山大‧溫特（Alexander Wendt）運用結構化（structurationist）與符號互動（symbolic interactionist）社會學理論提出所謂溫和建構主義（Moderate constructivism）或是弱式建構主義（thin constructivism）。[28]

溫特的社會建構主義主要來自於對華爾滋的結構現實主義，以及基歐漢與奈伊相互依賴的新自由主義理論的批判。從建構主義的觀點檢視華爾滋的結構現實主義理論的不足為研究基礎，更強調國際政治的社會性。藉由國家體系研究工程（The states systemic project）討論以國家為中心的國際關係理論，以及個體主義、集體主義、物質主義及理念主義4種社會建構的理論分析，提出單位與層次、能動者與結構之間的互動理論[29]。溫特從國家中心論的角度認為控制暴力是社會生活秩序的最根本問題之一，且組織暴力的加入是最基本的權力之一。因此，作為一種政治威權結構的國家，具有使用有組織暴力的合法壟斷權力。所以，當涉及到國際關係暴力的調解時，最終必須控制的是國家。雖然從新自由主義的角度，認為非國家行為體逐漸具有影響力及重要的變革發起者。但國家仍然是最主要的仲介體，體系的變化最終還是要透過國家來完成。

國家可以被當作是具有意圖、理性和利益思考等人性特徵的行為體。對於決策者來說，國家通常會使用利益、需要、責任及理性的語詞

---

[28] Alexander Wendt, Social Theory of International Politics (Cambridge: Cambridge university press, 2001), pp.1-5.

[29] Alexander Wendt, Social Theory of International Politics, pp.6-7.

造就自己成為能動者。並且國際法賦予國家成為團體能動者身分的法人地位，進而使國家能夠積極參與國際體系結構的變革。另從體系理論的角度分析，國家很少處於完全與其他國家隔絕的狀態。大部分存在於與其他獨立國家有相對穩定的體系中，並對其行為產生影響。[30]另溫特對華爾滋的新現實主義提出三項問題批判：第一個問題是新現實主義不能解釋結構變化，因為新現實主義將結構變化當作是一種權力分配形式，轉變為另一種權力分配形式。而忽視結構變化，主要是社會性的而不是物質性的特徵。第二個問題是新現實主義的結構理論產生證偽的假設不明確，即任何對外政策行為都可以被解釋為權力平衡的證據，這對「國家平衡」（States balance）的概念是不具備科學說法。第三個問題是對於新現實主義是否能對少數重大事件所聲稱的行為，做充分的解釋產生懷疑。因為華爾滋對於權力政治與平衡的問題，僅憑無政府狀態的結構因素做解釋，溫特認為真正構成無政府體系的是自助體系，因為關於安全國家是利己主義者而不是無政府，其他有時不是利己的行為，華爾滋的無政府體系就無法有效的解釋。[31]

依據上述新現實主義理論分析，溫特從國際結構概念的探討，提出三項研究重點：一是國際結構不是物質現象，而是觀念現象。國際生活的特徵取決於國家與其他相關國家之間的信念和期望，這些信念和期望大部分是由社會所構成的而不是物質結構，也就是說物質力量與利益的意義和作用取決於體系的社會結構；二是國家的身分和利益由國際體系建構所組成[32]，遠超過從經濟結構角度的觀點；三是國家之間的互動或過程是體系理論應該考慮的內容。無政府體系如果脫離了過程就失去邏

30　Alexander Wendt, Social Theory of International Politics, pp.8-10.

31　Alexander Wendt, Social Theory of International Politics, pp.17-18.

32　翁明賢，《解構與建構臺灣的國家安全戰略研究》（臺北：五南出版社，2010），頁21。

輯性，且互動是被建構而成的。國際政治的日常型態是國家與其他有關國家不斷界定身分的過程，並將其轉換成相對應的對立身分，以及依此結果進行互動。[33]

對於國際政治體系有關結構的概念，溫特運用物質主義、理念主義、個人主義及整體主義4種社會理論所組合成的矩陣圖來說明社會的結構（如圖3-1）。[34]首先是物質主義與理念主義的核心問題，就是「觀念在社會生活中有何不同？」或者是「由觀念建構的結構程度為何？」物質主義認為關於社會最基本的事實是物質力量的本質及組織，其至少包含人類本性、自然資源、地理環境、生產力及毀滅力等5種物質因素。這些因素以不同方式產生作用，進而對世界產生操縱，以及對其他行為體產生權力。理念主義則認為社會意識（social consciousness）的本質和結構才是社會最基本的事實。如建構行為體的身分與利益，幫助行為體尋找解決問題的共同方案。其觀點是物質力量屬次要的，只有對行為體有特殊意義時才重要。對於權力與利益，理念主義認為其意義與作用主要依賴於行為者的觀念。

由此，物質主義對於觀念的作用所考慮的是因果的關係、作用及問題，而理念主義則是建構的關係、作用及問題。其次是能動者與結構之間的關係，其核心問題同樣的是「結構在社會生活中的作用為何？個體主義認為結構能夠對能動者的屬性產生因果意義上的影響，把身分和利益作為外在給定的因素，只考慮對行為產生的影響。而整體主義則認為由於國際體系是低密度現象，國家的身分和利益可能更多依賴的是國內結構而不是國際結構。雖然國家身分理論應該包括許多國內因素，但不是溫特討論的重點。在社會理論矩陣圖中，象限左下方的國際理論認為國際利益的關鍵決定因素是人的本性，因為國家利益不是由國際體系

33　Alexander Wendt, *Social Theory of International Politics*, pp.20-21.

34　Alexander Wendt, *Social Theory of International Politics*, pp.22-29.

建構而成的；左上方的國際理論認為國家能動者的屬性，大部分是由國際層次上的物質結構所建構；右下方的國際理論認為國家身分與利益，大部分由國內政治所建構，但國際體系結構的建構含有更多的社會觀點；右上方的國際理論認為國際結構基本上由共有知識（Shared knowledge）所組成。由此，溫特認為他所提出國際關係理論應稱之為「國際體系的建構主義方法」（A constructivist approach to the international system）。[35]

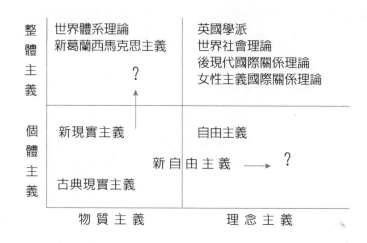

圖 3-1 國際關係理論歸類定位

資料來源：Alexander Wendt, Social Theory of International Politics (Cambridge: Cambridge university press, 2001), p.32.

在國家權力與利益的建構上，建構主義強調「觀念」（ideas）所引導的「文化」（culture）主導國家利益的走向，透過觀念方能使權力及利益發揮最大的效力。[36]溫特認為新現實主義與新自由主義所強調

---

[35] Alexander Wendt, Social Theory of International Politics, pp.30-33.
[36] 翁明賢，《解構與建構臺灣的國家安全戰略研究》，頁115。

權力和利益，有時甚至國際制度當作是一個物質因素[37]，但權力的意義和利益的內容大部分是「觀念」的作用。[38]也可說物質力量只有在與觀念產生相互作用時，才能夠具有作用，溫特稱之為「弱式物質主義」（rump materialism）。如果依據理念主義的觀點，認為利益大部分是由觀念所建構的。而「弱式物質主義」的觀點則是利益最終還是必須連接在物質基礎上，這就是人類本性。[39]國際政治中「權力分配」（distribution of power）的意義最重要的部分是由「利益分配」（distribution of interest）所構成的，而利益的內容是由觀念轉移構成的。[40]但事實上，在國際社會中國家安全是國家的首要考量，有了安全與安定國家才能進一步的發展。在考量他國安全時，不意味是以他國存亡為考量。例如冷戰時期，中國與巴基斯坦緊密的交往與合作，係基於牽制印度對中國的威脅。而中國對北韓的援助，目標則是對美日同盟的戰略牽制。[41]

溫特認為社會體系的結構包含物質條件、利益及觀念三個因素，而社會結構的另一部分是社會共有知識（social shared knowledge）或稱之為「文化」（culture），為個體之間共同與相互關聯的知識。其具有許多形式，包含規範、規則、制度、意識形態、組織、威脅體系等。任何存在共有知識的地方都有文化。[42]結構之所以能夠存在、產生作用及發展的唯一原因，是能動者及其實際行動。也就是結構對於行為體和社會過程的依賴，包含了建構性質與因果性質。一方面社會體系中任何時刻的知識分配，只有在行為體意願和信念存在的條件下才能夠存在。另一方面，社會結構也以因果方式依賴於能動者及其實際活動。所以，結

37　Alexander Wendt, Social Theory of International Politics, p.92.

38　Alexander Wendt, Social Theory of International Politics, p.96.

39　Alexander Wendt, Social Theory of International Politics, p.130.

40　Alexander Wendt, Social Theory of International Politics, p.135.

41　翁明賢，《解構與建構臺灣的國家安全戰略研究》，頁117-118。

42　Alexander Wendt, Social Theory of International Politics, pp.139-141.

構是過程不間斷的作用，同時過程又是結構的作用。沒有能動者就沒有結構，沒有結構也就沒有能動者。社會過程總是由結構構成的，而社會結構也總是存在於過程之中。當我們把文化（共有知識）加入到結構中時，對結構來說某種程度上會創造更多的穩定，能動者的信念造就了共有知識。文化是人創造的，所以文化在任何特定的時間點上，對人的行為具有制約的作用。[43]

由於國家是真實的行為體。因此，作為政治威權結構的國家是由衝突處理、社會規則及社會關係統治的規範、規則和原則所構成的。這種結構在國家與社會行為體之間，對生產方式、毀滅方式及生殖方式等3種權力物質基礎具有控制與分配權。國家結構往往通過法律和正式規則的形式，得以制度化。國家結構使國家建構成一個具有主權的行為體，在內部主權所指的是，國家是社會的最高政治權威中心，只有國家才能夠做出最後且具有約束性的政治決定。在外部主權部分，溫特認為主權的承認，會使國家在國家組成的國際社會中，具有某些權力。[44]由此，國家是可以具有身分和利益的實體。一般在國際政治理論中，通常分析「角色」（role）的意義與功能，例如外交政策的角色功能、國家在國際政治中所扮演的角色等。

但從社會學的角度言，通常「身分」所表達的是個人在社會上的法律地位，亦即在社會體系中占有特定「位置」的個人席位，稱之為此人的「地位」（status）。建構主義認為行為體確認身分後，方得以知道行為體真正的利益所在，又稱之為「身分政治」（identity politics）。[45]溫特則將「身分」定義為可以產生動機與行為特徵之有意圖行為體的屬性。這個意義表達「身分」基本上是一種主體或單位層次的特徵，根植

---

43 Alexander Wendt, Social Theory of International Politics, pp.185-188.

44 Alexander Wendt, Social Theory of International Politics, pp.202-209.

45 翁明賢，《解構與建構臺灣的國家安全戰略研究》，頁85-86。

於行為體的自我領悟。然而這種自我領悟的意義上，往往依賴其他行為體以相同的方式對行為體的再現。身分在某種程度上具有主體性或體系特徵。換言之，身分也具有自我持有與他者持有的觀念。因此，身分可說是由內部和外部兩者結構建構而成的。[46]

所以，一個行為體身分的形成並非單方面的作為，而是兩種結構體的互動過程，雙方經由社會的交往過程，才確認雙方的身分地位。基本上在身分形成的過程中，自我與他者為主、客體關係。在考慮內在與外在環境因素時，除了凸顯出身分取得並非單一面向的屬性，這樣相對應的其他主體的存在外，還需要一種「有意識」的交流過程。這種「有意識」的交流過程，包含溝通管道的建立及語意與肢體動作的解讀等。所以，行為體之間「信任感」的建構是一個關鍵要點。[47]

由於「身分」是受到內在與外在結構建構而成的，所以溫特認為「身分」是具有多樣性的特徵，分別為個人或團體（personal or corporate）、類屬（type）、角色（role）及集體（collective）等4種「身分」。首先是個人身分或團體身分（在組織化的事例中）：是由自我組織、自我平衡結構所構成的，這樣使行為體成為一個獨特的實體。就國家來說也具備這樣實質屬性的行為體，而行為體的身分總是具有一個物質基礎，對人來說是身體，對國家來說則是許多的個體與領土。如果國家成員沒有共同描述自己當作一個集體行為體，國家就不會有身體（bodies）。所以，國家是一個「團體自我」（group self），具有群體層面認知能力，自我的觀念具有「自生」（auto-generic）的特質。因此，個人或團體身分的本質上是外生於他者。[48]

依據上述定義，「主我的意識」（a sense of I）就成為行為體是否

46　Alexander Wendt, *Social Theory of International Politics*, pp.224.

47　翁明賢，《解構與建構臺灣的國家安全戰略研究》，頁86。

48　Alexander Wendt, *Social Theory of International Politics*, pp.224-225.

具有「個體身分」的主要條件。而「團體身分」是以具有「集體身分」的個人爲先決條件。[49]其次是類屬：所指的是一種社會的類別，或用於描述個人的一種標記，其在外貌、行爲特徵、態度、價值觀、技能、知識、觀念、經驗和歷史共性等方面，具有一種或多種相同的特性。行爲體同時可以有多重類屬身分，但不是任何具有相同特性的都認爲是類屬身分，只有在社會內容與意義具相同特性的個體或團體身分才能構成類屬身分。第三是角色身分：其依賴於文化且對他者更顯得依賴。角色身分並不是根基於內在屬性，而是存在於與他者的關係中。行爲體無法單憑自己扮演角色身分，而是依賴共有期望，事實上許多角色在之前特殊互動的社會結構中就被制度化。[50]也就是說行爲體與行爲體在互動的過程中，確立了彼此的角色身分關係，將「他者」納入「我者」的腦中，如果缺少「他者」則角色身分就不完整。[51]

最後是集體身分：是把自我與他者之間的關係看作是邏輯的結果，就是「認同」（identification）。認同是一種認知的過程，在這過程中當自我與他者的區別變得模糊，並在界線上超越整體，自我就被認知爲他者。雖然完全的認同是難得發生的，但認同總是涉及延伸自我邊界到包含他者。因此，集體身分在認知的過程中，使用了角色與類屬身分，但又超越兩者身分。也就是說，集體身分是角色身分和類屬身分的獨特結合，其具有因果力量，促使行爲體將他者的利益定義爲自己的一部分，即具有「利他性」（altruistic）。[52]

以上四種身分特徵，除了個人或團體身分外，其他三種身分可以同時在一個行爲體上表現出來。因爲人都有許許多多的身分，國家也是

49　翁明賢，《解構與建構臺灣的國家安全戰略研究》，頁91-92。

50　Alexander Wendt, Social Theory of International Politics, pp.225-227.

51　翁明賢，《解構與建構臺灣的國家安全戰略研究》，頁94。

52　Alexander Wendt, Social Theory of International Politics, p.229.

一樣，每一種身分都是一種劇本和圖示，在不同程度上是由文化形式所構成的。涉及在某種情境中我們是誰和我們應該做什麼等問題。大部分的身分是根據我們當時所處的環境來決定，身分是被選擇性的啟動。所有四種身分都包含利益的成分，而利益所指的是行為體的需要。利益是身分的先決條件，因為行為體在知道自己是誰之前，是無法知道自己需要什麼的。由於身分具有不同程度的文化內容，所以利益也有不同程度的文化內容。沒有利益，身分就失去動機力量。沒有身分，利益就失去方向。由此，從社會理論研究的角度，可將利益區分為客觀利益與主觀利益。客觀利益是需要或功能上的必要，是身分再造不可少的因素。而主觀利益概念是指行為體對於如何實現自我身分需求的實際所擁有的信念，而這些信念即成為了行為的直接動機（proximate motivation）。[53]

由於國家也是一種行為體，其行為也是被許多根植於團體、類屬、角色與集體身分利益所驅動。而國家利益的概念是指國家（社會複合體）再造的需求或安全，此定義的特徵所指的是客觀利益。溫特認為國家利益的內容除了生存、獨立自主、經濟財富之外，還有「集體自尊」共4種。「集體自尊」是一種客觀利益，這些利益形式會隨著國家身分的不同而有所差異。但所有國家的最低需求是一樣的，如果國家想要再造自我，必須提出某種程度的需求。尤其是主權在「集體自尊」的國家客觀利益上，對於他國的承認是非常重要的，因為這意味著至少在形式上國家被他者視為具有平等的地位。因此，國家要得到安全就必須滿足這4種利益，如果國家做不到就會逐漸滅亡。當這4種利益是一種選擇機制的時候，這些利益所表現的真正意義在於驅使國家認知利益和解讀利益的內涵，並依此決定如何定義主觀安全利益。[54]同時，這4種客觀利益在追求上，有其優先順序與輕重比例。就長期的角度來說，都

---

[53] Alexander Wendt, *Social Theory of International Politics*, pp.230-232.

[54] Alexander Wendt, *Social Theory of International Politics*, pp.233-237.

需要被滿足，但如何衡量國家是否得到滿足則是另一個必須考量的問題。[55]

　　現實主義強調國際體系是一個無政府的狀態，建構主義也不否認這個是事實，但必須從變異（variation）與建構（construction）兩個問題來檢驗。溫特認為無政府狀態在宏觀層次上至少有3種結構，而結構取決於角色，在體系中分別為敵人、競爭對手及朋友。並借用姆蘭達·布科萬斯基（Mlada Bukovansky）「政治文化」的概念，對於國際體系結構而言，政治文化是最根本的事實。使權力具有意義，讓利益具有內容，然這並無法說明國家是由無政府結構建構的。溫特認為行為體會遵守文化規範的3種可能的考慮理由，為被迫遵守、利益驅使及意識到規範的合法性。這3種理由可看成反映規範內化為3種等級，也可以看作建構結構的3種不同途徑，即武力、代價及合法性。只有在這3種內化等級上，行為體才真正由文化所建構。因此，在達到這個等級之前，文化僅對行為體的行為或對環境的信念有影響，並未涉及到身分與利益的問題。[56]

　　溫特認為由於無政府體系的結構取決於敵人、對手及朋友這3種角色，分別反映出3種國際無政府文化即霍布斯文化、洛克文化及康德文化。[57]基本上，國際社會是多元文化的無政府狀態，不是單一的文化。從社會學的觀點，不在於討論單一結構的問題，而是瞭解何種因素影響體系的主導地位？不管是國際社會的國家之間，或社會內部的人與人之間的交往。不僅僅會形成友好、互助、相互協調的關係，也會形成忽視、仇恨的狀況。因此，如果這3種無政府文化的主體位置同時存在，因應不同行為體國家所面臨的問題是如何從事選擇。溫特認為「洛克結

55　翁明賢，《解構與建構臺灣的國家安全戰略研究》，頁126。

56　Alexander Wendt, Social Theory of International Politics, pp.247-250.

57　翁明賢，《解構與建構臺灣的國家安全戰略研究》，頁61。

構」（Lockean structure）及「康德結構」（Kantian structure）不屬於自助體系，只有「霍布斯結構」（Hobbesian structure）是屬於自助體系。因為前兩種結構可以存在類似國內社會相互協調、相互合作的政府與社會制度之內，個人、社會團體在國家內部中不會擔心被消滅的問題，國家在國際社會體系中也是一樣的道理。

對於溫特主張身分與利益是一種「社會建構」的事實，說明國家身分與利益並非天生的，必須透過國際社會國家之間的互動所產生的結果。國家想要獲得何種身分必須要有主觀考量，並與國際社會其他行為體的互動，透過學習、認識與調整之後才有身分的獲得。但溫特的論點仍有矛盾之處，因為行為體之所以會自願或被迫改變行為，有可能是基於利益與非利益導向的問題。身分在形成之前，行為體還要針對其他行為體的動作做出反應，不能無動於衷。因此，行為體不能等到身分確定後再有所作為。[58]

由於社會結構和能動者都是人類行為的作用。離開實踐的活動，社會結構就不會存在。國際結構與團體能動者也是如此。離開了社會實踐，個人就僅是一個軀體，而不能成為能動者。實踐活動由先前存在的結構所支配，並由之前的能動者參與活動。但結構和能動者定位之前就已存在，即預設一個穩定的社會過程，這樣就足以構成相對持久的客體。換言之，能動者與結構本身就是過程，是持續實踐的結果。最終說明無政府狀態就是由國家所塑造的。

溫特認為「結構變化」所指的就是「文化變化」。並認為20世紀後期，國際體系正經歷一種結構變化，朝向集體安全的康德文化轉變。而社會事實是由共有觀念所建構，由於文化是自我實現的預言，因此，具有自我平衡的傾向。文化被行為體內化的程度越深，傾向就越強。對於國際政治中的結構變化，溫特提出當現有的文化結構趨使國家文化再造

---

58 翁明賢，《解構與建構臺灣的國家安全戰略研究》，頁65-66。

時，對於國家是如何建構無政府文化的問題？認為有兩種模式反映社會過程中能動者的再造程度，一種是能動者是外生性的社會過程，另一種是內生性的社會過程。第一種是典型理性主義博奕理論，其真正的意義是身分和利益不被視為持續存在於過程，或是藉由自我互動來支撐。第二種則是建構主義的過程模式，溫特稱之為符號互動論，建構主義過程理論的假定是能動者的再造，也就是能動者身分和利益的再造是一個重要的過程。國家不僅僅是獲得到其想要的，亦試圖保持自我與他者產生想要的概念。能動者本身是互動的持續作用，是由能動者所引發或建構的。[59]

對於身分的形成。溫特認為依據進化理論的核心觀點，都是將單位層次上所發生的變化（如國家身分和利益變化）在宏觀或群體層次上（國際體系）識別的過程。在自然界僅有一種識別機制，就是「自然選擇」。然在社會中則是「文化選擇」。「自然選擇」是指生物體由於在環境中缺乏資源，相對的難以適應競爭無法再造，並被具有良好的適應者所替代，也就是所謂的「適者生存」。自然選擇不是指所有人對抗所有人的戰爭，而是指不同的再造能力。但以國家為例，由於現代國家的滅亡率很低，自然選擇已無法解釋無政府狀態中，弱國是如何在強國林立的環境下生存。

而「文化選擇」是一種進化機制，其包含藉由社會學習、模仿或一些其他類似的過程，將行為決策因素從個人傳遞到個人。也就是一代傳遞到一代，如同社會學家所說的「社會化」。因此，「文化選擇」是直接通過行為體的認知、理性和企圖操作，而不是通過隱藏在行為體背後操作的再造失敗。也就是當行為體自我意識到他們認為是成功的行為體時，就會模仿。並通過模仿獲得身分和利益，而社會學習也和模仿一

---

59 Alexander Wendt, Social Theory of International Politics (Cambridge: Cambridge university press, 2001), pp.313-316.

樣。溫特運用互動理論框架基本觀點，認為身分及其相對應的利益，不僅僅是在互動中學習而來的，而且也是由互動所支持的。所以，行為體會依據新的、學習的資訊修正自己對情境的定義。並且在學習的過程中，再造的部分是自我站在他者的立場看待自己的能力。[60]因此，「文化選擇」才是主導身分的形成。

建構主義理論把身分和利益作為內生性的互動因素，是過程中的一個變量，當行為體重新定義其身分和利益時，結構就發生變化。一個完全內化的文化標誌是行為體與認同這一文化，並將一般性的他者做為對自我領悟的一部分。這種認同過程，以及做為一個群體或群我的一部分的意識。就是社會身分或集體身分，使行為體具有維護自身文化的利益。集體利益意味著行為體把群體繁榮當作自身的目的。任何內化文化的結構都是與集體身分有關聯，結構的變化涉及集體身分的變化，包括舊身分的消亡及新身分的出現。[61]因此，「社會關係的原始規律」是循環的。能動者藉由參與特定實踐活動造就及再造社會結構，社會結構又建構和規範這些實踐活動及與其相關聯的身分。即使能動者與社會結構相互建構與共同決定，而這種互動產生的機制即社會生活的首要原因，也就是行為體從事的實踐活動。我們的活動決定我們的身分，或者說我們的活動決定我們會有什麼身分。行為體即使還沒有由實踐活動建構身分之前，也可以從事實踐活動，實踐活動的最終創建它們的身分。[62]

·另建構主義認為集體身分受到「相互依存」、「共同命運」、「同質性」及「自我約束」4項變量的影響，而溫特則將其區分成2類。其中「相互依存」、「共同命運」及「同質性」等3項為第1類，是集體

60　Alexander Wendt, Social Theory of International Politics (Cambridge: Cambridge university press, 2001), pp.319-333.

61　Alexander Wendt, Social Theory of International Politics, pp.336-338.

62　Alexander Wendt, Social Theory of International Politics, p.342.

身分形成的主動或有效的原因。「自我約束」則為第二類，是助燃或許可的原因。所有變量有可能存在於一個給定的案例中，存在的程度越高，集體身分形成的可能性越大。但是，所有集體身分的形成，必須要有一個有效的原因（相互依存、共同命運或同質性）與自我約束原因相結合。因此，「自我約束」的變量在集體身分的形成中，扮演著關鍵角色。「自我約束」是集體身分和友好關係的最根本基礎，集體身分不是根基於合作行為，而是根植於對他者差異的尊重。[63]換言之，國家透過「角色」與「類屬」身分的共通性，有助於「集體身分」的建構。但透過國家（行為體）之間的「自我約束」（如服從規範、國內政治與自我束縛），也就是國家瞭解其他國家有相互尊重的意願，才是「集體身分」最關鍵的成功要素。[64]

從上述3個國際關係經典理論的探討與研究中，可以瞭解到在國際社會中各個國家可能的行為特徵。以當前世界超強的美國為例，回顧十九世紀美國歷史的發展，可以看得出美國的發展與傳統由地域族群共同體所發展成的國家不同。美國人民的性格充滿著移民性格，具備開創、堅忍、自由、包容等特性，同時也有強烈的不安全感，以及強調維護自身權力與現實利益的相對性。另外，美國的移民者有許多是被迫害的宗教信徒，人及社會具有強烈的道德與理想要求。使得美國的決策行為，充滿著自由主義與現實主義雙重特性。即發揚人類內心的善與寬容，也瞭解人類內心的惡與自私。二十世紀美國的對外政策，從反對歐洲列強干涉美洲事務，轉變到由美國控制與干涉美洲事務，再到全球霸權干涉國際事務。這樣的轉變從美國第26任總統狄奧多・羅斯福（Theodore Roosevelt）俗稱老羅斯福，在1904年12月6日的總統年度咨文中，

---

63 Alexander Wendt, Social Theory of International Politics, pp.343-360.

64 翁明賢，《解構與建構臺灣的國家安全戰略研究》（臺北：五南出版社，2010），頁110-111。

進一步闡述美國「門羅主義」對於在西半球有他國採取惡行或感到無助時，美國有義務發揮國際警察的力量，即所謂「羅斯福理念」。[65]可以說明美國成為強權後典型的對外發展政策，此對外政策也反映出美國對周邊美洲國家的優越感與霸權主義。二次大戰結束後，美國對歐洲的「馬歇爾計畫」、冷戰期間美國依據對共產國家擴張所採取圍堵政策、1950年參與韓戰、1956年介入蘇伊士運河危機、1958年的柏林危機、1961年發動古巴諸羅灣事件、1965年美軍投入越戰及第一次波灣戰爭等。這些美國在東亞、中東、歐洲及中美洲的軍事介入，基本上可看作是出於對人類的道德與民主價值的崇高理想，可說是具有自由主義色彩的決策行為。然1947年美國著名外交家及歷史學家喬治·凱南（George Kennan）提出對蘇聯的遏制戰略，並成為美國戰後的外交政策，[66]即運用權力抗衡蘇聯的一種作為。例如美國尼克森政府國務卿亨利·季辛吉（Henry Kissinger）在20世紀70年代強化與中國和巴基斯坦的關係，用以平衡蘇聯與印度的盟友關係。[67]冷戰結束後，美國於2011年提出的「亞太再平衡」戰略，可以看出現實主義權力平衡的競爭模式，始終是美國面對潛在威脅時的對外政策思考邏輯。

　　另從中國「天宮一號」目標飛行器失控為例，外國媒體報導擔憂將於2018年3月墜毀地球。歐洲太空總署表示「天宮一號」殘骸落點，範圍將在南緯43度至北緯43度之間，其中包含臺灣、紐約、東京等地。美國學者認為，天宮一號在重返大氣層時會解體、燃燒，部分含有劇毒、高腐蝕性的物質可能會墜落地球，將對環境造成極大破壞，墜落處甚至

---

[65] 李本京，《美國外交政策研究》（臺北：正中書局，1987），頁22-23。

[66] Mingst Karen A., Essentials of International Relations (New York: W.W. Norton & Company, 2008), pp.37-38.

[67] Mingst Karen A., Essentials of International Relations, pp.65-66.

會變成「禁區」。[68]從建構主義的角度分析，美國、俄羅斯等工業國家都有許許多多、大大小小的衛星在地球軌道環繞，同樣的也有許多老舊的衛星淘汰後，墜落地球大氣層燃燒後銷毀。但我們很少聽到先進工業國家如美國公布關於這類消息，並且這些國家的媒體通常是以不友善的觀點報導中國。原因何在？從建構主義的觀點分析，主要是這些國家從觀念上，將中國建構爲一個敵人的身分。從主觀利益的角度對敵人身分的任何行爲都充滿著懷疑與不友善，而忽視客觀利益的事實。因此，在兵棋推演的運用上，國際關係的理論有助於對想定假設做有效性分析。

二、推演思考途徑：多元戰略思考方法

戰略的名詞就西方的觀點，源於古希臘及羅馬時代所指的是「將軍之學」。十八世紀法國梅齊樂（Paul Gideon Joly de Maizeroy）在其所著《戰爭理論》（Theorie de la guere）對於戰略一詞給予定義爲「作戰指導」。[69]李德哈特（Liddell Hart）在研究克勞塞維茨對戰略的定義，認爲是「一種使用會戰的手段，以達獲取戰爭目的的藝術。」以及德國元帥毛奇（Moltke）對於戰略的定義認爲是「當一個將軍想達到預定的目的時，對於他所可能使用的工具，如何實際應用的方法。」之後，提出「戰略爲分配和使用軍事工具以達到政策目標的藝術」。[70]英國戰略學家富勒（Fuller）在《戰爭指導》（The Conduct of War 1789-1961）一書中，對於戰略一詞雖未作明確的定義，但認爲戰爭指導就像醫道一

---

68 林孟汝、張良知，〈天宮一號3月撞地球　各國緊盯預測落點〉，《中央通訊社》，2018年2月18日，<www.cna.com.tw/news/firstnews/201802180075-1.aspx>(檢索日期：2018年2月21日)

69 轉引自鈕先鍾，《戰略研究入門》(臺北：麥田出版，1998)，頁13。

70 B.H. Liddell Hart, Strategy (New York: Henry Holt & Company, 1991), pp.319-321.

樣是一種藝術，而戰爭就像身體上的疾病。唯有瞭解時代發展對戰爭本質所造成的影響，始能決定正確的戰爭指導方式。[71]

約米尼（Jomini）在《戰爭藝術》（The Art of War）一書對於所謂戰略學做一界定，認為戰略學是在地圖上進行戰爭的藝術，它所研究的對象是整個戰場，而戰略決定在何處採取行動。[72]安德烈·薄富爾（Andre Beaufre）在其《戰略緒論》（An introduction to strategy）一書中對於戰略一詞，認為依照軍事戰略的傳統觀念，它的意義應該是運用軍事力量，以達到政策所確定之目標的一種藝術。但認為定義太狹隘了，故將定義修訂為一種運用力量的藝術，以使力量對於政策目標的達成可以做最有效的貢獻。[73]

而中國的兵書雖然對於戰略一詞沒有明確的定義，並不代表中國沒有現今所謂戰略的思想。中國的兵書首推《孫子兵法》，依據鈕先鍾教授對《孫子兵法》的研究，認為《孫子兵法》具有黑格爾二元論的哲學思想，如常與變、攻與守、奇與正、虛與實、眾與寡、迂與直、利與害、勞與佚、治與亂等。目的在知兵的途徑和用兵的法則，不僅教人如何做，更教人如何想。也就是一種戰略途徑的思想方法。除此之外，《孫子兵法》的思想也具有未來導向。例如「兵貴勝不貴久」、「故不盡知用兵之害者，則不能盡知用兵之利也。」及「先知者，不可取於鬼神，不可驗於度，必取於人，知敵之情者也。」等等。同時也是行動學，孫子以用兵為其研究的起點並以此為範圍，但其觀念可廣泛用於其他的行動領域。因此，鈕先鍾教授將《孫子兵法》的戰略思想認為是未

---

[71] J. F. C. Fuller, The Conduct of War 1789-1961(New Brunswick, N.J.: Da Capo Press, 1992), p.11.

[72] 約米尼(Antoine Henri Jomini)著，鈕先鍾譯，《戰爭藝術》（The Art of War）（臺北：麥田出版，1999），頁72。

[73] Andre Beaufre, An introduction to strategy (London: Faber and Faber, 1967), p.22.

來學加上行動學的總和。[74]

　　而宋神宗元豐三年（西元1080年）正式頒定的「武經七書」[75]，除了《孫子兵法》外，還有《吳子》、《司馬法》、《六韜》、《尉繚子》、《黃石公三略》及《唐太宗李衛公問對》6部兵書，除此之外，尚有《百戰奇略》、《孫臏兵法》、《將苑》、《太白陰經》、《握奇經》、《鬼谷子》、《何博士備論》、《三十六計》及《曾胡治兵語錄》等。上述兵書基本上都脫離不了《孫子兵法》用兵思想的概念，不同的僅是在於時代環境的差異，在運用上有所調整與變化。

　　綜觀中、西方有關軍事用兵與戰略研究的著作，從現代的觀點對於戰略一詞可以給予新的定義，就是「對問題或目標的思考邏輯與策略行動的建構」。因此，戰略不應僅限於軍事與政治的層面，外交、經濟、商業等均可運用戰略思考來處理所面對的問題。當然戰略也不僅限於問題的解決，對於未來發展願景也具有運用的效能。因為，在建構未來目標的願景同時，必定會產生許多待解決的問題。從而可以運用戰略思考邏輯的分析方式，建構與擬定達成願景目標的手段或方法。

　　戰略分析可說是戰略行動的開端，其基本程序通常為問題性質解構、戰略目標設定、與問題有關的因素分析、可能行動方案擬定與利弊比較及最適合的行動方案選擇5個步驟（如圖3-2）。其目的為因應環境與能力的因素，調整目標與手段的配合。而目標—環境—手段—能力的思考檢測邏輯是循環調整修正的，讓現實與理想之間獲得調和，以提升戰略行動的執行效能（如圖3-3）。

---

[74] 鈕先鍾，《孫子三論》（臺北：麥田出版，1997），頁265-271。

[75] 鈕先鍾，《孫子三論》（臺北：麥田出版，1997），頁198。

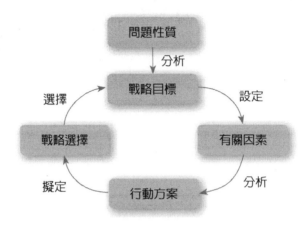

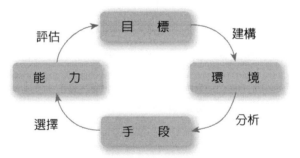

　　在戰略分析的過程中，所有起源都來自於問題的提出，不僅僅是對突發或意外事件的問題，對於未來發展所提的目標、願景的問題也是一樣的。在現實的戰略思考過程中，大部分對事實的真假很難做絕對性的判斷，只會有模糊的程度或不確定的機率考量。所以，瞭解問題產生的

核心因素是什麼，對戰略選擇來說至關重要。當事實的問題發生後，如何在眾多情報資訊中，釐清引發問題的因素，進而掌握問題的本質，更是戰略分析第1步驟的核心關鍵。

　　第2步驟：戰略目標的設定。戰略目標基本上可分為核心目標與階段性目標（短期目標及長期目標）。所謂核心目標所指的是決策領導者想要達到的最終目標，或組織的總體目標，其位於戰略的最高位階。戰略核心目標即是反映決策領導者在戰略問題上真正想要達成的目標，其所涉及的是決策領導者內心所設想建構的核心利益，基本上是很難改變的。雖然有時或在某些因素下，戰略核心目標達成機率不高，但對於領導者來說除非已到毫無機會的地步否則不會放棄的。短期階段性目標則是幫助達成核心目標的手段與對策，也就是當策略目標或核心目標無法一次達成時，工具性的階段性目標就發揮連接的作用。長期目標即為短期以上的目標，通常長期目標可能包含數個中期目標，主要依據目標的期程而定，而次要目標則為協助達成各階段目標或主要目標的另一途徑（如圖3-4）。

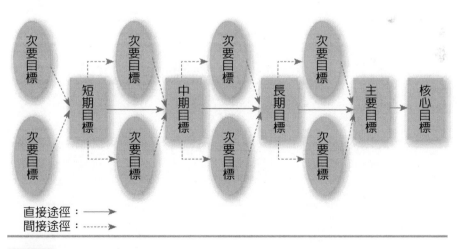

圖 3-4　戰略目標思考架構

資料來源：作者自繪

　　假設以某人期望有生之年完成環遊世界旅行為例，旅行的核心目標是要體驗世界不同的歷史文化與地理奇景。假設主要的目標以實際體驗、感受中國文化、伊斯蘭文化、波斯文化、印度文化、歐洲文化及美洲文化等代表性的古文明。但由於時間與經費的關係，無法一次完成。因此，可先從擬定一個長期的目標。例如每年去一個不常去、遠的地方，如北歐、南美洲、中非洲、中亞等。其次是中期目標，如東歐、南非洲、中美洲、印度、中東等。再其次是短期目標，如中國、東北亞、東南亞、澳洲、紐西蘭等。而次要目標則是要達到目標的過程目標，如到中美洲國家的瓜地馬拉、宏都拉斯等國家，假設從亞洲出發，可能需要先到美國加州，再到邁阿密轉機前往中美洲國家。因此，美國就可以當作短期的次要旅行的目標。

　　第3步驟：與問題有關的因素分析。其所思考的是與影響事實問題及達成目標相關聯的內、外在因素。內在因素所考量的是組織內部的環境因素，如個人或部門、事件的屬性、發生的時間與地點等。外在因素則是組織以外的環境因素，如國家或國際、其他組織的事件反應、相關的利益及事件背後的目的或目標為何等等（如圖3-5）。

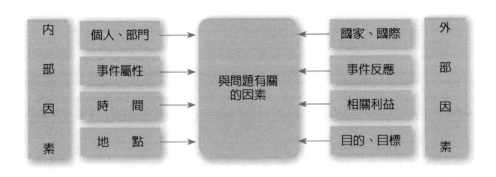

圖 3-5 與問題有關的因素

資料來源：作者自繪

以北韓核子武器發展危機中的南韓為例。從內在因素分析：在民主體制下的南韓政府，除在政府內部溫和派與激進派之爭論外，國會及民眾的態度都會影響南韓政府的戰略選擇。從外在因素分析：對南韓而言，北韓的核子武器如果發展完成，成為可用的軍事力量。南韓除將處於弱勢的一方外，未來南、北韓的統一亦將可能處於弱勢地位，且更複雜化。假設北韓若使用核子武器攻擊美國的入侵，除將導致整個朝鮮半島遭致核子輻射汙染的長期毀滅性影響外，放射性物質的大氣擴散問題則是跨區域性的問題。因此，外表上看來北韓核子武器發展危機是北、南韓的問題，但所影響的是大國在區域的權力平衡。由於北韓所處的區域位置，長期以來是中國與俄羅斯在東北亞對抗美國、南韓及日本所謂西方聯盟的緩衝區。因此，對於北韓問題，南韓所考慮的外在因素，不僅僅是直接的北韓，還包含同盟的美國，畢竟南韓戰爭的發起與軍事指揮權都在美國的手上。而美國的因素也牽動著日本的態度與軍事行動，相對的美國與日本的行動又會引發中國及俄羅斯的反應。進而引起中國與美國的競合，以及俄羅斯與日本所謂北方4島的領土爭議。另中、美之間的競爭與合作又會牽動臺灣問題的轉變。

第4步驟：可能行動方案擬定。依據戰略目標與環境因素的相關分析後，接下來就是行動方案的建構與利弊分析。這些包含雙方能力的比較、環境對雙方能力的影響、對方的戰略目標與行動構想分析。從而建構多個行動方案選項，並對各個行動方案詳列其利與弊、得與失（如圖3-6）。達成目標的策略方法是有許多不同的路徑與方法。同樣的任何策略方案，或多或少都有其優點與缺點。一個好的計畫規劃者都會依據第3步驟與問題有關因素的分析結果，擬定出二個或以上達成策略目標的行動方案。這些行動方案基本上，必須排除個人主觀的意識形態，從客觀利益的角度分析並列舉，每一個行動方案的利與弊、得與失事項。這如同建構主義理論對客觀利益的說明，提供決策領導者更多思考與選擇的機會。讓決策領導者瞭解那些是可以承擔的損失，那些獲得的利益符合達成目標的需求。

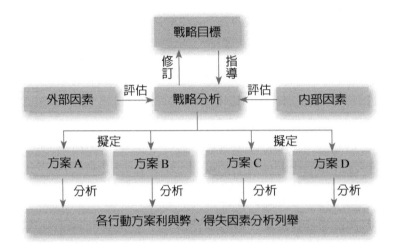

圖 3-6 可能行動方案

資料來源：作者自繪

　　第5步驟：最合適的行動方案選擇。我們必須認清戰略的選擇永遠不會有最完美的行動方案，只有適應當前環境的最適合的行動方案。每位決策領導者的能力、可用的資源與可獲得支援都不同。面對同樣一個問題與達成策略目標的各種行動方案，可能會發生三個不同的決策領導者，選擇三種行動方案，而這三種行動方案也都達到預期的策略目標。因為我方的能力分析上除了組織性的客觀能力分析外，決策領導者在組織以外的個人能力，以及相關他方的支援態度都是策略行動方案選擇的考量因素之一（如圖3-7）。由於戰略的思考過程中永遠充滿著不確定性，即所謂「戰爭迷霧」。在戰略行動方案的選擇中，領導者通常會選擇損失較小或自己可承受損失的行動方案。尤其在軍事領域的戰略決策中，行動方案的失敗是需要付出巨大且無可彌補的代價的。如果想要重來或恢復昔日的能力，不僅僅是努力的問題，還有時間的問題。不同於其他領域，像是企業失敗了也許會倒閉，但只要努力仍有重來的機會。

所以，選擇損失最小的行動方案的目的在於目標可以逐次達成，不需要功成於一役。當然，不可否認選擇一條成功機率不高的行動方案，卻能獲得決定性的成功案例。如韓戰時麥克阿瑟選擇最不利於兩棲登陸作戰的仁川作為反攻勝利的關鍵，而不是選擇遠在100英里外的群山登陸，從而獲得保全南韓的決定性作戰成果。這是可遇不可求的運氣，唯有優秀的決策領導者才具備這種遠見。但假設換一個角度看，麥克阿瑟在仁川登陸行動展開時，即已寫好辭職信。除了對錯誤的決策負責外，也顯示麥克阿瑟對乾綱獨斷的決策賭注感到憂慮。[76]

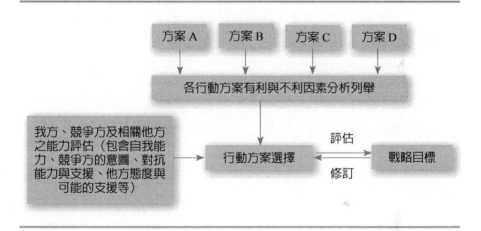

圖 3-7 行動方案選擇

資料來源：作者自繪

戰略是一個訓練我們思考問題與解決問題的方法。它是哲學也是科學，所涵蓋的範圍只要與人有關的社會學與自然科學都包含其中，如心理學、認識論、詮釋學、辯證論、統計學、金融學、經濟學、物理學、化學等。因此，戰略研究不應僅限於政治及軍事方面，而是所有需要邏

[76] 周明，《韓戰：抗美援朝》（臺北：知兵堂出版社，2007），頁42-46。

輯思考的領域。從戰略分析的問題性質解構、戰略目標設定、與問題有關的因素分析、可能行動方案利弊比較及最適合的行動方案選擇5個步驟來看，與兵棋推演運用思考邏輯是相符合的。

三、推演模式分類：一般與特殊分類型態

從兵棋推演必要的條件需求來看，國際關係理論的運用有助於對問題的思考與解析，但缺乏解決問題的具體策略行動。而戰略理論對行動方案的建構，可以彌補國際關係理論不足之處，兩者是相輔相成。因為兵棋推演的想定，必須建構在以事實為基礎，透過理論研究對未來的發展做合理的推測，並依據推測的結果建構命題的假定。使兵棋推演的想定具備合理性、有效性及預測性，並使推演的結果成為可操作性及執行性。

目前臺灣安全防護的演習實施的方式，前於第二章兵棋的內涵與分類說明，基本上區分2類，一是研討型演習：分別為學術研討型演習、專案研討型演習、桌上演習及模擬演習等4種；二是實務型演習：分別為訓練式演習、功能性演習及全規模（複合式）演習3種。如果從學術性、功能性及實務性的角度觀察上述7種演習型式，可發現似乎符合從政策面到執行面的需求，從計畫的擬定到人員的應變訓練等都能涵蓋其中，但缺乏層級性、整合性與連接性。學術研討型演習與專案研討型演習的區別，僅在專案研討型演習增加針對不同議題，將相關單位人員納入研討推演計畫內。而學術研討型演習就僅是一般性的課堂教育，不符合演習或兵棋推演定義的要求。另桌上型演習與模擬演習，基本上是前後因果關係。由於兵棋推演的另一個目標，是以最少花費、最省時間、最有效率及最合理的過程下，建構、計畫及擬定達成目標的策略計畫。

桌上演習的目的應該在於驗證學術研討型或專案研討型演習的策略目標結論，經由桌上演習完成達成策略目標的計畫擬定。再運用模擬演習檢驗策略計畫的可行性與有效性。當策略計畫能滿足達成策略目標

的要求，並具備高度的可行性與有效性後，方能進入實務型演習。從人員訓練式的演習開始，逐步增加到單位或部門的功能性演習，最後再到全規模（複合性）演習。基本上這是由上而下的指導，但未說明由下而上的回饋。任何人為的紙上作業計畫，往往是建構在理想化或可操控下的邏輯推演。但事實上許多無法預測的因素，是決定計畫成功與否的關鍵。實務演習就是希望透過實際的演練行動，尋找出無法預測的影響因子。但是這也是許多策略作業人員所忽略或不願面對的問題。

依據上述的觀點分析，本書將兵棋推演區分為教育訓練、模式模擬及策略分析3種模式。教育訓練模式主要目的，在培育決策領導人及學生，瞭解如何運用理論思考問題並尋找問題解決的方法，基本上屬於「學術性」的推演；模式模擬模式兵棋推演主要目的，在運用系統模式採量化的方式，驗證策略計畫的可行性、有效性及合理性，基本上屬於「實務性」的推演；策略分析模式主要目的，在針對潛在的可能問題或未來發展目標，運用角色扮演與事實推論的方法，擬定因應或發展策略計畫，基本上屬於「功能性」兵棋推演。此3種模式除了可以單獨的運用外，亦可以由上而下的指導，以及由下而上的回饋。

假設企業面對新科技的發展，為能在全球化高度競爭的國際商業環境生存，透過未來科技發展狀況與市場趨勢，擬定企業未來10年發展目標。然要如何有效達到10年後企業發展的目標？我們可以透過策略分析模式兵棋推演，藉由環境分析與相關影響因素的角色扮演，建構達成策略目標的最適合的策略執行計畫（或行動方案），以及其他協助達成策略目標的次要計畫。當策略執行計畫擬訂後，就可進入模式模擬模式兵棋推演，將建構完成最適合的策略執行計畫藉由模式模擬推演系統的推演操作或電腦執行運算，以量化的方式分析策略執行計畫的可行性、有效性。

當模式模擬推演系統的結果假設達成率為80%、或達成率只有60%或更低，亦或企業最高決策領導者要求達成率必須高於90%以上時，則

須藉由各階段系統推演運算結果分析，尋找出未達成目標的可能影響因素所在及其項目。據以修訂策略執行計畫內容或方法，再交由模式模擬系統重新執行運算，其結果如果符合企業最高決策領導者的要求。除表示達成策略目標的執行計畫具備可行性、有效性外，對於其他無法達成目標的項目則必須擬訂因應或備用計畫，以減低影響計畫執行中無法預測的影響因素。然如果策略分析模式兵棋推演，所建構擬定最適合的策略執行計畫，經過多次模式模擬系統推演運算後，都無法獲得滿意的達成率時，就必須將資料回饋到策略分析模式兵棋推演。並依據模式模擬系統運算結果的相關資料，重新擬定策略執行計畫，或是修訂策略目標。依此循環使策略目標與策略執行計畫能夠相互配合為止，也就是戰略分析所說的「目標」與「手段」要相互配合。

當策略目標與策略執行計畫確立後，即著手擬定策略計畫指導方針與具體行動作為；當作教育訓練模式兵棋推演的依據，邀集企業內各部門人員藉由兵棋推演程序瞭解策略目標與達成策略目標的執行計畫。在推演過程中，除了教育與訓練企業體內各部門人員相互尊重、配合及支援的作為外，更可讓企業最高決策領導者瞭解企業內部的能力、條件及潛在問題與危機。並依據此模式推演的結果，掌握企業內部文化的優點與缺點，並據以研究擬訂改進方案。如果經過推演後策略執行計畫的各項執行作為，均無法達到各階段的要求標準時，則須將結果回饋至模式模擬系統，重新修訂系統運算參數。並對之前已認可的策略執行計畫，重新實施模式模擬系統可行性與有效性運算。

上述以企業未來發展策略為案例說明3種兵棋推演模式的運用方式，可作為讀者思考運用兵棋推演的基礎。但不可否認要有效串連運用此3種兵棋推演模式，基本上適合跨國大型企業及國家政府機構，因為兩者都具有組織的複雜性與鈍重性、計畫的前瞻性、目標的明確性及應變能力的脆弱性等特性。因此，對於發展目標與應變能力的建構，更須做好事前的準備與演練。而此3種兵棋推演模式除了可以整合運用外，

對於資源及時間不足的團體或企業，也可依據需求單獨使用上述3種兵棋推演模式。例如：淡江大學整合戰略與科技研究中心的「政軍兵棋電腦決策模擬系統」，就是一個以國家治理為目的的電腦決策模擬系統。依據既有的參數資料透過各階段政策的推演執行，顯示出每個階段人民對政府的信任指數與民意指數。以總統任期4年為一個階段，共2個階段8年。如果第一階段人民對政府的信任指數及民意指數超過50%以上，就可以連任繼續施政。如果未超過50%則連任失敗，假設第二任施政結果也未超過50%，則表示該執政黨將在下一次選舉失去政權。

（一）策略分析模式

　　2018年2月2日鴻海董事長郭台銘，在鴻海工業互聯網AI應用實驗室成立記者會上，指出鴻海集團未來5年要投資100億新臺幣，在臺灣及全世界成立人工智慧（AI: Artificial intelligence）研究院。這個政策的目標是讓人工智慧從雲端降落到實體經濟合作，使鴻海能成為臺灣人工智慧產業發展的領航者。[77]對於郭台銘宣布鴻海集團所宣布成立人工智慧研究院的未來企業發展策略目標，本節將運用此案例所提下列5項問題研究，試圖還原鴻海集團對未來企業策略發展目標的決策過程。從兵棋推演的策略思考角度分析，來說明策略分析模式兵棋推演的操作概念（具體操作方式將於第六章說明）：

　　1. 策略目標是如何建構的？

　　2. 成立人工智慧研究院的策略執行計畫是如何決定的？

　　3. 那些因素影響策略計畫的選擇？

　　4. 策略目標對企業發展會帶來何種利益與影響？

---

[77] 馮建棨，〈鴻海砸五年100億投入AI將找百人成立AI智慧研究院〉，《ETtoday新聞雲》，2018年2月2日，<https://www.ettoday.net/news/20180202/1105970.htm>(檢索日期：2018年2月21日)

5. 後續的挑戰又如何？

第一個問題：策略目標是如何建構的？鴻海宣布：「5年要投資100億新臺幣，在臺灣及全世界成立人工智慧研究院」，表示策略計畫已擬訂完成。依此事實回顧分析，那鴻海集團未來發展目標為何呢？我們瞭解人工智慧的發展已有60年之久，近年來拜資訊科技與產業的快速發展。人工智慧科技朝向實用化已是不爭的事實，不僅僅麥肯錫管理諮詢公司對中國工業、零售及建築等傳統產業等80家公司的調查。有90%的受訪者都認為人工智慧將從根本上改變他們的產業，這些公司舉出了一百種以上人工智慧改變該產業的可能。人工智慧可能是網際網路革命後，即將誕生的第六波技術革命。[78]創新工場董事長&CEO李開復在紐約時報的一篇觀點報導中，再度提到人工智慧的發展將大幅改變人類的未來。臺灣工研院產業經濟與趨勢研究中心（Industrial Economics and Knowledge center, IEK）對人工智慧發展的觀察，認為人工智慧產業已經在全球進入加速階段，未來市場結合人工智慧技術的產業將大幅增長，像是影音辨識、語音助理、醫學診斷…等等，而這些技術革新也終將驅使原本相關的產業鏈面臨重組。[79]

前阿里巴巴集團董事局主席馬雲在中國一場記者會中提到，在可見的未來，機器人、人工智慧、以及更先進的製造業會使得「現代勞動力大量過剩。」未來30年的社會衝突會對各產業以及生活方式造成衝擊。[80]從這些報導顯示出人工智慧的發展，在可見的未來對製造業將產

---

78 〈人工智慧(AI)大衝擊〉，《商周.COM》，2017年9月19日，<https://www.businessweekly.com.tw/article.aspx?id=33196&type=Indep>(檢索日期：2018年2月22日)

79 〈AI人工智慧時代＝人類與機器人搶工作的時代？〉，《商周.COM》，2017年7月20日，<https://www.businessweekly.com.tw/article.aspx?id=20294&type=Blog>(檢索日期：2018年2月22日)

80 〈馬雲：未來30年，人類更痛苦！原因竟是人工智慧更發達〉，《商

生非常大的衝擊，而且是沒有回頭路。對於鴻海集團來說人工智慧的使用並不陌生，新北市土城的熄燈工廠就已有相關應用。以資訊科技產業為主的鴻海集團，已然瞭解到人工智慧是未來產業能否生存的關鍵因素，人工智慧的技術掌握、應用及發展，直接影響著企業未來能否永續發展的關鍵。因此，未來5年內建構人工智慧應用能力是鴻海集團未來發展的關鍵技術。因為傳統低階的勞力密集工作，將會被人工智慧機器人取代。如果無法掌握人工智慧的技術，除須要與其他企業合作導入人工智慧系統，進而增加成本支出外。亦無法將企業經營領域擴展到更高的附加價值產品研發上，引領市場潮流成為人工智慧發展的領航者。因此，從兵棋推演的邏輯思考推論，何以鴻海集團會將成為人工智慧研究的領航者，設定為未來企業發展的策略目標。

　　第二個問題：成立人工智慧研究院的策略執行計畫是如何決定的？當政策目標確認後，接下來的是構思達成目標的策略執行計畫。面對日本、美國等西方先進國家在人工智慧的發展上，已有很長的一段歷史的事實。除了谷歌（GOOGLE）在既有的人工智慧研究基礎上持續發展外，蘋果公司也收購致力研究人工智慧領域的新創公司Perceptio，進入人工智慧的研究。[81]因此，對鴻海集團而言，要進入人工智慧研究領域的核心問題在於人才的獲得，其次是研究設備的建置。由此，可運用建構主義理論構思鴻海集團的策略執行計畫。從身分決定利益的角度分析，鴻海集團要能在人工智慧領域能夠擔任領航者的身分。首先必須擁有人工智慧研究的團隊與機構，並適時展示研發成果以建構此領域的

周.COM》，2017年4月27日，<https://www.businessweekly.com.tw/article.aspx?id=19580&type=Blog>(檢索日期：2018年2月22日)

81　李珣瑛，〈AI人工智慧　引領下一波創業潮〉，《聯合新聞網》，2017年6月26日，<https://udn.com/news/story/7240/2547329>(檢索日期：2018年2月22日)

權威身分。另從霍布斯、洛克及康德3種無政府文化，分別代表敵人、競爭者及朋友3種結構的角度分析，有利於鴻海集團在面對外在已具有人工智慧領域研究能力的企業與團體時，思考如何採取有利於鴻海集團人工智慧發展的策略態度與行為方式互動。從利益的建構上，可運用集體身分、主觀與客觀利益的論述，建構與其他企業或團體合作的策略。綜上理論運用分析，鴻海集團應可採取的策略執行計畫，以實現其成為人工智慧領航者的策略目標，計有併購擁有人工智慧技術的團隊或公司、與擁有人工智慧技術的團隊或公司合作及建立自己的人工智慧研究團隊3種策略執行計畫選項。

　　第三個問題：那些因素影響策略計畫的選擇？也就是分析與策略執行計畫的有關因素。如果採取上述3種策略執行計畫中的第一、二種，就必須先掌握與瞭解現今世界有那些國家的企業、單位或團體正致力於人工智慧的研究。其人才、技術、設備、發展方向與能力如何？以及這些企業、單位或團體背後提供支援的單位是誰？（如政府單位或企業財團等）。這些因素都會影響到與鴻海集團的合作意願，尤其企業併購及收購的行為，雖說是跨國企業的商業行為。但各國政府經常會以防止高科技技術外流為理由，否決跨國企業的併購案。如歐美先進國家禁制中國收、併購國內高科技產業，以及臺灣不准IC產業投資中國等。而第三種策略執行計畫，則必須重新建構，包括人才的取得與培養、發展方向的擬定及研究設備的新建與運作測試等。這些需要時間一步一步的籌建，尤其人才的取得與團隊的建構是關鍵核心。如外國和中國大陸媒體報導，鴻海積極布局人工智慧，鴻海集團已成為吳恩達創立的人工智慧新創公司Landing.ai的首個策略合作夥伴。[82]

82　鍾榮峰，〈鴻海攻人工智慧　策略合作Landing.ai〉，《中央通訊社》，2017年12月15日，<http://www.cna.com.tw/news/ait/201712150052-1.aspx>(檢索日期：2018年2月22日)

第四個問題：策略目標對企業發展會帶來何種利益與影響？以及第五個問題：後續的挑戰又如何？所思考的是綜合檢視影響策略目標的內、外在環境、競爭對手的能力及自我能力等相關因素，將策略目標與執行計畫做一客觀性的比較分析。從戰略理論的角度來看，就是「目標」與「手段」要能相互配合。避免出現「目標」過高，「手段」無法配合的窘境。因此，透過策略分析模式兵棋推演的運用，從編組推演架構及程序，以及與策略計畫有關因素，如競爭對手、合作夥伴、對手能力、自我能力及市場環境等因素分析，擬定推演編組與角色扮演。將上述3項策略執行計畫依據程序實施推演，經由將各策略執行計畫不斷的推演修正，以獲得最佳結果與利弊得失，再依據需求與可承受的損失，決定最適合的策略執行計畫。

上述以鴻海集團宣布成立人工智慧研究院爲例，運用策略分析模式兵棋推演步驟協助企業、政府機構或團體擬定最適合當前環境的策略執行計畫方案。但我們必須認清即使經過當前與未來環境分析後，所擬定最適合或最佳策略執行計畫，並無法保證此計畫一定能達到預期的目標。因爲環境隨著時間會不斷變化，人也會隨著時間變化。可能會發現今日的競爭對手，變成明日合作夥伴的情況。策略執行計畫必須隨著環境的變化，藉由兵棋推演的思考邏輯不斷檢視計畫的可行性及其問題，並適時修訂計畫執行方向直到達成策略目標爲止。

（二）模式模擬模式

模式模擬模式兵棋推演基本上著重於自然科學量化的運用，原則上以策略執行計畫的可行性評估爲主。除透過系統化模式推演分析外，亦可利用電腦系統模式輔助分析。例如：電腦決策模式模擬系統及國防部「聯合戰區階層模擬系統（Joint Theater Level Simulation, JTLS）等。假設政府單位或企業機構已確立策略目標，而策略執行計畫的擬定則需計畫承辦人藉由與相關單位、人員的協調、溝通，甚至實地勘估調查，以

及分析影響達成目標的相關因素等問題後，據以擬定策略執行計畫。這一個策略執行計畫的目標達成率基本上可以認定是較高的。如果計畫承辦人僅坐在辦公室憑藉多年的經驗，所擬定出來的策略執行計畫，一般來說會認定這個策略執行計畫的目標達成率是較低的。但有時這樣的策略執行計畫的目標達成率卻超乎我們的想像。這讓我們很難評斷達成策略目標的執行計畫是否可行，或能有較高的目標達成率，因為人為的主觀概念決定策略執行計畫的好與壞。

但現今自然科學與社會科學交流運用的發展，自然科學的數值量化分析，可將社會科學的理論概念程式化及模式化。藉由數值量化的方式表現出來，反映出理論分析的結果。例如運用各階段目標分項完成清單，檢視目標達成的百分比，民意調查時的意願程度選項，以及海軍反潛作戰水面艦與潛艦的交換比等。尤其近幾十年來拜資訊科技快速發展之賜，電腦模式模擬系統可藉由設定的內建程式，經由參數的輸入交由電腦運算分析。排除了人為主觀意識的影響，而獲得一個較為客觀的量化分析結果。其中在軍事作戰計畫的兵棋推演上，更需要系統可行性、有效性及達成率量化分析，因為作戰計畫的成功與否，不僅僅關係到國家的生存發展，更重要的是人命的不當犧牲。所以部隊作戰能力、武器裝備能力及通信系統裝備能力的參數資料，均為系統程式模擬量化分析時非常重要的依據。為說明模式模擬模式兵棋推演的運用概念，我們將以2018年1月4日中國啟用接近臺灣海峽中線的M503南北航路國際民航航線及東西航路W121、122及123航路計4條航路，引發臺灣強烈不滿的事件為案例說明。

對於中國M503民航航線啟用的爭議，我國陸委會主委第一時間表達：「中國在未與臺灣協商下，逕自啟用M503等4條航線，是完全沒有遵守國際民航規範、罔顧飛行安全與不尊重臺灣的草率做法，呼籲各方勿使用此安全有嚴重疑慮的航路。尤其W122及W123航線與臺灣飛馬

祖及金門的航線W8及W6航線接近，對飛行安全有顧慮。」[83]總統府針對此事件亦表示：「有關北京當局違背兩岸雙方在2015年關於處理爭議航線的共識，在未經協商下片面啟動M503等4條爭議航線，對臺海和平現狀，以及東亞區域的安全穩定造成嚴重衝擊。希望雙方盡速展開技術性協商，化解此事件對區域穩定、兩岸關係以及飛安造成的負面衝擊。」[84]

而中國方面則表達：「2015年的協議是『在溝通中』，以後開啟M530北上航線和相關銜接航線時，會事先通知臺灣。但這並不意味著開通該航線需要臺灣的同意。即便如此，在啟用M530北上及相關銜接航線前，我們也向臺灣通報。另該區域航班快速增長，交通流量密度極高，延誤日趨嚴重。北上航線不開通將嚴重影響東南亞和港澳地區經長江三角洲北上的航運。而該航線已經國際民航管理局科學鑑定後批准啟用。臺灣不應藉機做文章，干擾或破壞兩岸關係。」[85]

從兩岸政府機構對M503航線爭議的評論中，除了臺灣對中國的敵對意識外，一個共同爭議的焦點就是W122與W8及W123與W6航路的飛行安全。中國認為航線的規範已經過國際民航管理局科學鑑定後啟用，安全無虞。而臺灣則認為有安全顧慮，基本上這是屬於片面的人為主觀意識。面對中國提出航線經過國際民航管理局的核准使用的鑑定資料，

---

83 翁嫆娟，〈不甩臺灣！陸啟用M503航路　陸委會怒批不良企圖〉，《ETtoday新聞雲》，2018年1月4日，<https://www.ettoday.net/news/20180104/1085984.htm>(檢索日期：2018年2月24日)

84 葉素萍，〈M503爭議　總統籲北京採取彌補措施〉，《中央通訊社》，2018年1月19日，<http://www.cna.com.tw/news/firstnews/201801190246-1.aspx>(檢索日期：2018年2月24日)

85 李魚、樂然，〈國臺辦：新航線不需要臺灣同意〉，《德國之聲中文網》，2018年1月17日，<http://www.dw.com/zh/國臺辦新航線不需要臺灣同意/a-42175715?&zhongwen=simp>(檢索日期：2018年2月24日)

臺灣如要提出有力的反駁證據，即可運用模式模擬模式兵棋推演，透過情境想定假設與參數設定，由電腦模式模擬系統實施飛航安全量化分析。如果各種飛航情境的想定假設在電腦模式模擬系統量化分析後，其結果顯示除特殊狀況外，依據民航機飛行標準作業程序操作的狀況下，飛行安全係數（水平距離及垂直高度的安全間隔）是在可接受的範圍以上。這表示M503航線的設計、規劃與啟用，不會影響舊有的飛行航線。且任何民航機在起飛之前，必須將飛行計畫呈報與航途有關的相關單位（如臺北飛航情報區、上海飛航情報區），每個航線點都受到飛航管制中心的指揮與管制。從理論與實務操作面來看，如果均符合飛行安全標準，則臺灣對M503航線的爭議的問題性質，就應認清此案屬於軍事或政治性問題，而不是實務上的技術問題。

臺灣對於此案的不滿，除了對飛航安全有疑慮之外，另一個問題焦點是軍事威脅。對於M503航線啟用引發臺灣對中國軍事威脅的疑慮，亦可藉由模式模擬模式兵棋推演，檢視中國可能的空中軍事威脅的方式與能力。軍事衝突基本上可分為戰爭時期、危機時期及和平時期3種狀況。如果排除戰爭時期臺灣海峽禁航區的可能宣布，以及危機時期兩岸高度的軍事戒備的情況想定假設。僅就和平時期的突發軍事衝突為想定假設，實施模式模擬模式兵棋推演的推演。如果中國運用空軍戰機或無人機對臺灣本島實施突襲破壞，我們可以從模式模擬系統的兵棋推演中，獲得臺灣防空雷達系統偵收率、區域監控盲點、防空飛彈系統反應時間及空軍戰機反應時間等量化數據結果，瞭解中國運用M503航線對臺灣實施軍事突襲的成功率。如果中國軍事突襲的成功率很低，這M503航線的爭議就缺乏軍事威脅的說服力。

M503航線經過技術性與軍事性的模式模擬模式兵棋推演的想定假設驗證後，都不具備說服力時，即可說明M503航線對於臺灣來說是一個政治性議題。由此，臺灣與中國爭對M503的爭議，就應從政治的角度來解決爭端，而非主觀上意識形態的爭辯。而若要解決政治性的問

題，則又可回到策略分析模式的兵棋推演方式。藉由國際關係與戰略理論建構想定假設，以尋找有利於解決問題的策略執行計畫。

（三）教育訓練模式

兵棋推演最令人著迷的部分，就是提供一個沒有外在因素影響且不具威脅性的思考環境。藉由參與人員在設定的情境下共同演練、思考，尋找出策略目標的缺失或問題事實的真相。[86]雖然教育訓練兵棋推演模式的目的，是設定在領導與中、高階人才管理的培訓，以及社會科學相關科系如國際事務、國家安全、國防安全、戰略、企業管理、危機管理、衝突管理、談判與溝通等課程理論運用模擬實作訓練等。但此一模式亦可運用於危機處理、衝突管理及決策管理等「標準作業程序」（standard operation procedure, SOP）的建構，例如交通與電信事業單位對重大事故的「緊急應變標準作業程序」、政府在軍事危機期間的「應變標準作業程序」、各政府「災害防救緊急應變標準作業程序」及中油、臺電等大型工業企業「安全系統緊急應變處理標準作業程序」等。

然檢視目前臺灣對於各種災害應變「標準作業程序」的擬定，傾向於指導各單位的工作與權責的應變計畫寫作方式，缺乏實質減低損害的應變處置作為。例如：新北市核子事故防救標準作業程序，分為整備作業、應變處理、災害善後及結報4個階段。[87]但就制定緊急應變標準作業程序的性質來說，應該著重於突發意外事件的處置作為，不須整備作業階段的背景說明。而應變處理階段即已分成緊急戒備、廠區緊急及全

86　Mark Herman, Mark Frost, Robert Kurz, Wargaming for Leaders: Strategic Decision Making form the Battlefield to the Boardroom(New York: McGraw-Hill, 2009), p.47.

87　〈新北市政府核子事故防救標準作業程序〉，《新北市政府消防局》，<http://www.fire.ntpc.gov.tw/archive/file/新北市政府核子事故防救標準作業程序(7版).pdf>(檢索日期：2018年3月20日)

面緊急3項事故原則，就應該針對這三種事故制定緊急應變措施的標準作業程序。提供給新北市災害應變中心據以依程序執行通報、指揮及管制措施，無需等待上級命令，爭取災害控管時間。而在災害善後及結報部分，則是回歸行政組織系統的工作職掌權責。

針對人員訓練的教育訓練模式的兵棋推演重點，在於指導參演人員運用國際關係或戰略理論建構一個想定狀況，這個想定的假設與命題根基於事實的現況推論。基本上兵棋推演就如同一部電腦處理器，如果輸入錯誤或不實的資料，經過計算的結果也就是錯誤或不切實際的結果，俗語說「垃圾進垃圾出」就是這個道理。例如：臺北市政府為因應2017年8月，在臺北市舉辦的世界大學運動會。2017年從1月到9月歐洲已發生11起恐怖攻擊事件。[88]臺北市政府為確保安全，遂針對自開幕到閉幕的比賽期間，可能發生的恐怖攻擊想定實施應變計畫演練；演練項目包括反劫持、緊急人員疏散及大量傷患處置等，依據報導演練過程逼真。[89]依此案例，係屬過去的歷史事件，即未發生恐怖攻擊的想定事件。因此，無法也不須評論這些想定的演練是否具備可行性與有效性，本書僅針對兵棋推演（實兵演練）想定的設定來做討論。

如果依據戰略理論中對於戰略分析的問題性質解構、戰略目標設定、與問題有關的因素分析、可能行動方案利弊比較及最適合的行動方案選擇5個步驟的角度思考。臺灣若發生恐怖攻擊、襲擊事件，我們將可列舉出其目的為何？敵人在哪裡？想要求政府兌現何種承諾？在臺灣會採取何種恐怖攻擊手段？等4項問題假設，並依此分析如下：

---

88 〈歐洲恐攻多 今年已發生17起〉，《中華電視公司》，2017年9月16日，<https://news.cts.com.tw/cts/international/201709/201709161889816.html#.WrDG4kxuJZU>(檢索日期：2018年3月20日)

89 張博亭，〈世大運反恐及救災演練 爆破、挾持人質場面逼真〉，《蘋果及時》，2017年3月27日，<https://tw.appledaily.com/new/realtime/20170327/1085402/>(檢索日期：2018年2月23日)

　　第一個問題：目的爲何？美國國務院定義恐怖主義是二次國家團體或祕密代理人，企圖爲影響群眾針對非戰鬥對象爲目標，而採取的預謀性政治動機的暴力行動。換言之，恐怖活動是針對某一「目標群眾」（target audience），而不是針對直接的受害者，其目的是透過大量的傷亡，來引起社會的恐慌與注意，而屈服於恐怖主義分子的要求。[90]如果依據恐怖主義及活動的定義，檢視臺灣政治與社會現況可獲得下列3個觀察分析。1.臺灣的對外政策，除與中國具有政治與軍事敵意外，對世界任何國家都充滿著和平交往的意圖，沒有任何政治意圖；2.臺灣基本上是一個宗教融合的社會，政治的運作沒有宗教的色彩與意識形態，如果有的話大概就是藍、綠政黨與統、獨的意識形態之爭。3.對於槍械、彈藥及爆裂物材料的管制，臺灣是一個管制相當嚴格的國家。尤其對軍隊可能的武器、彈藥的管制更是嚴格，因爲戒嚴時期的管制措施仍在軍中組織維持不變。雖然槍械、毒品走私時有所聞。但戒嚴時期遺留下來的偵防系統並未完全廢除，僅是執法型態的改變。基本上，臺灣政府對社會潛在有組織性的暴力團體，具有一定的情報掌控作用。依上述三項分析，恐怖攻擊在臺灣缺乏明確具體的目的。

　　第二個問題：敵人在哪裡？對於反恐行動來說敵人在哪？是最核心的問題，因爲人的思想、行爲及活動才是關鍵因素。如果依據恐怖活動目的的分析，臺灣會發生恐怖攻擊事件只有兩種可能。一是中國爲擾亂臺灣社會秩序，以及製造人民對暴力的恐懼心理，建構中國武力統一臺灣的外在條件；二是軍公教退休人員，對獨派政府運用年金改革之名詆毀其尊嚴的不滿。就第一種可能的假設基本上是不成立的，因爲除中國至今始終強調對臺灣的和平統一是最優先的手段外，以當前中國正在實施經濟轉型的關鍵時刻，臺灣統一問題應不是中國優先考慮的選項。

90　轉引自翁明賢，〈國際恐怖主義與反恐行動的發展趨勢〉，《展望與探索》，第1卷第6期，2003年6月，頁2。

而對於第二種可能的假設不排除有可能，但機率不高。主要原因在於這些軍公教退休人員，長久以來習於奉公守法理念。對於政府的施政措施再有所不滿，也止於遊行抗議表達訴求。只要政府不採取暴力強制的手段，這些退休人員是不會傾向於使用脫序行為的抗議。例如：世界大學運動會開幕選手進場時，反年金改革團體投擲煙幕彈及與維安人員的推擠行為[91]。畢竟臺灣的軍公教人員基本上是忠於國家的，往往是國家穩定的主要群體。而在統、獨團體之爭端部分，通常只出現在政治選舉時期的場合。臺灣一般民間社會的人民交往，雖各有統、獨意識形態的主觀意識。但在生活交往上，只要不被政治操作通常都保持彼此尊重、和諧共處的態度。綜合上述分析，如果假設臺北世界大學運動會會遭受恐怖攻擊，但對於防範的對象似乎不存在或不明確。

　　第三個問題：欲要求政府兌現何種承諾？從上述兩項問題假設分析，如果有存在恐怖攻擊的可能機率，在內部大概只有獨派團體認為獨派政府無法落實臺灣獨立的承諾，或是統一團體認為獨派政府推動文化臺獨或法理臺獨的政策，並採取廢除中華民國國旗及國號，走向以臺灣為名的獨立國家時的兩個狀況。而這兩個團體都對現任政府不滿，並有所要求。其他社會團體對政府的各種抗議訴求，基本上僅是表達不滿及要求政府修訂政策。即使有強烈脫序的暴力行動，也不是具有強大威脅性的激烈恐怖攻擊。例如2003年至2004年之間在臺北市共放置17顆爆裂物，以抗議政府為加入WTO而開放稻米進口，影響農民權益。另由於臺灣已是一個開放的民主政體國家，所有政府的政策得失，都會透過選舉來檢驗執政黨的政策是否符合民意。在外部則是臺灣沒有宗教歧視，以及對他國政治的介入。理論上政府沒有任何對外需要兌現承諾的事項。

91　〈反年金改革團體抗議延誤臺北世大運開幕：五個關鍵問題〉，《BBC中文網》，2017年8月20日，<http://www.bbc.com/zhongwen/trad/chinese-news-40991747>(檢索日期：2018年2月23日)

　　第四個問題：在臺灣會採取何種恐怖攻擊手段？經恐怖活動目的、恐怖組織對象及對政府的要求的分析，顯示臺灣遭受有組織性、大規模的恐怖攻擊機率相當的低。當然這並不代表臺灣不會遭受恐怖攻擊，尤其是西方國家所遭受的孤狼式恐怖攻擊行動，讓反恐作為與行動更加困難與模糊。因此，如果發生持槍或刀械劫持的狀況，大部分的因素應是犯罪行為而不是恐怖攻擊。而臺北市政府的恐怖攻擊演練，針對選手專車反劫持、黑鷹直升機垂降反恐及毒化災搶救等反恐演練的想定假設命題則是錯誤的方向。

　　面對可能的潛在威脅，如果想定的假設命題是錯誤的，則各項推演的結果也都將是錯誤的。我們慶幸臺北市世界大學運動會沒有發生重大事件，那是運氣不是已做好防範意外的準備。假設開幕會場真的發生重大災害事件，則所有的事前演練都變得無效。因此，兵棋推演的第一個步驟就是想定的假設命題。對於兵棋推演不管是靜態的模擬或是動態的實作驗收，都是一個運用的關鍵要素。上述對於臺北市世界大學運動會的反恐演練，運用戰略理論對兵棋推演想定的假設命題檢視，可以發現許多待改進的地方。然如何依此案例建構一個合理的想定呢？本書試著運用兵棋推演的邏輯思考模式，除說明兵棋推演的運用外，並提出改進建議。

　　依據臺灣當前內、外情勢，臺北市遭受恐怖攻擊的機率較低，且沒有明確的反制恐怖攻擊對象。除了天然災害與火、電的意外災害外，受到人為劇烈或大規模的爆裂物或槍擊的群眾攻擊事件機率很低。而在臺灣如果會發生孤狼式的攻擊行動，原則上是一種犯罪行為，而不是一個具有政治意圖的報復性意識形態攻擊。由此，臺北市的世界大學運動會的安全維護重點，應該著重於重要設施非蓄意性的意外事件防護，如機電設備、通道設施及易燃物品使用的管制與監控等。對於意外性的停電或火災所引發大規模的人員疏散，才是世界大學運動會緊急應變的想定假設核心重點。對於兵棋推演的想定命題，則應設定在會場疏散通道被

堵塞、消防車與救護車被道路交通堵塞、會場人員有大量傷亡救護車不足、會場應變指揮中心無法有效指揮及事故現場群眾聚集的處理等想定命題較為恰當。

當兵棋推演的想定假設命題經過戰略分析檢視，若其具備合理性與目標性，即可進入推演實作演練。對於政府機構、事業單位及企業來說，教育訓練模式的兵棋推演有利於建構潛在威脅緊急應變的標準作業程序。可使這些組織單位各部位人員或特殊活動的維安管理人員，在面對突發意外事件時，可據以採取快速又有效的管制行動，防止意外事件失控擴大，進而造成無法承受的災難。對教育機構的課程需求來說，想定假設的建構過程、推演期間的角色扮演、策略決策的分析與選擇及面對問題的處理方式等，都可將課程內所學習各種理論加以運用及印證，增強學習者對理論實務化的運用經驗，以增加學習效果。

本章的核心重點在提供讀者瞭解兵棋推演不是漫無目標憑空想像的，是一個有步驟的思考邏輯。也讓讀者瞭解我們在社會科學與自然科學所讀到的理論，是能夠有效運用在實際的工作上。尤其國際關係理論與戰略理論，對我們在日常生活中所面臨的大部分問題，都可以藉由理論與兵棋推演思考邏輯的結合方式，瞭解問題所在與尋求適當的解決方法。接下來的第四到第六章，將針對本章所建構的教育訓練、模式模擬及策略分析3種模式兵棋推演，介紹具體的操作方式。以使讀者不僅僅瞭解兵棋推演的意涵、模式，更重要的是掌握兵棋推演操作的技巧。

第四章

兵棋推演模式一：教育訓練模式

一、推演目標：決策領導人培育與發掘及預防性標準作業程序的建構

二、推演思考：衝突管理、風險管理、危機管理、溝通理論、談判理論、決策理論

三、推演架構：想定建構、人員編組、系統建置、人員訓練

四、推演重點：政策及計畫（或標準作業程序）的撰寫、問題分析與理論運用

五、推演成效：行動後分析（After Action Review, AAR）

　　教育訓練模式的兵棋推演目標主要施訓對象是決策領導人與學生，著重於推演過程中的理論運用，而不是結果的好壞。而另一個目標，則是協助政府與企業機構，針對潛在威脅建構預防性的標準作業程序，其著重於突發事件應變能力的可行性與有效性評估。

重點摘要

1. 教育訓練模式的兵棋推演目標有兩個，一是「決策領導人培育與發掘」；二是預防性標準作業程序的建構。

2. 「決策領導人培育與發掘」的教育訓練模式兵棋推演，主要施訓對象是決策領導人與學生，目標著重於推演過程中的理論運用，而不是結果的好壞。

3. 「預防性標準作業程序」的教育訓練模式兵棋推演，主要目標是協助政府與企業機構，針對潛在威脅建構預防性的標準作業程序，其著重於突發事件應變能力的可行性與有效性評估。

4. 而理論在兵棋推演中著重於方法的運用，而不在於理論的探討。其目的是讓參與兵棋推演人員能夠充分、有效的活用理論，以提高參演學員課程學習效果與理論思考運用能力。

5. 衝突管理、風險管理、危機管理、溝通理論、談判理論及決策理論等理論，都可運用在兵棋推演的想定事件的問題分析與解決中。

6. 「決策領導人培育與發掘」教育訓練模式兵棋推演的想定建構，包含想定的假設、檢驗及延伸3項。

7. 「預防性標準作業程序」教育訓練模式兵棋推演的想定建構，係以運用危機管理理論中的「危機預防」作為「預防性的標準作業程序」兵棋推演的立案假定開端。

8. 兵棋推演不是腦筋急轉彎，除了需要一個合乎邏輯的想定假設外，更重要的參演人員的推演前訓練，也就是角色扮演訓練。然「預防性標準作業程序」兵棋推演因參演人員為組織內的人員，故不需要角色扮演訓練的這一個過程。

9. 教育訓練模式兵棋推演最重要的一個環節，就是推演後分析，這也是兵棋推演過程中最容易被忽視的一項。

10. 行動後分析的目標在藉由推演過程的回顧，對參演學員於推演期間有關問題分析、行動方案建構及決策選擇等思考不足之處，以及如何運用理論協助學員思考等建議，以提升參演學員決策領導能力。藉以改善所謂「專業盲點」，重新檢視應變處置標準作業程序的疏漏與不足之處。

　　教育訓練模式兵棋推演的運用目的在第三章已說明，本章主要是針對領導與管理中、高階人才的培訓，以及社會科學相關科系如國際事務、國家安全、國防安全、戰略、企業管理、危機管理、衝突管理、談判與溝通等課程理論運用模擬實作訓練等需求。第二、三章所談的著重於兵棋推演的概念、意涵與歷史發展的介紹，以及兵棋推演的理論運用與3種推演模式的概念介紹。本章的重點是將教育訓練模式兵棋推演，從意涵、概念及理論思考，落實到的實際的操作運用。將從推演的目標、思考、架構、重點及成效五個面向依序說明，以建構一個教育訓練模式的兵棋推演。

一、推演目標：決策領導人培育與發掘及預防性標準作業程序的建構

　　教育訓練模式的兵棋推演目標主要施訓對象是決策領導人與學生，著重於推演過程中的理論運用，而不是結果的好壞。在現實生活

中，任何一件突發意外事件，對決策領導人而言都是一份試卷，考驗著決策領導人的智慧與能力。決策領導人在處理意外事件的過程中或結果後，又須面對另一項挑戰，就是「批評」。不管是有意還是無意，善意或惡意的「批評」，總是讓決策領導人難以針對這些排山倒海而來的批評，提出快速、有效及明確的說明。除了反駁有心人士的惡意攻訐外，亦能依據事件處理的經驗實施檢討。對於類似突發事件處置標準作業程序或政策執行計畫相關缺失，提出建設性的修訂意見，讓類案的處理更為完善。我們相信沒有任何一個決策領導人，會想要或期望做出一個錯誤的決策。也沒有任何一個決策領導人是十項全能樣樣精通的。

尤其階層越高的決策領導人，因所領導管轄的部門越多，涉及的專業領域也更多。面對如火災、地震、電源系統或機電控制系統等意外或故障事件，對許多管理階層決策領導人而言，如何採取財物損失最小，維護人員安全最高的決策，往往會面臨兩難與不確定的困境。然這些突發意外事件的處理決策，是可藉兵棋推演的想定、假設、命題方式，從推演過程中的決策分析與決策後結果的回饋討論。讓決策領導人能針對潛在可能的威脅，做好承擔突發意外事件的心理準備（如圖4-1）。

而另一個目標，則是協助政府與企業機構，針對潛在威脅建構預防性的標準作業程序，其著重於突發事件應變能力的可行性與有效性分析。然突發或意外事件的發生，其意義所指的是發生在日常工作或作業以外的重大事故。但從這些重大事故發生後所做的檢討分析，可以發現於事故發生前都是有跡可循的。正如我們所知許多艦船發生的重大海事意外事件，如船隻碰撞、擱淺、進水、失火等，絕不是一項單一的作業失誤所能釀成的，而是一連串的錯誤所產生難以恢復的重大事故。

因此，可經由教育訓練模式兵棋推演對可能的潛在威脅事件，由想定假設的分析與擬定，納編與想定事件有關的各相關部門主管與第一線操作人員。運用兵棋推演各階段程序的狀況發布，誘導各部門針對各階段的想定事件狀況，提出解決方案或支援措施。經過多次靜態的想定

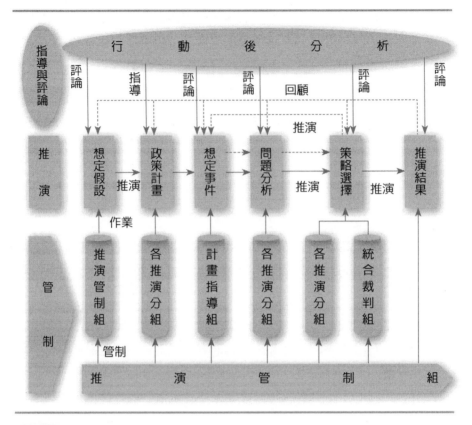

圖 4-1　教育訓練模式兵棋推演（決策領導人培訓與發掘）

資料來源：作者自繪

狀況發布、解決方案擬定、執行成果回饋、解決方案問題修正的推演循環，驗證解決方案可行性後，即可據以擬定潛在威脅處置標準作業程序。

　　靜態推演處置標準作業程序的建構，基本上屬於理論與經驗性質的紙上概念作業。對於潛在性的重大意外事件，尤其是石油、電力、能源及運輸等公共事業機構，或民間大型生產製造企業，如煉鋼廠、積體電路工廠等。當發生突發性意外災害事件，所影響的層面相當大。對於意

外事件處置標準作業程序的可行性、有效性的要求應該更高。因此，除了靜態性的推演驗證外，還需要再執行實務性的動態兵棋推演，也就是所謂的「實作（兵）演習」。其目的在檢視理論或經驗所建構的狀況處置標準作業程序是否達到需求標準，而再經過實作演習的驗證，可更加提高其可靠性與有效性（如圖4-2）。

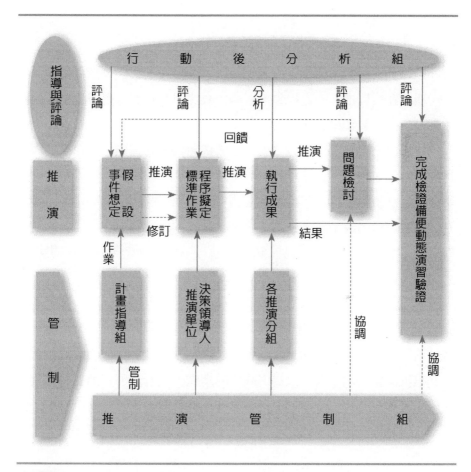

圖 4-2 教育訓練模式兵棋推演（標準作業程序）

資料來源：作者自繪

二、推演思考：衝突管理、風險管理、危機管理、溝通理論、談判理論、決策理論

每個人對於處理問題的思考與執行方法，都有其主觀的想法與行為模式。事件處理的成功與否，受到決策領導人的經驗、環境及機運等因素的影響。由於各個決策領導人的能力、智慧與可用的支援各有不同，達成策略目標的決策方案選項也自然會有所不同。沒有好與壞的問題，只有成功與否的問題。而兵棋推演的思考在期望排除人為的主觀因素干擾，以微觀的角度分析問題的因素，以宏觀的角度建構整體利益。因此，理論在兵棋推演的過程中，有助於我們對問題的瞭解與分析，因為理論來自於經驗累積的成果。

以臺灣電力公司規劃設立第三座天然氣接收站為例：執政黨為因應推動所謂「非核家園」以達到減少與廢除核能的使用，確保電源供應穩定與減少空污的要求。計畫在桃園觀塘設立第三座天然氣接收站，擴大天然氣發電廠的建制與供應需求。由於受到環保團體與當地居民的抗議與反彈，讓這個政策的執行充滿著變數。[1]假設以此案例作為兵棋推演的想定，則必須思考環保團體及居民的陳抗行動、施工過程對環境可能破壞、天然氣儲存、運輸的可能危險等政策執行阻礙因素。因此，衝突的解決、工程風險的降低及危險因子的控管等處置作為，即可將衝突管理、風險管理、危機管理、溝通理論、談判理論及決策理論等理論運用於兵棋推演中，協助參演人員對問題處理做客觀的思考。而理論在兵棋推演中著重於方法的運用，而不再於理論的探討。其目的是讓參與兵棋推演人員能夠充分、有效的活用理論，以提高參演學員課程學習效果與

---

[1] 洪菱鞠，〈中油第三天然氣接收站 董座親上火線承諾撥4億回饋地方〉，《ETtoday新聞雲》，2017年7月14日，< https://www.ettoday.net/news/20170714/966119.htm>(檢索日期：2018年2月27日)

理論思考運用能力。下列僅針對兵棋推演所需的理論原則提出說明，至於理論的辯證不是本書探討的重點。

（一）衝突管理（Conflict Management）

所謂衝突（conflict）？柯塞（Coser Lewis A.）認為是對價值的爭奪和對珍貴的地位、權力和資源的訴求，而反對者的目標則是壓制、傷害或消滅對手。[2]肯尼斯‧伯爾丁（Kenneth E. Boulding）認為是一種競爭情況，當事各方認識到未來潛在立場的不相容性，其中每一當事方都希望占有與另一方的願望不相容的立場。[3]臺灣師範大學張德銳教授經綜整中、西學者、專家對於組織衝突的研究後，對於衝突的定義認為是指個人、團體或組織間，因目標、認知、情緒和行為的不同，而產生矛盾和對立的互動歷程。[4]

拉夫爾‧達倫道夫（Ralf Gustav Dahrendorf）從團體衝突的研究中，認為衝突是對立者之間緊張與鬆弛的方法，具有穩定社會的功能，以及成為衝突關係中整合的部分。但也指出並非所有的衝突都會朝向正面功能，如果處理不妥善則有可能危害到社會的共識。因此，如何有效、合理的衝突調節至為重要，不僅能降低衝突的緊張強度，也能降低暴力的程度。對於如何使衝突的調節具有效力，他認為需具備三項先決條件因素。第一是衝突的兩者之間都能體認衝突情境的必要性與存在；第二是衝突的利益團體必須具有組織性；第三是衝突的兩者必須共同接受衝突的規則。依此對衝突的解決也提出四種調節衝突的方式，分別為以議會或類似議會的機構作為討論爭端的場所、衝突雙方自動和解、調

2　Coser, Lewis A, The functions of social conflict (Glencoe, Ill.: Free, 1956), p.8.

3　Kenneth E. Boulding, Conflict and Defence: A General Theory (New York: Harper & Brothers, 1962), P.5.

4　張德銳，《教育行政研究》（臺北：五南文化，2001），頁95。

停及仲裁，其中調停及仲裁的方式則是需要第三方的介入。[5]

美國社會學家小休伯特‧摩斯‧布列拉克（Hubert M. Blalock,Jr）在《權力與衝突》（Power and Conflict）一書中，認為從團體的角度分析衝突，任何衝突雙方都將承擔代價與懲罰，這些成本可能會隨著衝突的持續而加速。因此，瞭解影響團體能力與意願的因素是很重要的。在衝突過程期間的任何時間，都有可能保持或甚至可能加速衝突的等級。其中一方或雙方團體最初都可能低估這個代價，並且低估代價的一方或團體會在很長一段時間內持續吸收懲罰。由此，繼續重新評估是必須的，以便預測隨後而來的反映，包括可能的和平建議。在公共事務領域的衝突中，實際上所有衝突情勢的關鍵因素，均來自於行動者對提升或解決衝突結果的期望。許多團體成員並不瞭解代價是由雙方的其他成員承擔，從中央領導階層的觀點，可能隱藏或低估它們的限度。這樣可能會誤導成員低估這些成本，或者讓他們相信勝利是指日可待的。[6]

美國喬治梅森（George mason）大學Ho-Won Jeong教授從理解衝突與衝突分析的研究中，從衝突動能系統的觀點認為衝突管理的程序是升級、陷阱、降低範圍及終止。衝突進展背後的動力是出現、持續和轉變，可以經由一般的系統理論說明那些能夠維持或破壞現狀的元素，以及內部與外部環境的關係。在複雜的理論系統中，衝突路徑多被看作是一個簡單、靜態與二元過程。雖然有些可依賴線性系統解釋變化，但週期性的模式則可以更好的說明看似無關的事件與過程是如何的形成結果。社會是由不同層次所創造的秩序交織而成的，且以不同的方式分割。假設衝突系統不是以線性方式反應，對於任何事件的過程通常是處

5　達倫道夫（R. Dahrendorf）著，詹火生譯，《達倫道夫：衝突理論》（臺北：風雲論壇出版社，1990），頁235-236。

6　Hubert M. Blalock, Jr, Power and Conflict: Toward a General Theory (California: SAGE publications, 1989), pp.204-205.

於不可控制及預測的結果。與固定結構相比合適的反應系統能在複雜環境中產生與眾不同及創造性的結果。衝突組成之間的關係可以從系統過程與結果的角度解釋，在衝突的各個階段，相互作用和行為特性的一致性典範具有持續的趨勢。

衝突系統的變化是經由抱怨的表達一升級一鎮壓的惡性循環，行動一反應過程被認為是間斷性平衡的循環。行動一反應功能的系統觀點是用於分析軍備競賽，由於另一方的破壞使得雙方創造出脆弱性。在交互行動模式上，制裁往往被視為國際政治體制強制的合理與可以接受的方法，威脅訊息的發送目的，在指定強迫敵對反抗的一方，面對消極的結果。行動的消極模式，包括經濟上或外交上傾向於增加成本或帶走利益。在積極模式措施上則側重於力量或認可。相互作用的屬性可能不僅僅由行為模式組成，且在交互行為移動的過程中，也有不同程度的強度（增量與突然），以及特定措施的方向（懲罰行動的增加或減少）。

而制裁的嚴重性和一致性程度隨著時間的推移，將產生不同的解釋和相互作用。不斷的增加制裁可能預示著對投降的要求，而不是走向和解。如果發動一個消極的行為模式（如暴力行為和敵對聲明），往往容易經由報復措施而交互循環。就如同2018年美國總統川普對中國及世界發動的貿易戰。因此，大部分的衝突的交互行為，痛苦的加強是與利益的償還相結合的。在行動威脅模式部分，威脅的設計在於強迫其他人放棄參與行動，或是推動他們追求有利於威脅人的新政策。遵守他人的威脅和隨之而來的要求，在某種程度上取決於違抗的情況和實際執行的行動可能性。如果即將發生的攻擊顯示出已做好準備引發實際的傷害，威脅就會被視為是最可信的。威脅採取行動的代價是必須將脆弱性加在目標的反抗上。例如美國雖擁有打擊伊朗核設施的軍事能力，但是美國政府也不太傾向於動用武力。當威脅方不太能夠接受無條件及徹底遵守的反應時，威脅和對抗威脅就會進一步升級，直到戰爭發生。[7]

---

[7]　Ho-Won Jeong, Understanding Conflict and Conflict Analysis (California: SAGE

　　衝突的升級所表示的是敵意程度的升高，其受到戰術的嚴重性所驅使。新的互動模式不僅僅伴隨在爭鬥中額外一方的參與，而且各方的內部也在變化。衝突強度的增加往往會擴大參加的範圍，亦會使更多的人加入。衝突的升級與最初具體議題的擴散及普遍化、各方關係的兩極化及深切的感情和情勢的個人化有關。一些有爭議的問題出現促使各方進一步疏遠，加劇了分歧，並淹沒了它們之間的相似之處，以便為彼此造成傷害的願望辯解。對敵方動機的不信任增加，妨礙了與另一方的同情，並加強了對零和計算的傾向。關於衝突的固定假設導致了各方立場的扭曲，甚至產生了對集團核心價值觀的強烈威脅感。

　　因此，控制升級模式的策略為採取漸進的懲罰性措施，而不是引入突然的挑釁行動，使對方措手不及，促使他們在恐慌中以不相稱的方式反應。儘管有壓力的因素，但可能會發動暫時的戰術升級，也就是限制性的懲罰措施，以引出對方的讓步，而不會引發報復性的惡性循環。在某些情況下，可以採取警告性的措施來阻止其他人轉而採取激進的戰略，同時保留未來的選擇餘地。[8]

　　在持續不斷的升級之後，衝突最終可能被困在更長的行動過程中，這是由於對追求目標的承諾增加的證明。惡性的衝突螺旋保持高成本的爭鬥，沒有任何一方有機會退出。一旦為強化公開的脅迫和徹底的暴力而越過門檻，衝突就更有可能根深蒂固。在一個僵局中，永久的極化與惡性的過程被視為正常和自然的現實。失敗的行動過程中的陷阱仍然存在，歸因於先前選擇的投資。開支來源是通過「太多的投資退出」的概念來合理化，同時強烈認為需要收回過去的支出。情緒上的妄想是為了驗證不可挽回的開支，進一步擴大知覺和實際成本之間的差距，接受累積的犧牲或不值得的妥協成為不可想像的狀況。然而典型的陷阱決

---

publications, 2011), pp.135-142.

8　Ho-Won Jeong, Understanding Conflict and Conflict Analysis, pp.154-167.

策並不考慮最佳結果的前景，由於理性的原因與感情依附程度的加深，讓行動缺乏動機。而朝向停留在陷阱的強烈驅動力，在某種程度上與慾望的程度有關，是避免支出與放棄過去的投資有關。當目標實現的主觀價值和額外費用之間的平衡產生變化的結果，可能會發生危險遊戲結束的必要性[9]。

和平進程的啟動可能會跟隨敵人對僵局的承認，導致他們願意縮小甚至放棄戰鬥。反升級的動機面相代表了結束衝突的願望，以及對通過談判解決問題的可能性變成謹慎的樂觀或信念。反升級被認為需要一個多層面的過程，以消除捲入衝突的影響。向反升級過渡的特點是在對敵方圖像和定型進行修改後，調整知覺所採用新的戰略，本質上是運用和解的姿態取代對抗和有爭議的戰術。在反升級決策中，各方可能必須重新平衡目標層次結構，有些目標甚至可能需要犧牲，以滿足其他人的基本需要。由於資源枯竭，在這一階段如果認為可以直接贏得爭端是不切實際的，縮小願望是談判解決問題的最重要的指標之一。

相互共用目標的確定帶來了從競爭到協作互動的轉變，實現相互依存有助於避免一個共同的問題「衝突」。[10]衝突終止包括單方面勝利、撤退和調解。獨特的衝突條件促進片面意志、撤退或讓步。衝突可能以最激烈的方式結束，單方面破壞或相互毀滅。兩個不同程度的權力差距，以及競爭對手之間的長期仇恨，可以在沒有進一步挑釁的情況下被凍結。談判解決辦法一般依賴於反映調解努力的協定，這些不同類型的衝突結果可能並不總是唯一的。

所有衝突的行為基本上可歸納為被動、壓制及管理3種模式。以被動模式來說，被動性對於衝突所展現的是消極的、破壞性的、有時無法控制的行為。對於決策領導人而言，要選擇避免建構成被動性衝突的狀

9　Ho-Won Jeong, Understanding Conflict and Conflict Analysis, pp.167-171.

10　Ho-Won Jeong, Understanding Conflict and Conflict Analysis, pp.179-193.

況，在壓制模式的狀況下，當衝突在分配的過程中主要是負面傾向的行為。因為，損害總是分配的，有些人贏，就有些人必須輸。如果你似乎注定要損失，則戰略上應嘗試讓損失盡可能的降到最低，最好是獲得一個僵局。不可否認，在雙方採取壓制衝突時，最重要的是分配。我們必須以資料分析為基礎，視反應與攻擊性來選擇一個肯定且具有競爭性的戰略。

最後，在管理模式部分，我們必須瞭解衝突管理並不等同於衝突解決。解決僅是衝突管理其中一個策略，決策領導人的任務就是在管理衝突。主要是為了維持體制範圍內，達成效能與創造性之間最佳的平衡與緊張狀態。因此，管理者對於衝突管理必須要完成下列3項工作，一是持主動的認知與大量有關衝突的資料；二是監視體制的趨勢；三是採取適當的行動管理衝突，如經由調停以減少或解決一些衝突環境，不採取行動但在一些衝突環境上保持警覺性，以及干涉表面或辨別一些衝突環境。[11]

衝突終止的具體內容（例如在武裝鬥爭中的撤軍或談判解決的勝利）是受到爭端各方不斷演變的戰略、目標變化性質及其權力差別的影響，權力失衡的程度對於何時，以及如何終止衝突有著不同的影響。相關權力差距是適度或相當大的，對雙方的戰略和他們衝突結果的期望也有影響。不僅在強制性權力能力方面的直接差別，而且在今後調動經濟資源方面的差異，也會影響到相對權力平衡的計算。優秀的組織能力和有效的戰鬥力，可以在一定程度上彌補相對名義權力的劣勢。[12]

---

[11] Roy W. Pneuman, Margaret E. Bruehl, Managing conflict: A Complete Process-Centered Handbook(New Jersey: Prentice-Hall, 1982), pp.4-6.

[12] Ho-Won Jeong, Understanding Conflict and Conflict Analysis(California: SAGE publications, 2011), p.238.

（二）風險管理（Risk Management）

　　所謂風險管理在概念上不在於企圖將風險或危險降至最低，亦或完成消除危險，主要是讓風險或危險控制在可接收的程度內。風險管理的理論，則爲運用推理邏輯或數量模式的方式，以解釋風險的成因，並提供決策領導人據以尋求解決方案。[13]風險管理與策略管理及企業管理最大的不同之處，在於風險管理著重於「不確定性」。而策略管理著重於達成的目標，企業管理則著重於操作與執行。[14]風險的大小，基本上取決於結果的不確定性高低和對個人、組織或事物的損失多寡。[15]風險管理的目的在於確保管理的個體（個人、企業、組織或國家），在合理、可接受的代價下，盡量將不確定的因素排除，減少預期結果與實際結果之間的落差。[16]在風險管理的執行程序上，通常分爲確認風險、衡量風險、風險決策、風險管理的施行及成效考核與回饋5個步驟。[17]

　　第一步驟確認風險：首先從對於風險的鑑定開始，原則上可劃分成兩種方式。一是事前預防性與事後檢討性的鑑定；二是片面性靜態與全面性的動態鑑定。然在實際的狀況，大部分的鑑定方式都是屬於事後鑑定，即從經驗中將類似的相關資訊做一歸納與整理。所謂事前鑑定，其大部分是來自於專家依據其經驗的判斷。

　　在靜態的風險檢定上，計有8種方法，分別爲風險列舉、田野調查、報表分析、作業流程分析、實地勘驗、問卷調查、損失分析及大環境考量。風險列舉係指有系統、全面性的將可能性風險逐項列舉出來的方法。田野調查是針對組織基層做風險調查，以探索各部門員工對於公

13　鄧家駒，《風險管理》（臺北：華泰文化，2005），頁9。

14　宋明哲，《現代風險管理》（臺北：五南圖書，2011），頁19。

15　鄧家駒，《風險管理》，頁25。

16　鄧家駒，《風險管理》，頁55。

17　鄧家駒，《風險管理》，頁60。

司當前所面臨風險的認知。報表分析：如財務報表、訂出貨與退貨單，以及組織內、外部所發的技術報告與法律文件等，都隱藏一些重要的風險訊息。作業流程分析：即以工廠作業與企業營運的效率，當作控制的標準以降低意外的發生。實地勘驗：藉由專家對現場或實務勘驗檢查，提出未來可能的風險因子。問卷調查：透過縝密設計的問卷取樣，經由對問卷調查數據資料有系統的分析，以提供決策者採取預防性的風險規避與轉嫁。損失分析：是一種屬於事後檢討並從中學習的方法。大環境的考量：即觀察整體環境的交互關係，如政府政策、社會環境與國際未來走向等。

在動態的風險鑑定分析法則有4種，分別為品管過程、即時監控系統、資訊管理系統及複檢與制衡系統。品管過程：即是對主、副產品、機械及作業人員的品質管制流程的監控。即時監控系統：藉由監控系統的即時訊息，提供對可能風險的及時觀察。資訊管理系統：藉由資訊管理系統的顯示與紀錄資料察覺可能的潛在風險，例如個人或企業的金融往來紀錄。複檢與制衡系統：即是組織或企業經由持續的檢查與制衡制度的建構與執行，以避免專權、獨裁的事情發生，進而導致錯誤的決策。[18]

風險的衡量大致分為機率、期望值與變異數及損失3種基本的計量基礎。機率基礎：基本上強調事件的發生機率值，而機率的運算具有獨立或相依與收斂兩種特性。例如企業徵才或考試時的錄取率，以及比率的乘法運算如一個正數值增加20%，再減少20%，其結果為96%，不會再回到原來的100%。期望值與變異數基礎：其中含有機率分配的問題，如正反兩面的二項分配、普瓦松分配（則是二項分配的延伸，除了二元現象外，還有其他由小至大的多元現象）及常態分配。期望值是含有機率與報酬配對共生的特性，以賭博為例在許多情況下發現機率很小

---

18 鄧家駒，《風險管理》，頁91-103。

而報酬很高的狀況，更吸引人一試。然當期望值加上變異數或加上機率時，兩者最大的不同在於變異數附有價值單位。也就是對事物存在一種預期，變異數越大，代表以期望值爲中心的不穩定、不確知或離散的程度越大，因而危險也越大。損失基礎：爲風險管理學者常用的衡量基準，通常損失涉及頻率與嚴重性兩個層面。損失頻率考慮的是出現的頻率，而不是大小，以發生的次數頻率作爲評估的基礎，如地震、火山爆發等。另一項的評估基礎是損失的嚴重性，例如飛機失事和核電廠損毀等。[19]

對於風險管理的策略運用原則，基本上有自承、規避、分散及轉嫁4種。然不論使用何種分險管理原則與方法，都需要支付代價。[20]第一種風險自承：是指個人或企業自行承擔所有風險，但同時也會運用相關手段企圖減少風險的衝擊。[21]第二種風險規避：此運用原則除了完全放棄原有的意圖與立場外，另一個是針對未來即將產生的風險預作準備，以避開或抵消非預期的意外。[22]第三種風險分散：就是將風險拆散後分擔或相互抵消，分擔可避免完全的損失，相互抵銷則爲建構一個互補的能力，以及相對應的損失，如企業的多角化經營。[23]第四種風險轉嫁：係透過某種權力或利益的交換，將風險由一方轉移到另一方，如1997年臺灣的核廢料準備運往北韓。[24]

（三）危機管理（Crisis Management）

所謂危機（crisis）一般來說所指的是一個會摧毀或影響整個組織

---

[19] 鄧家駒，《風險管理》，頁109-128。

[20] 鄧家駒，《風險管理》，頁175。

[21] 鄧家駒，《風險管理》，頁204。

[22] 鄧家駒，《風險管理》，頁250。

[23] 鄧家駒，《風險管理》，頁280-281。

[24] 鄧家駒，《風險管理》，頁320。

的事件。對企業來說，這個事件將對組織、員工、產品、服務、資產和聲譽等造成巨大的損害。然危機的發生從企業的角度主要來自於議題，即針對可能對企業營運帶來重大影響的內在因素（如組織文化、運作程序、員工行為等）、外在環境（政治、社會、經濟、科技、法律及生態等）議題的確認、評估與回應。在風險管理不當的結果，進而導致企業或組織陷入不利的負面情況。[25]對於「危機管理」的定義，朱延智教授綜整西方與日本各學者專家，對企業危機管理的觀點分析後，認為「危機管理」是企業在危機爆發前透過計畫性、組織性及系統性方法，解決構成危機發生的因子，並在危機發生時期與之後，採取迅速有效的方法，使企業轉危為安的過程。[26]

危機管理基本上可分成第一階段危機發生之前的危機預防，目的在辨別及掌握可能引發危機的資訊與問題；第二階段危機發生中的危機反應，目標在避免危機事件持續擴大；第三個階段危機發生之後的危機處理，目的在運用有效措施將損害降至最低。[27]以兵棋推演的危機理論需求而言，危機發生前的危機預防是研究的重點。目的在於事前的防範思考與演練的能力培養，而不是著重在危機發生時與之後的處理與復原，因為那必須依據當時的實際事實作為評估與處置的依據。

危機預防通常涵蓋危機想定、資訊蒐集、危機因子（係指形成危機的因素）辨認、危機因子評估與危機處理5個層面。[28]其過程係從「危

---

25 黃丙喜、馮志能、劉遠忠，《動態危機管理》（臺北：商周出版，2009），頁37-39。

26 朱延智，《企業危機管理》（Bisiness Crisis Management）（臺北：五南出版，2014），頁22。

27 霍士富，《危機管理與公關運作》（臺北：超越企管顧問公司，1996），頁18。

28 朱延智，《企業危機管理》（Bisiness Crisis Management）（臺北：五南出版，2014），頁180。

機想定」開始，目的是以「最高優先目標」的維護，建構阻礙目標的「危機想定」，作爲「危機預防」的思考開端。例如：中國對於危機的「最高優先目標」就是維持社會的穩定，以創造有利的經濟發展環境。對企業來說，則是避免虧損、破產。當危機想定完成建構與排序後，即依此蒐集與危機想定有關的關鍵性客觀數據，以及可信度分析。例如：對企業來說，是市場需求的萎縮或改變。對政府而言，則是施政滿意度的調查。到危機因子辨認，即是對所蒐集到與危機想定有關的相關資訊，進行危機因子的辨識。以電力公司爲例，在供電危機的假設想定下，發電廠發電機組跳電的次數、地區發生停電的次數、天然氣、石油及煤等能源供應的狀況等資訊數據的危機因子辨認。再到危機因子評估，其中包含危機的確認（問題形成的原因與量化分析）、衝擊的評估（有形與無形、現在與未來及直接與間接）、評估的模式、方法與工具（檢測各危機因子的發生機率）及模擬預估（發生後將造成何種損害及後續影響）等。

　　另以臺灣核能政策爲例，如果發生核輻射洩漏災害，對人口居住密集的狀況而言，所造成的損害影響非常大且久遠。但就危險因子發生機率而言，恐怖攻擊相對地震所引發的天然災害來的小。[29]最後，爲運用相關措施或手段對確認的潛在危機因子採取預防處理行動。藉由組織的資源與能力制定「危機管理手冊」[30]，如中油儲油槽災害危機管理手冊等。

　　然對於危機管理的另一個思考重點，就是避免危機的擴大。此時需要快速做出艱難的決定，但往往由於資訊太缺乏或資訊過多而無法篩選

---

29 黃丙喜、馮志能、劉遠忠，《動態危機管理》（臺北：商周出版，2009），頁69-77。

30 霍士富，《危機管理與公關運作》（臺北：超越企管顧問公司，1996），頁36。

重要的訊息，而使得決策更加左右為難。在此狀況下通常會隨伴著一些衝突的意見。例如部門之間因立場而有不同意見，或是上、下級主管之間對決策方向的不同意見。[31]

例如2011年3月11日發生在日本福島的核電廠災害事件，事件中由於3月12日乾淨的水已經用罄，前首相菅直人曾詢問某位東電資深主管，注入海水是否會使反應爐發生「再臨界」狀態。其後，該名主管下令停止注入海水來冷卻反應爐，並告訴電廠所長吉田昌郎用海水來冷卻這項方法並沒有得到首相的認可。但是吉田不顧這項指令，繼續注入海水。吉田這個決定成功遏阻災害持續擴大，日後也得到大家讚賞，而前首相菅直人則在訪問中卻表示從未下令停止注入海水，表示是東電主管誤解他的指令。[32]就危機管理的角度看，危機的起源來自於錯誤的議題，其所指的是對於影響企業經營的外在環境（政治、經濟、社會、科技、法律及環境等）的變動。例如金車飲料對中國三鹿牌毒奶粉事件，其危機的成因主要來自於企業對於外在議題管理不佳所致。[33]

（四）溝通理論

溝通不僅僅是維持生存，也是自我認識的方法。溝通除了可以幫助我們詮釋我們是誰之外，也提供我們和他人之間的連結。就溝通歷程

---

31 奧古斯丁（Norman R. Augustine）著，吳佩玲譯，《危機管理》（Havard Business Review on Crisis Management）。（臺北：天下遠見出版，2001），頁24-27。

32 吳玟潔，〈公布福島核災調查紀錄的反思：如果有一套完善的安全守則，是否就不需要福島壯士的犧牲？〉，《The News Lens關鍵評論》，2014年10月2日，<https://www.thenewslens.com/article/7816>(檢索日期：2018年1月19日)

33 黃丙喜、馮志能、劉遠忠，《動態危機管理》（臺北：商周出版，2009），頁236。

來說，可分為線性溝通模式（linear communication model）與交流溝通模式（transactional communication model）。線性溝通模式就是傳送者把意見與感覺編碼成某種訊息，然後藉由管道傳送給接收者解碼。在整個傳送的過程，外部的噪音（如所處的外部環境）形成對溝通的阻礙。同樣的，心理（內部）上的噪音（如溝通者的背景、經驗及文化等）也會影響溝通，線性溝通模式是單一流向運作的溝通方式（如廣播資訊或報章雜誌等傳播媒體）。但在實際的人與人、團體與團體，亦或是國與國之間的溝通，基本上都是雙向的過程。當訊息接受者接收到訊息後，經解讀後對傳送者發出回應，就形成了交流溝通模式。因此，溝通絕對不只是一方說另一方聽而已，而是雙方彼此互動創造出來的活動。[34]所以，溝通是要「有目的性」的。

　　兵棋推演是一個人與人之間互動的模擬活動，溝通能力的訓練也是兵棋推演重要理論運用之一。所謂「溝通能力」所指的是人們對於溝通如何進行的知識與理解，以及人們有效執行溝通的能力。有能力的溝通者基本上要具有批判思考能力、明辨權力角色能力、對文化的敏感度、道德的概念及有效的聆聽者等5項特性。批判思考能力是溝通的主要技巧，有利於對所面對的溝通情境的思考，沒有批判思考就無法有效的交換意見。批判思考是一種邏輯性的、完整理性的、非偏見的及清晰的思考，認知自己為何進行這種思考或行為理性的狀態。在溝通學術領域的「權力」，所指的是具有影響他人思想與行為的能力，明辨權力角色能力即是溝通原則與技巧的運用能力。權力影響我們溝通的方式，同樣的，溝通方式也影響著我們所擁有的權力。然就溝通的權力類型可分為合法性、參考性、報酬性、強制性及專業性等權力及說服性能力6種。

---

[34] Ronald B. Adler, Neil Towne著，劉曉嵐、陳雅萍、杜永泰、楊佳芬、盧依欣、黃素微、陳彥君、江盈瑤、許皓宜、何冠瑩譯，《人際溝通》（Looking out Looking in）（臺北：洪葉文化，2004），頁6-15。

　　合法性的權力就是依據身分或位置所賦予，可以影響或控制其他人行為的權力，如警察、經理等；參考性權力指的是他人對你的崇拜，甚至希望像你一樣時的吸引力；報酬性的權力即是控制他人想要獲得報酬的權力；而強制性的權力所指的是具備行使懲罰或取消獎賞的能力；專業性的權力是具有他人所認可的專業能力或知識；說服性的權力則是具有邏輯性且運用說服技巧進行溝通的能力。

　　有關文化的敏感度部分，所指的是瞭解文化對溝通的影響。不同的文化有不同的思考邏輯與行為模式。在某個文化中視為有效的溝通方式，有可能在另一個文化卻發生無效溝通的狀況，如不同國家的待客方式。溝通往往包含善惡、是非、合理與不合理等道德的問題，道德的原則可分為客觀與主觀。在道德的客觀觀點上，基本上不受宗教、文化與環境的影響，但「結果」永遠不能合理化「手段」，如戰爭中對婦女的強暴行為。在道德的主觀觀點上，通常會為了一個「好的目的」而去合理化在其他情況下被視為非法的手段。如菲律賓總統杜特蒂對國內毒品組織的宣戰，雖然保護人民免於毒品威脅的恐懼，但不能無限上綱到對無辜人命的傷害。[35]有效的聆聽者，對溝通能力的思考我們通常傾向於「如何的說」或「有效的說」，而忽略聆聽的重要。對於接受者來說，說話者的溝通就成為「說教」，反而失去溝通的目的。聆聽是溝通整合的環境，如果無法成為有效的聆聽者，就不可能成為有能力的溝通者。[36]

　　在溝通的過程中，「自尊」扮演相當重要的角色。自尊與溝通行

---

[35] 〈杜特蒂要警察退出掃毒　血腥反獨戰「降級」？〉，《蘋果及時》，
<https://tw.appledaily.com/new/realtime/20171012/1221282/>(檢索日期：2018年4月3日)

[36] Joseph A. DeVito著，張珍瑋、鄭英傑譯，《新時代的人際溝通》（essential of Human Communication）（臺北：學富文化2016），頁10-18。

為之間的關係，可發現具有「高自尊者」通常都較有正向的預期，以及對自我的肯定。反觀「低自尊者」通常會有較負向的預期，對別人的否定非常敏感。[37]因此，在溝通上應該避免展現優越感的行為。如在國與國之間的溝通，民族優越感的展現不利於溝通的交流，並易於形成錯誤的認知。[38]尊重與聆聽是溝通的先決條件，尊重的目的在於提供對方表達意見的機會，聆聽則是透過傾聽、解讀、評估到認識，讓自己能夠有時間充分感受對方所想要表達的意見。在聆聽的過程必須拋開偏見與成見，以免聆聽的內容有被扭曲的危險。[39]

　　當接收對方充分的意見表達後，即開始解讀語言訊息的意義。溝通的對方表達出語言訊息的同時，我們除了要檢視語言的內容，以及探究發話人的人格特質、文化背景及當時的情緒等外，亦要對語言的字面義與引申義做一詮釋。字面義所指的是一般所認知的共同使用的客觀意義，而引申義是指說話者或傾聽者對語言所賦予主觀或情感的意義。[40]有關溝通理論中非語言訊息（如肢體語言、面部表情等）及人際關係，由於在兵棋推演的角色扮演中不是考量的重點，因此不列入本書溝通理論探究的範圍。

　　上述所談的溝通理論基本上是西方的思考方式，對中國來說溝通的概念也有些差異。中國人說話的方式可分為有話實說、有話正面說、有

---

[37] Ronald B. Adler, Neil Towne著，劉曉嵐、陳雅萍、杜永泰、楊佳芬、盧依欣、黃素微、陳彥君、江盈瑤、許皓宜、何冠瑩譯，《人際溝通》（Looking out Looking in），頁6-15。

[38] Joseph A. DeVito著，張珍瑋、鄭英傑譯，《新時代的人際溝通》（essential of Human Communication），頁24。

[39] Joseph A. DeVito著，張珍瑋、鄭英傑譯，《新時代的人際溝通》（essential of Human Communication），頁66。

[40] Joseph A. DeVito著，張珍瑋、鄭英傑譯，《新時代的人際溝通》（essential of Human Communication），頁80。

話好好說、不該說時不說、不該說的不說及有話直說6種。有話實說：就是你可以不說，但不能說謊，爲掩飾謊話會再說謊話，說謊所帶來的後果是人格破產。有話正面說：就是以具有建設性及正面性的善意說話，讓溝通成爲有效的溝通。有話好好說：所指的是說話的態度，以對方接受的態度傳達訊息，避免對方採取拒絕接收訊息的行爲。不該說時不說：即是不在氣憤、焦慮、恐懼等惡性情緒下說話，讓溝通成爲無效的溝通。不該說的不說：由於我們對事物的認知完整性有所不同，相對的影響到我們對事物價值觀念。傷人自尊和污辱人格的話不能說，因爲尊嚴是無價的，對於不想說的話，永遠有保持沉默權力。有話直說：即最準確簡潔的語言表達是溝通的最好方式。[41]這一般來說就是中國人的溝通哲學。

（五）談判理論

在研究談判理論前，首先要對「協商」（bargaining）與「談判」（negotiation）這兩個名詞做一區隔。基本上協商所指的是在競爭下有輸有贏的情況，如商場的買賣交易中的討價還價。而談判則是指建構雙贏的局面，雙方試著找出彼此都可以接受的解決方案。許多人認爲談判的本質就是「給予」（give）與「獲取」（take）的過程，經由雙方的妥協以建構彼此都能接受的協定。但事實上談判過程中的相關人物、談判的方式、地點，以及外在環境的變化，都增加談判的複雜性與豐富度。[42]

然談判是如何形成的，這是進入談判的先決條件。試想假使你想

---

41 趙升奎，《溝通學：思想引論》（上海：上海三聯書店，2005），頁297-298。

42 Roy j. Lewicki, David M. Saunders, Bruce Barry著，陳彥豪，張琦雅譯，《談判學》（Negotiation）（臺北：華泰文化，2009），頁5。

和衝突的一方談判，而對方覺得沒有必要；又或是衝突的一方想和你談判，而你不想談。只要衝突的任何一方不願談判，認為可以獨立解決衝突或是與第三方合作可共同解決衝突的話，談判就不會發生。談判是關係人之間的利益發生衝突且陷入僵局，並有意透過彼此間的合作，以獲取各自所期待的利益，這樣談判才得以建立。[43]因此，談判是選擇而來的，選擇談判是因為相信談判比不談判，亦或是被動接受對方的條件，會帶來更好的結果。而談判也是一種策略性的選擇，不是被迫去進行談判的，因為可以選擇不談判願意自行承擔後果。[44]

談判的型式基本上有3種。第一種是「協議性談判」（deal-marking negotiation），這樣的談判方式主要在於雙方之間某種有價值事物的交換；第二種是「決策性談判」（decision-making negotiation），往往出現在當談判目標是為了達成一個雙方互惠的協定，這是常見的談判種類；第三種是「協調性談判」（dispute-resolution negotiation），通常發生在當一項議題已進入到無法達成協議的僵局，雙方都希望不要影響最終達成協議的願望時，所進行的談判方式。[45]在談判前我們必須先做好準備，因為「有效的」策略和計畫是達成談判目標的核心要素。在無準備或準備不充足的狀況下進入談判，談判的結果往往憑藉的是運氣，更糟的是失敗的談判會讓自己陷於不利的困境。[46]因此，在建構一項談判議題前，必須先瞭解談判的性質，如協議性談判或決策性談判，進而進

43　戴照煜，《談判、談判》（中壢：成長國際文化，1999），頁18。

44　Roy j. Lewicki, David M. Saunders, Bruce Barry著，陳彥豪‧張琦雅譯，《談判學》（Negotiation），頁8-9。

45　Michael R. Carrell, Christina Heavrin著，黃丹力譯，《談判新時代：談判要領之理論、技巧與實踐》（Negotiating essentials: Theory, Skills and Practices）（臺北：臺灣培生教育出版，2010），頁4。

46　Roy j. Lewicki, David M. Saunders, Bruce Barry著，陳彥豪‧張琦雅譯，《談判學》（Negotiation），頁109。

入談判前的準備。

在談判的過程中第一階段就是準備，準備的首要目標是掌握問題點的開始。因為談判目標的設定，必須建立在對問題全盤的瞭解與掌握。而談判的問題須具備實際性，否則無法對問題做明確的判斷。且這個問題是雙方面的需求，而不是單方面的需求。當瞭解與掌握談判問題之後，方能確立談判立場。[47]即你希望談判達成什麼結果？以及對方可能想要獲得什麼樣的結局？由此，談判的過程中對於目標我們必須認識下列幾個要點。

一是願望並非目標，願望是一種可慾的嚮往或期望，希望某事可能會發生。而目標則是具有明確的標的，並按照計畫進度朝向目標前進。二是我方目標與對方目標具有相互的關聯性，由此界定出談判的議題。三是目標都有其範圍與限制，當雙方所提的條件超越談判所設定的目標範圍或限制時，就應改變目標或結束談判。四是有效的目標必須具體、明確而且可以量化。如果目標越不明確且越不能量化，這樣除了越難讓對方理解我方所想要（Want）的是什麼與理解對方想要什麼外，亦越難檢視或決定在談判過程中對方的提議是否滿足我方達成談判的目標。[48]因此，在談判前的準備，不僅僅要認清自己的目標，同時也要瞭解對方的目標。因為談判成功與失敗從來都不是決定於談判桌上。

當準備進入實質談判時，如何構思與擬訂談判的思維模式是一個關鍵要點。因為雙方如何構思談判模式與擬訂談判議題或問題，代表雙方將內在的盤算與思量，表現於外在的談判重心與關鍵目標，所反映出來的是某種期待與偏好的談判結果。由此，對於談判思維模式的類型基本上計有7種，分別為1.實質性：主要傾向於針對引發衝突的關鍵議題

---

47 戴照煜，《談判、談判》，頁32。

48 Roy j. Lewicki, David M. Saunders, Bruce Barry著，陳彥豪‧張琦雅譯，《談判學》(Negotiation)，頁111。

或關切重點之處理；2.結果性：即談判的一方傾向於談出明確的結果；3.渴望性：談判者傾向於滿足更廣泛性或更大的需求，對於達成明確或特定目標並不熱衷，而是設法確實滿足其基本興趣、需求及關切事務的期望才是重點；4.程序性：著重於談判步驟如何按部就班的解決爭議，通常具有程序性談判思維模式的人，對於特定的議題較不關切，而著重於程序步驟的細節，或爭議如何控管處理等問題；5.認同性：即雙方是如何定義自己的身分和角色；6.特質／特色的描繪辨識：也就是如何定義對方，藉由辨識對方的特質或特色來界定對方；7.得與失：談判雙方對協定後伴隨而來的風險與報酬如何明確界定。

上述的談判思維模式的類型對於談判者而言，要如何界定對方會採取何種模式是很不容易去判斷的，除非獲得相關的內部資訊。但運用利益、權力及實力三個分析途徑，可就談判對方的談判思維模式的類型做一個初步判斷，再透過談判的過程逐步調整分析其行為模式。[49]

當進入到談判的過程中時，必須認清權力對談判所帶來的重要性，因為權力高者對權力較低者具有更多的優勢。具有優勢的一方通常會運用權力在談判的協定上獲得更多利益，或達成比預期目標更好的結果。因此，在談判的過程中戰術上如何提升談判者本身的權力或削弱對方的權力，進而形成「權力相等」（權力均等或抵消）或「權力差異」（一方大於另一方）。權力一般來說是用來支配控制另一方的能力，但在談判的角度上則較像是用於與另一方合作的能力，較符合談判的需求與目的。由於權力在談判中具有重要的核心地位，所以對於權力的來源就必須要有所認識。以利於藉由觀察不同來源的權力，瞭解談判者運用權力的方法。

就談判學的領域來說，權力的主要來源可分成訊息、身分、個

---

[49] Roy j. Lewicki, David M. Saunders, Bruce Barry著，陳彥豪・張琦雅譯，《談判學》(Negotiation)，頁145-148。

人、關係及情境5種類型。就兵棋推演的談判理論需求上，則著重於訊息性質與身分的權力來源思考運用。因為在談判的過程中，最普遍的權力來源基本上是訊息。也是提供談判者經由資訊的蒐集、歸納、整理及判斷轉化成有用的資訊，以支持談判者的地位、論點及達成結果的能力，或是以其訊息挑戰談判對手的地位或其達成結果的能力。同樣的，訊息在談判中的讓步過程又是一項重要的因素。另一個權力來源則在組織內的地位，也就是身分。其權力主要來自於合法性權力及控制與地位有關的資源權力。所謂合法性權力就是在組織中負責某項工作職務的地位與權力，而控制與地位有關的資源權力則是對他人的獎勵、懲罰及分配。然對於個人、關係及情境的權力來源思考，因著重於談判者個人的因素分析，較不適合兵棋推演中有關談判學的理論運用。[50]

談判過程中另一個思考的要點就是歧異的解決，妥協也許是解決歧異的一個簡單且公平的方法。如果談判過程中發生歧異，若想選擇以妥協方式解決的話，「如何妥協」則成為談判過程中的思考核心。一般來說選擇妥協的時機計有3個原因，一是確認彼此對於雙方所提的要求無法達成共識，但仍有共同完成合作的要求；二是談判雙方受到時間的限制，由於時間的因素大於結果的最大利益時，妥協就必須納入優先考量的選擇；三是當維持雙方關係重於談判的結果時，妥協可讓雙方在關係或結果上皆有所得。[51]

當上述妥協的情況發生時，談判的過程即從妥協的選擇進入到讓步的過程。在談判中執行讓步的戰術時，必須先瞭解對方的底線，這些都

---

[50] Roy j. Lewicki, David M. Saunders, Bruce Barry著，陳彥豪‧張琦雅譯，《談判學》（Negotiation），頁198-211。

[51] 羅伊‧李奇威（Roy j. Lewicki），亞歷山大‧希安（Alexander Hiam）著，陳郁文、溫蒂雅譯，《談判策略快易通》（The Fast Forward MBA in Negoti-ating and Deal Making）（臺北：商業周刊，2000），頁207-208。

必需在與對方的談判過程中，將內、外所獲得的資訊作比較分析，才能擬定有效讓步的戰術。此外，對於誰是談判結果的最終決策權的關鍵人物也必需明確掌握，方能使我們的讓步政策是具有效力與影響力。其次是掌握自己有多少籌碼，目的是讓對方也能配合自己的讓步提供相對應的讓步條件，讓對方知道讓步是需要有回報到，而不是無條件的。[52]這樣才能使談判雙方都能獲得一個好的結果。

（六）決策（Decision）理論

美國達特茅斯大學塔克商學院（Tuck School of Business at Dartmouth）席尼・芬克斯坦（Sydney Finkelstein）與英國同為阿什里奇商學院附屬企管研究機構策略管理中心主任的喬・懷海德（Jo Whitehead）教授及安德魯・坎貝爾（Andrew Campbell）教授，共同出版《Think Again：避開錯誤決策的4個陷阱》（Think Again: Why Good Leaders Make Bad Decisions and How to Keep It From Happening to You）一書，在開宗明義即指出美國前總統甘迺迪因他在豬玀灣的失誤而聞名。1929年美國大崩盤後，胡佛總統無法振興經濟。英國首相柴契爾夫人主張的「人頭稅」，導致她被自己的黨派推翻。美國前國防部副部長保羅・伍夫維茲（Paul Wolfowitz）擔任世界銀行總裁期間，因涉嫌替同在世界銀行工作的夥伴安頓工作，而被要求辭去職位。

不僅是政客和公僕們會犯嚴重的錯誤，企業領導人也容易誤判。戴姆勒─賓士首席執行長史塔克（Schrempp）不顧內部反對，率領克萊斯勒與戴姆勒─賓士公司合併。近十年後，戴姆勒被迫在私人股本交易中放棄克萊斯勒。三星的總裁李健熙對汽車業的錯誤投資，被迫出售汽車部門。王安電腦因堅持他公司個人電腦的專有作業系統，即使IBM的

52　明智，《談判22天規》（臺北：好讀出版，2001），頁16-18

個人電腦顯然已成為業界標準，仍然堅持不改變，結果王安公司現已成為歷史。為什麼好的領導者會做出錯誤的決定呢？我們怎樣才能減少發生在我們身上的風險呢？從上述的案例可以瞭解就算是具有智慧與責任感的人，在擁有最充分的資訊、最大的善意，還是有可能做出嚴重錯誤的重大決定。[53]

「決策能力」是所有領導者必備的核心能力，這個能力不僅僅對個人的前途與名譽有所影響，對一個組織、企業乃至於國家的興衰成敗都影響甚鉅。俗語說「錯誤的決策比貪污更可怕」，因為影響的不僅是利益，而在於時間的浪費，以及無可挽回的機會錯失。同樣的，「錯誤的決策比不做決策」會使問題更加複雜化，相信沒有任何一個領導者或決策者願意做出錯誤的決策。

對於「決策」的定義，中山大學校長的林基源教授認為是指個人或組織為達成某種目標或解決某項問題，就兩個或兩個以上之方案做一個選擇而言。[54]清華大學工業工程管理學系及EMBA與MBA簡禎富教授，則認為「決策」是根據目標來權衡不同方案的預測結果優劣，以評選方案的過程和結果。[55]另美國密西根大學企業管理、行銷學及心理學教授法蘭克‧葉慈（J. Frank Yates）認為決策是一種採取行動的承諾，此行動結果是意圖產生一些令特定團體感覺滿意的狀態，而此特定團體就被稱呼為活動受益人。[56]

---

[53] Sydney Finkelstein, JoWhitehead, and AndrewCampbell, Think Again: Why Good Leaders Make Bad Decisions and How to Keep It From Happening to You, (Boston: Harvard Business Press, 2009), P.IX-X.

[54] 林基源，《決策與人生》（臺北：遠流出版，1999），頁7。

[55] 簡禎富，《決策分析與管理：紫式決策分析以全面提升決策品質》（臺北：雙頁書廊，2015），頁4。

[56] 法蘭克‧葉慈（J. Frank Yates）著，蔡宏明譯，《決策管理：如何確保貴公司能做出更好的決策》（Decision Management: How to Assure Better Deicisions in Your Company）（臺北：梅林文化，2005），頁53。

綜合上述學者、專家對於決策定義的論述，以戰略的角度觀點，則認為「決策」所指的是決策者為解決所面對的問題或達成所制定的目標時，對所擬定的策略執行方案做一選擇。這樣的選擇可能是對單一策略執行方案的同意與否，亦或是在兩個以上的眾多策略執行方案中選擇其一。而「戰略」或「策略」（strategy）與「決策」（decision）兩者是有密切的關聯性，策略代表重點的選擇[57]，也就是目標或目的選擇。策略決定最終目標與決策的承諾，策略是一系列決策的結果，亦即策略指導每一個政策執行過程中的決策選項，以發揮綜效。[58]

「決策分析」（decision analysis）的方法是成為決策理論的核心。基本上決策者面對重大決策時，由於壓力的關係往往造成決策者內心情緒的不穩定，進而做出錯誤的決策。其主要原因在於重大的決策，具有不確定性、多目標性、複雜性及爭議性等因素。不確定性是因為各種方案的結果真的是如你所預測的嗎？多目標性的原因是往往各個目標是相互衝突的，任何的決策選項都必須犧牲某項利益；複雜性是因為決策後解決了當前的問題，卻引發另一個無法預測的問題；爭議性的因素在於每個決策者的背景、能力、性格及意識形態不同，決策的選項也相對的不同，由於目標不同因而易受到不同領域的專家批判。[59]

「決策分析」它是一個運用科學的思考邏輯。1978年美國諾貝爾經濟學獎得主赫伯特・亞歷山大・賽蒙（Herbert Alexander Simon）（中文名字司馬賀），認為決策行為機制的三個步驟分別為本質的計畫（substantive planning）即情報（intelligence）、程序的計畫（procedual planning）即設計（design）及執行計畫（execute planning）即抉擇（choice）。「情報」指的是認識問題的情境；「設計」是建構解決問

57　司徒達賢，《策略管理》（臺北：遠流出版，1995），頁

58　簡禎富，《決策分析與管理：紫式決策分析以全面提升決策品質》，頁5。

59　林基源，《決策與人生》，頁17。

題的可能方案；「抉擇」則是對問題解決方案的選擇。[60]前行政院長毛治國教授對於賽蒙的決策行為做了一些修正，就是在情報後面增加概念（conception）。認為在問題的認識後還需要運用專業知識與洞察力，將所獲得外來訊息與自己內在的知識結合在一起。經過分解與重組，以發掘表象與本質的因果關聯性，進而建構理解問題的概念架構，作為設計對策的依據。[61]

依據賽蒙決策理論的第一個步驟「情報」：也就是對問題的認識，這是避免錯誤決策思考過程的必要先決條件。因為，所有問題都來自於問題的提出，不僅僅是對突發或意外事件的問題，對於未來發展所提的目標、願景的問題也是一樣的。由此，決策問題亦可區分為偶發性的及預期性的。對於偶發性的問題，決策者基本上應掌握契機，沉著分析當機立斷；而面對預期性的問題，決策者可以提前準備分析，以專案管理方式在期限內建構最佳決策。[62]但事實不是「真」與「假」二元化邏輯。以模糊邏輯的觀點，如果考量人的認知會因印象的重疊，就可能會出現對事實某種程度上的模糊現象；若從資訊處理的觀點，則對於統計的抽樣，就必然會產生推論的誤差；另從後果預測的觀點，人對自然或人文現象相關因果知識的瞭解是有限的，以至於對預測必然會有不確定性。

所以，在現實的決策過程中，大部分對事實的真假很難做絕對性的判斷，只會有模糊的程度或不確定的機率考量。[63]所以，瞭解問題產生的核心因素是什麼？對決策來說至關重要。當事實的問題發生後，如何

---

60 Simon, Herbert Alexander, Administrative behavior: a study of decision-making processes in administrative organization (New York: Free Press, 1976), p.96.

61 毛治國，《決策》（臺北：天下雜誌，2013）頁12-16。

62 簡禎富，《決策分析與管理：紫式決策分析以全面提升決策品質》，頁9。

63 毛治國，《決策》（臺北：天下雜誌，2013）頁72-74。

在眾多情報資訊中釐清引發問題的因素，進而掌握問題的本質是決策過程中不可或缺的條件。

第二個步驟「設計」：建構解決問題的可能方案。我們必須瞭解、確定與建構目標，是解決問題可能方案建構的先決條件。但不幸的是從許多失敗的決策案例中，可以發現決策的目的並未充分的釐清、確認與表達。[64]依據美國杜克大學工商管理研究院名譽研究員雷夫·克尼（Ralph L. Keeney）的觀點，認為目標可分為策略目標（strategy objectives）、根本目標（fundamental objectives）及工具目標（means objectives）3類。所謂策略目標：所指的是決策者想要達到的最終目標，或組織的總體目標，位於決策的制高點。根本目標：即是反映決策者在特定決策問題上真正想要達成的目標，根本目標所涉及的是決策者內心所建構的核心利益，基本上是不會變更的；雖然有時或在某些因素根本目標是難以達成或兼顧的，但對於決策者來說除非已到絕望的地步否則不會放棄的。工具目標：則是幫助達成根本目標的手段與對策，也就是當策略目標或根本目標無法一次達成時，階段性的工具目標就發揮中繼的作用。[65]

美國杜克大學福庫商學院羅伯特·克萊門（Robert T. Clemen）教授認為雷夫·克尼所提的3個目標分類外，應再增加一項「一般目標」（generic objectives），作為決策者在下決策時，會參考之前類似案例或具有相同的決策情境案例，來作為決策的依據。[66]從商業的角度，以1995年日本神戶大地震對保險業的影響為例。此次大地震單次災害損失

---

[64] 拉爾夫·L·基尼（Ralph L. Keeney）著，葉勝年，葉雋譯，《創新性思維─實現核心價值的決策模式》（北京：新華出版，2003），頁63。

[65] Ralph L. Keeney, Value-focused thinking: a path to creative decision making (Cambridge, Mass.: Harvard University Press, 1992), p.33-35.

[66] Robert T. Clemen, Making hard decisions: an introduction to decision analysis (Belmont, Calif.: Duxbury Press, 1996), p.46-50.

就高達1,000億美金之多，如果按照以往保險業以單純的天然意外災害營運方式，只要發生重大災害，所有的保險業都會因鉅額的理賠支出而發生財務問題，甚至結束營業。因此，天然災害的改變也引發了保險業務的變革，天然災害險已不再是一項無法預測及評估的項目。對於保險業務變革的考量因素，在外部因素部分：會將物件的所在地及附近區域的地表結構、地質狀況及曾經發生過災害紀錄納入保險評估的考量，以及重新檢視整個保險合約的細節項目，包含與其他不同風險的整合或是其他同業結合的合併保險條文等。在內部因素部分：運用資本市場的避險工具，採購再保險機制作爲避險，以及檢視變革後的成本支出。[67]

　　在今日快速的資訊科技演進時代，對決策的可能行動方案的成效分析提供相當大的幫助。因爲資訊科技對大量的資料在處理上、儲存上及分析上可以減少許多時間。就各種不同形式的決策而言，未來對科技的依賴將持續增加。在人類與機器的分工上有3種界定策略，一是將人類涉入的程度降到最低：主要目的是管控成本，同時避免過多的人爲誤失。從多數成功的自動決策系統的觀察，可以得知成功的決策標的，主要還是在比較簡單且重複性質較高的工作上爲主。這些決策系統模式通常是收益管理系統、信用評分系統、資料整理及存貨管理系統等；二是視資訊系統爲十分有效的工具：這項策略是將資訊系統視爲決策能力的延伸，但最重要的決策流程變動不大。資訊系統只是決策的輔助工具，以讓決策過程更加快速；三是讓資訊系統補強決策者的弱點：就此策略而言，主要是利用資訊系統的工具，協助補強人類在思考及資訊處理方面的可能不周延性。因此，此項策略的資訊系統功能不需設計的過於強大。僅須在決策流程能力欠缺的部分補強即可。當然不可否認人腦與電

---

[67] Stephen J. Hoch, Howard C. Kunreuther, Robert E. Gunther編，李紹廷譯，《華頓商學院—決策聖經》（Wharton on Making Decisions）（臺北：商周出版，2004），頁147。

腦之間的互補也有一些因素必須檢視。

首先是過度的強化優勢，有可能造成致命的傷害。不管是決策者或資訊系統模式而言，完全依賴過去歷史的資料進行分析，也有可能演變成決策的弱點。因此，在許多情況兩者必須要能互補，才能使整個系統的運作避開不良的決策。其次是人類與資訊系統對於模式辨識方面的不同，以電腦輔助模式來看，其可以在複雜性較高或資料訊息較重要的狀況下發揮效果，但相較於需要創意整合的過程則相形見絀。例如電腦對指紋的比對及資料歸類等。第三是，決策者處於認知價值的偏差、過度自信、組織人事內鬥、受情緒化的影響及無法做資訊整合時，電腦資訊系統就具備運用的優勢；而當決策者具備問題診斷、決策屬性的價值（對各個參考變數給予主觀的評價）、可因應狀況演變調整模式參數及比對模式並辨識與詮釋異常狀況時，電腦資訊系統則處於運用的劣勢。

第四是整合模式與直覺模式的優點，在心理學、經濟學及統計學的研究中可以得知，結合多項領域的精華進行對外來的預測，總是會比單一領域的預測結果來的好。同樣的，由於電腦系統所達成的預測誤差彼此之間的相關性較低，我們可藉由人類專家所完成的預測與電腦系統完成的預測結合起來，這樣會得到更好的預測。第五是電腦系統與人類直覺的合併策略，基本上電腦系統模式與人類的直覺判斷是相輔相成的。由於人類專家的直覺判斷能保持整體的一致性，因而不會受到外在的干擾或者是偏差性過大的預測而有影響。此外，更能辨別出電腦資訊系統所無法辨識的決策型式，並察覺一些電腦資訊系統所無法處理的稀有片段資料。而電腦資訊系統則對於預測系統具有一致性和穩定性，同時篩選人類直覺判斷所不經意創造出來的偏差值。所以在決策的分析上分為變數的確認、變數的資料蒐集及所有資料的整合3個階段。[68]

---

[68] Stephen J. Hoch, Howard C. Kunreuther, Robert E. Gunther編，李紹廷譯，《華頓商學院—決策聖經》（Wharton on Making Decisions）（臺北：商周出版，2004），頁101-127。

　　第三個步驟「抉擇」：在決策分析理論除了我們熟悉常用的，由麥肯錫諮詢公司所提出的SWOT優勢（Strengths）、劣勢（Weaknesses）、機會（Opportunities）和威脅（Threats）的態勢分析法之外，尚有美國哈佛大學貝爾福科學與國際事務中心主任和甘迺迪政府學院教授格雷厄姆‧艾里森（Graham T. Allison），在其《決策的本質：還原古巴導彈危機的真相》（Essence of Decision: Explaining the Cuban Crisis）提出所謂「艾里森決策模式」理論、美國匹茲堡大學托馬斯‧塞蒂（Thomas.L.saaty）教授所提出的層次分析法（The analytic hierarchy process，簡稱AHP），也稱層級分析法、博弈理論、囚徒困境理論，以及合理性、政治性、程式性與非合理性等決策模式。

　　最後，在決策的型態部分，一般來說可分為選擇型、接受／拒絕型、評估型及結構型4種型態。選擇型決策：通常是決策者面對兩個或以上具體的選擇方案，選擇其中一個方案；接受／拒絕型決策：基本上發生在被要求的狀況下做一抉擇；評估型決策：所指的是根據實體事物的評估價值再決定採取何種行動；結構型決策：則是決策者使用身邊可用的資源來分配理想的選擇方案。[69]在決策的選擇時，往往會發現個人決策與團體決策的不一致性，而且都是朝相反的方向前進，歸納其原因主要是受到對價值認知的不同、個人聲譽及利益分配三個概念因素所影響。[70]

　　以上所討論的衝突管理、風險管理、危機管理、溝通理論、談判理論及決策理論，主要目的在提供讀者可用於兵棋推演時所需對問題思考

---

[69] 法蘭克‧葉慈（J. Frank Yates）著，蔡宏明譯，《決策管理：如何確保貴公司能做出更好的決策》（Decision Management: How to Assure Better Deicisions in Your Company），頁56-57。

[70] Stephen J. Hoch, Howard C. Kunreuther, Robert E. Gunther編，李紹廷譯，《華頓商學院—決策聖經》（Wharton on Making Decisions）（臺北：商周出版，2004），頁371-372。

的基本理論概念運用，至於理論的有效與否不是本書研究的課題。如果讀者對上述理論有興趣則需藉由專門的學科做深入探討。

三、推演架構：想定建構、人員編組、系統建置、人員訓練

之前所談的兵棋推演，都著重於概念及理論的介紹與運用分析。本節重點在提供讀者瞭解與掌握，如何準備一個「決策領導人培育與發掘」及「預防性標準作業程序」兩種教育訓練模式的兵棋推演。以下將從想定建構、人員編組、系統建置及人員訓練4個項目依序說明。

（一）決策領導人培訓與發掘

1. 想定建構

如何建構想定假設的命題已於第三章說明，必須運用理論檢視其合理性、有效性及預測性。例如：國防部所提出，因應中國對臺無預警的斬首行動演練，亦或因應中國對臺灣的猝然攻擊的演練。如果從國際關係與戰略理論分析，可以發現其想定的假設邏輯基本上是脫離現實的。分析如下：若以新自由主義的理論觀點分析，我們必須瞭解任何國家在沒有發出戰爭警告的狀況下，貿然採取軍事攻擊行動。不管是國家之間的戰爭或內戰，國際機制對國家的行為是具有一定的約束力量。如聯合國對北韓發展核武的經濟制裁、美國及歐洲等西方強權對伊朗的經濟制裁、科索沃戰爭及敘利亞內戰等。若從國內政治的觀點：一個國家不會因為最高領導人（總統或主席）的死亡或無法執行工作，政府組織就無法運作。因為政府職務代理人的設計，就是避免領導人的不確定因素影響政府組織的有效運作。

另以戰略理論的角度分析，如果中國不準備採取以戰爭方式執行國家統一的話，對臺灣的斬首或突襲行動是想要獲得何種戰略利益呢？而甘願冒著受到國際制裁和增強臺灣人民團結反抗中國的負面效應的風險嗎？這樣的行動對達到統一的戰略目標是沒有幫助的。我們不僅須瞭解

戰爭是需要時間整備的，尤其是在執行跨海作戰時，必須先集結大規模的運輸載具，再執行武裝攻擊部隊的裝載，然後取得局部的制空、制海後，方能遂行跨海登陸作戰行動。如果中國有機會採取「猝然攻擊」，這代表著臺灣對中國的情報蒐集系統完全失效的結果。而當前中國在向世界各國積極推動全球化的政策下，會對臺灣單方面採取「無預警」的方式，貿然對臺灣總統執行斬首行動或猝然攻擊，從本質上是不具備合理性、有效性及預測性的。誠如第三章所述兵棋推演是「垃圾進垃圾出」的邏輯，想定的假設與命題是兵棋推演的先決條件。由於教育訓練模式的兵棋推演主要目的是指導參與學員如何運用理論思考、建構策略計畫及解決問題。所以想定的假設必須由兵棋推演計畫指導組先行規劃完成。

現以淡江大學國際事務與戰略研究所課程（如國際關係、戰略研究、國家安全與國防事務、中共軍事與兩岸關係、區域安全及決策模擬與危機管理研究6大核心課程）[71]為例，授課學生為兵棋推演輔助教學施訓對象。並以中、美南海競逐事件為想定假設，事實的事件如下：2018年1月25日美國海軍發布預計3月將派遣「卡爾文森」號核動力航空母艦訪問越南峴港市靠泊仙沙港。[72]2018年2月26日美國媒體又報導「卡爾文森」號以促進航行與貿易自由，以及強化美國與區域盟友間

---

[71] 國防大學（戰爭學院、戰略研究所及中共軍事事務研究所）、臺灣大學（國家發展研究所、公共事務研究所及政治學系）、政治大學（公共行政學系及東亞所）、中正大學戰略暨國際事務研究所、中山大學（社會科學院及海洋事務研究所）與中興大學國際政治研究所等大學，均有開設與國際關係、政治、決策規劃、政策分析及戰略研究等課程，皆可讓學生透過兵棋推演的方式瞭解課堂所學的理論如何在實務上運用。

[72] 周虹汶〈越戰後首見　美航艦三月訪越南〉《自由時報》，2018年1月27日，<http://news.ltn.com.tw/news/world/paper/1172304>(檢索日期：2018年3月1日)

的關係爲名，在國際法標準及規範下的「例行作業」執行南海巡弋行動。[73]中國外交部則表示：各國依據國際法在南海享有航行和飛越自由，對此各方沒有分歧。在中國和南海沿岸國的努力下，南海的航行和飛越自由不存在任何問題，南海的局勢也正日益向好的方向發展。希望有關方面特別是域外國家能夠尊重地區國家的努力。當前南海風平浪靜，希望有關方面不要試圖去無風起浪。[74]其想定的建構如下：

(1) 想定的假設

美國2018年1月25日派遣軍艦繞行南海並挑戰中國人工島礁12海浬領海，對國際社會宣揚南海航行與貿易自由權，這個行動已不是美國軍艦第一次的南海巡弋行動。自2013年7月中國開始在南海擴大島礁建設後，美國除不時的派遣軍艦巡弋南海外，更於2017年6月8日至10日邀請日本、加拿大及澳洲在南海進行擴大軍事演習[75]，以彰顯美國對南海區域安全的影響力。對中國而言，南海是關係到中國領土完整的核心利益。[76]而中國南海人工島礁的擴建有朝向軍事基地化的發展，對美國及其周邊國家而言，將改變以往以美國爲主的南海周邊區域安全現況。但美國軍艦的南海巡弋所做的武力展示，並無法有效阻止中國在南海島礁

[73] 高照芬，〈美航艦駛向南海　確保爭議海域版圖不變〉，《中央通訊社》，2018年2月26日，<www.cna.com.tw/news/aopl/201802260291-1.aspx>(檢索日期：2018年3月1日)

[74] 〈「美國又回來了」大年初一，航母開到家門口〉，《每日頭條》，2018年2月16日，<https://kknews.cc/military/93yjpyl.html>(檢索日期：2018年3月1日)

[75] 呂承哲，〈美日加澳軍艦進南海　爲「反中聯盟」做準備？〉，《中時電子報》，2017年6月12日，<http://www.chinatimes.com/realtimenews/20170612005335-260417>(檢索日期：2018年3月3日)

[76] 林翠儀，〈中國嗆美：南海是領土核心利益〉，《自由時報》，2010年7月5日，<http://news.ltn.com.tw/news/world/paper/408591>(檢索日期：2018年3月3日)

的持續擴建，反而增加中國與美國在南海發生軍事衝突的可能性。依上述中、美在南海競爭的事實現況，兵棋推演的想定假設為「美國在面對中國對南海控制權的持續增強下，為確保在西南太平洋的國家利益，後續會採取積極性的軍艦南海巡弋行動，以及拉攏地區國家形成軍事同盟。」

(2) 想定檢驗

從新現實主義理論的角度，對「美國在面對中國對南海控制權的持續增強下，為確保在西南太平洋的國家利益，後續會採取積極性的軍艦南海巡弋行動，以及拉攏地區國家形成軍事同盟。」的想定假設命題的檢驗分析，可以瞭解到中國在南海的任何軍事演訓活動，或與周邊聲索國如越南及菲律賓的合作與對抗事件。美國都會積極的表達要求中國依照「聯合國海洋法公約」及「南海各方行為宣言」[77]，維持南海航行自由及處理南海爭端。美國不管是在歐巴馬政府時代的「亞太再平衡政策」[78]，還是現任美國總統川普政府的「印太戰略」[79]，都可以看得出美國面對於中國在南海影響力的逐漸增強，「權力平衡」的對抗，始終是美國壓制中國的主要手段。

但在中、美經濟緊密相互依賴的情況與全球化的趨勢來看，新自由主義「相互依賴」的理論，又可說明美、中之間的競爭與合作關係，故新現實主義及新自由主義的理論觀點可以有效說明其中關聯性。美國在

---

[77] 〈南海各方行為宣言〉，《中華人民共和國外交部》，2002年11月4日，<www.mfa.gov.cn/nanhai/chn/zcfg/t4553.htm>(檢索日期：2018年3月5日)

[78] 曾復生，〈美國「亞太再平衡」戰略發展前景研析〉，《財團法人國家政策研究基金會》，2013年8月29日，<https://www.npf.org.tw/2/12643>(檢索日期：2018年3月5日)

[79] National Security Strategy of the United States of America(Washington, DC: The White house, 2017), p.45.

既無領土需求，又無法介入南海爭端的狀況下，採取海軍武力展示宣達維護公海航行與貿易自由的行爲是必然的措施。而對於中國在南海的人工島礁建設，則可運用建構主義的身分與利益的關係，說明中國之所以積極在南海擴建人工島礁的目的，就是在建構中國在南海存在的身分，以彰顯主權擁有的利益。因此，從上述國際關係理論對想定的假設命題的檢驗，從邏輯上是具備合理性與預測性的。

(3) 想定延伸

當想定的假設命題建立後，接下來的工作是依據想定的假設命題，預先擬定兵棋推演過程中的預劃想定假設事件。其目的在訓練參演人員依據其所扮演的角色，思考如何因應突發事件、對其策略計畫的影響及提出解決方案與決策選擇。依據上述想定的假設命題：「美國在面對中國對南海控制權的持續增強下，爲確保在西南太平洋的國家利益，後續會採取積極性的軍艦南海巡弋行動，以及拉攏地區國家形成軍事同盟。」若從戰略行動的角度思考，其預先擬定可能的突發事件即爲：「中國國防部表示：因應美國軍艦對中國南海主權的威脅，將於南海各島礁部署防空飛彈及防空戰機，並增加軍艦進駐」、「中、印邊界再度發生越界非武裝衝突，印度同意加入美國、日本及澳洲在南海的聯合軍事演習活動」及「北韓再度實施核子試爆及彈道飛彈試射」等3項想定假設的突發事件。（如圖4-3）

想定假設　　特別狀況　　突發事件 I　　突發事件 II　　特別狀況

圖 4-3 教育訓練模式兵棋推演（決策領導人培訓與發掘）想定狀況發布圖

資料來源：作者自繪

教育訓練模式的決策領導人培訓與發掘之兵棋推演，想定假設命題的建構與推演期間突發事件的擬定與發布，係由推演計畫指導組負責。除運用國際關係與戰略理論驗證想定的合理性、有效性及預測性外，突發事件發布的目的在使參演學員，透過延伸的想定假設，瞭解如何運用上一節所述衝突、風險、危機、溝通、談判及決策等理論提出問題解決方案。

2. 人員編組

當完成想定的假設命題後，即開始分析與構思與想定假設命題有關的推演分組，以建構兵棋推演組織架構與人員編組。可分為3大類組，分別為推演指導組、主推演分組及次推演分組。以中、美南海競逐的想定假設命題為例，說明如下（如圖4-4）：

(1)推演指導組：計分為計畫指導組、推演管制組、統合裁判組及行動後分析組4組。

　　·計畫指導組：由推演指導老師擔任，負責兵棋推演計畫執行的全程指導，以及指導主、次各推演分組參演學員依據想定實施推演。

　　·推演管制組：由指導老師擔任，負責整個兵棋推演程序的管制。

　　·統合裁判組：由指導老師擔任，負責各推演分組的行動方案之間發生衝突爭端時的裁判。

　　·行動後分析組：由指導老師擔任，負責推演過程的紀錄及推演後的檢討與評論。

(2)主推演分組：為扮演想定假設命題中的兩個國家，如中國與美國。

(3)次推演分組：為扮演與主推演國家有關的相關國家，如日木、北韓、南韓、臺灣、菲律賓、越南、印度、澳大利亞等10國。

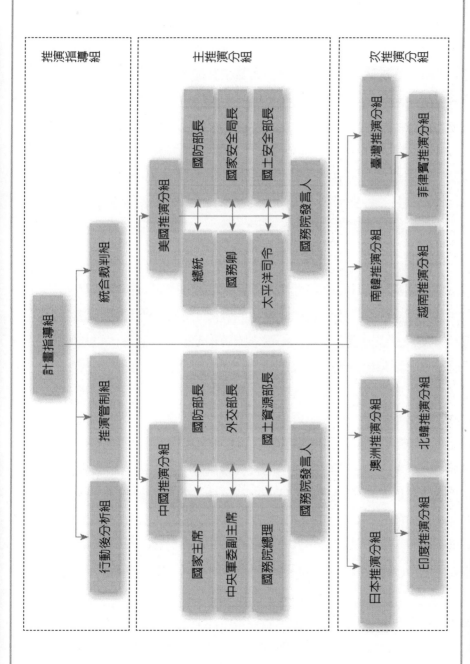

圖 4-4 中、美南海競逐想定假設推演人員編組範例

資料來源：作者自繪

當參演學員人數無法達到所需扮演的國家數量時，可針對推演突發事件修訂或減少推演想定相關國家的數量，以滿足參演學員訓練需求。另若參演學員數量多於與想定有關的國家數量，且能滿足國家政府組織的數量需求時，各推演分組亦可將參演學員依其國家的政府組織架構分配其職務。如中國政府組織中的國家主席、國家中央軍委會副主席、國務院總理、外交部長、國防部長、國土資源部長與國務院發言人，美國政府組織中的總統、國務卿、國防部長、國家安全局長、國土安全部長、印度—太平洋司令部指揮官與國務院發言人，以及臺灣政府組織中的總統、行政院長、外交部長、國防部長、國安會祕書長、大陸事務委員會主委與總統府發言人等。

3. 系統建置

編組架構圖完成後，即開始設立推演所需的共同資訊圖臺與電話通信網。「共同資訊圖臺」的建構，主要目的在顯示推演及時現況，以使推演管制室及各推演分組，都能依據需求瞭解推演的即時狀況，以及推演過程的結果。讓每位參演的學員都能融入與掌握兵棋推演的情境。當無「電腦」共同資訊圖臺可提供支援時，傳統「人工」的共同資訊圖臺亦可發揮共同情資顯示的效能。假設扮演美國的推演分組，決定某日派遣駐防關島的2艘柏克級飛彈驅逐艦前往新加坡訪問，同時中國決定於某日派遣遼寧號航空母艦支隊前往南海實施演訓等。「共同資訊圖臺」除須將相關軍艦顯示在資訊圖臺上外，亦須依據美國或中國推演分組決定派遣軍艦出航的日期，經由推演期程的計算修正軍艦航行位置。這樣的決策推演設計，可以透過量化的方式計算，瞭解前往訪問新加坡的美國軍艦是否會與前往南海實施演訓的中國航母特遣支隊在南海海域相遇。

如果會相遇，則在決策評估上可能傳達中國有意想向美國展示維護南海主權的決心；如果不會相遇，則有可能傳達中國考量現階段不願升

高與美國的正面衝突，表達維護南海主權的態度。這些顯示在推演管制室的共同圖臺綜合資訊上，可由計畫管制組視扮演美國與中國的推演分組的決策行動命令，顯示在共同資訊圖臺上。而扮演美國的推演分組對於派遣軍艦至新加坡訪問的消息，可以選擇在軍艦行動前的公開新聞發布，或是軍艦抵達新加坡後的事後新聞發布。同樣的，扮演中國的推演分組也可如此。而美、中的決策行動是否在其他國家推演分組的共同圖臺上顯示，取決於美國是以公開發布，或單獨通知相關國家與否，以及是否可以從情報（如衛星情報）中獲得。以上為資訊系統建置的概念，可運用電腦系統架設共同資訊圖臺輔助兵棋推演，如國防部的「聯合戰區電腦兵棋系統」或是依據不同需求開發特定的電腦兵棋輔助系統（通常適用於警政、消防等政府單位及民間大型企業機構）。

　　而電話通信網的建立，目的除使計畫指導組、推演管制組及統合裁判組能夠與各推演分組聯絡，以管制推演程序的執行外，各推演分組也可運用電話通信網路與其他推演分組作外交聯繫之用。

(1)在共同資訊圖臺部分：推演管制室（包含計畫指導組、統合裁判組及推演管制組）及主、次各推演分組都必須設置共同性兵棋圖臺，當無電腦共同資訊系統圖臺時，傳統地圖式的共同資訊圖臺也可提供基本需求。（如圖4-5）

(2)在電話通信網建置部分，須建置5條通信系統（如圖4-6）：

A.共同廣播網：提供管制室內各組發布推演訊息，如管制組發布推演時間及節點；計畫指導組發布臨時性的想定突發性事件；統合裁判組對衝突事件結果的裁定。而各推演分組也可運用此廣播系統發布公開新聞消息。

B.推演管制網：用於推演管制組與各推演分組之間的協調。

C.計畫指導網：用於對與臨時性突發事件想定有關的推演分組之狀況發布及協調。

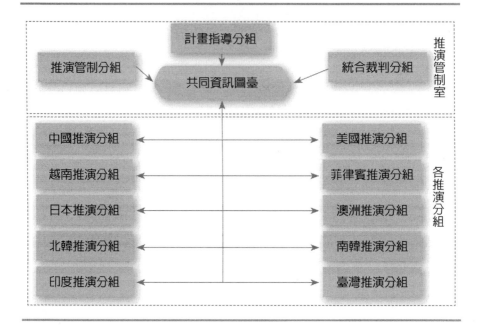

圖 4-5 共同資訊圖臺

資料來源：作者自繪

    D. 推演分組協調網：提供各推演分組之間的外交協調使用。

    E. 新聞發布網（或視訊網）：如果時間及經費允許，可設立此網。目的在提供新聞發言人與記者的角色扮演訓練，以使參演人員體驗如何面對新聞媒體。

4. 人員訓練

    兵棋推演的施訓對象是參演學員，因此計畫指導組、推演管制組及統合裁判組皆由老師擔任。並且派遣1-2員的指導老師（由行動後分析組擔任）至各推演分組執行紀錄與議題指導與管制。依照想定假設各推演分組即分別代表一個國家，如果人數夠多則可參考該國政府組織，分配角色。兵棋推演不是腦筋急轉彎，除了需要一個合乎邏輯的想定假

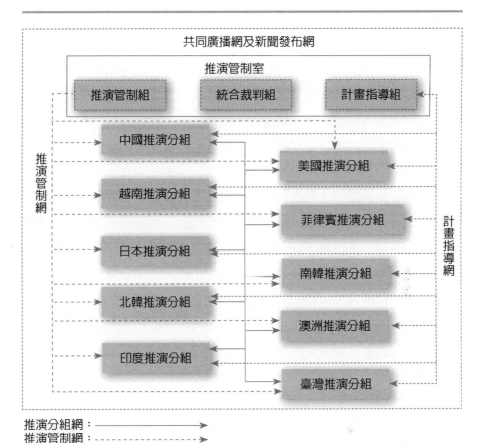

共同廣播網及新聞發布網

推演管制室

| 推演管制組 | 統合裁判組 | 計畫指導組 |

中國推演分組

美國推演分組

越南推演分組

菲律賓推演分組

日本推演分組

南韓推演分組

北韓推演分組

澳洲推演分組

印度推演分組

臺灣推演分組

推演管制網

計畫指導網

推演分組網：
推演管制網：
計畫指導網：

圖 4-6　電話通信網

資料來源：作者自繪

設外，更重要的參演人員的推演前訓練，也就是角色扮演訓練。就像曾經瘋迷一時的相機底片廣告經典臺詞「演什麼像什麼」、「他抓的住我」。也如同對電視、電影、廣告及舞臺劇演員的要求一樣，必須瞭解賦予你所扮演角色的能力、權力與職責。如果扮演的是國家，就必須在推演前先瞭解該國的國家安全與外交等基本政策；如果是民間企業則須

瞭解與分析競爭對手的產品能力與市場發展策略。方能據以擬定國家或企業未來發展與問題因應的基本政策，使兵棋推演能具備合理性與有效性。

例如曾在國防大學舉辦的「全國戰略社群聯合政軍兵棋推演」的一個預劃想定突發事件中，計畫指導組於推演過程中發布特別狀況：「越南發布南海經濟海域石油探勘招標公告，引發越南與中國在南沙群島發生大規模漁船對峙與碰撞事件，發現兩國公務船及軍艦均在事發現場觀望。」的狀況處置單。然而對此事件扮演美國總統的參演學員卻直接表示「不做回應」，理由是「此事與美國無關」。從這裡例子可以瞭解參與推演的學員，不瞭解美國對南海利益的基本政策，也表示於兵棋推演前，缺乏對於角色扮演的事前準備與研究工作。我們必須清楚瞭解角色的扮演越不精準，所反應的結果就越脫離事實與邏輯。

上述決策領導人培訓與發掘的教育訓練模式兵棋推演的各項準備工作說明，對於初學者來說可能相當模糊沒有一個整體的概念。故在此做一個系統性、邏輯性的兵棋推演準備程序說明。步驟一：建構想定假設與預劃性的想定事件。步驟二：規劃人員編組，依據參加推演人員與指導老師的數量與需求，規劃推演組織架構及各分組人員；如各推演分組人數超過3人以上，可再做內部組織人員責任分組。步驟三：各分組角色扮演訓練。於推演前由指導老師，指導參演學員蒐集、分析及研讀所扮演角色的能力、政策及思考邏輯。如果時間允許的話，或配合課程規劃可要求推演學員擬定所扮演角色的基本政策指導。例如某國的國家安全戰略、企業的市場競爭策略及金融危機處置基本原則等。步驟四：依據推演組織架構設置共同資訊圖臺與電話通信網路。如推演場地與設備不足，可採用開放式或人員傳遞的方式執行。步驟五：推演後分析檢討：由推演管制組負責實施推演回顧，行動後分析組的各推演分組指導老師，依據各推演節點報告觀察意見，提供相關參演學員說明及討論。步驟六：總結推演成效。由計畫指導組提報推演成效分析、建議事項及

參演人員能力分析報告。

（二）「預防性」標準作業程序建構

　　上述的教育訓練模式兵棋推演的整備與執行步驟，係以決策領導人員培訓與發掘爲主的兵棋推演。對於政府機構（如各縣市政府消防局、警察局等）、事業單位（如中國石油的煉油廠、臺灣電力公司的核能電廠的輸電網、配電網、工作站及交通事業單位的航空站、港口及車站等）及民營企業的生產工廠等單位，除了有決策領導人才的培訓外，還可運用於標準作業程序的建構。如煉油廠、發電廠或工廠發生爆炸或火災、核電廠發生核輻射洩漏事件、航管系統電源故障及災害防救等的「預防性標準作業程序」建構推演，說明如下：

1. 想定建構

　　「預防性標準作業程序」的教育訓練模式兵棋推演與「決策領導人才培訓與發掘」的不同點，在於參與推演的人員是組織內的各部門管理人員。基本上這些人員在其職務上都是具備專業能力，兵棋推演的訓練核心則在於如何因應突發性意外事件的防範與處置。例如臺灣電力公司某發電廠遭遇雷擊，超高壓對外線路絕緣礙子損毀，引發一連串的保護裝置啟動，造成全臺灣電力備轉容量不足，因而限電；或是不明網路駭客組織對某證券商發動持續性惡意程式、勒贖軟體攻擊，以及以分散阻斷服務的方式攻擊其他證券商網路電腦，伺機癱瘓股市；抑或是重要關鍵基礎設施（如儲油槽、儲氣槽或變電站、塔等）遭受人爲蓄意破壞或攻擊等。因此，運用危機管理理論中的「危機預防」作爲「預防性的標準作業程序」兵棋推演的立案假定開端。由學者專家、單位組織內管理階層及兵棋推演計畫指導組成員共同組成風險評估小組，對生產設備、設施及系統實施故障或損害的可能性風險評估。而風險理論中有關風險辨識的思考要件，即可用來建構災害想定假設，作爲兵棋推演命題的合

理性、有效性與預測性的檢驗。

2. 人員編組

當突發性意外事件的想定假設命題確認後，即開始釐清單位組織的內、外部與想定假設的突發事件有關的業務單位及職責。此目的在確認組織運作的權責與流程，因為從許多重大災害的檢討過程中，可以發現大部分都是因為一個小的意外事件發生後，在單位內組織權責不清所造成的忽視，以及組織外部可支援單位無法協助的狀況下，最後演變成重大災害。所以，單位組織內權責必須先確認，才能在兵棋推演的互動過程中，發現組織內部運作的盲點。

作者以到公務部門洽公為例的經驗。當你要申請一份文件，而你又不瞭解屬於那一個部門負責時，基本上會先尋找與申請事項較相近的業務部門窗口詢問辦理。如果當天承辦人心情好，發現不是自己負責的業務，而他也不清楚是何部門負責的業務時，原則上會協助你主動詢問組織內部人員瞭解是那一個部門負責，再請你去那個部門辦理。如果遇上承辦人當天心情不好，他可能會直接告訴你不是我負責的，請你去問問看其他部門，之後就不理你了。這個現象所顯示的是組織內的每一成員僅會專注於自己所負責的職責，而不會關心組織整體的交流運作效能。尤其是對於新興發展的事業，不在舊有組織體系的權責分類時，這個現象更為明顯。另那些具有協助處理突發意外事件的外部單位組織，也往往會被忽視將其納入協助的考量因素。如外部支援單位組織的可支援能力、抵達時間及配合事項等。

假設以中央政府「全災害情境」為想定命題，以因應天然災害、人為破壞及資訊安全破壞與攻擊之複合型災害威脅。所驗證的是中央政府各單位、直屬部會及協力支援單位的整體應變與復原處置作為。當發生全災害情境（假設如大屯山發生火山爆發、花蓮或宜蘭外海發生大地震引發海嘯等），中央各部會現有組織已無法單獨處理災害問題時，中央政府即會立即成立緊急應變中心，以統合全部災害處理、管制及善後問

題。基本上兵棋推演的編組應該要設有指揮官、副指揮官及執行長，以及在執行長下設置指揮管制組、情報統合顯示組、系統行政支援組、綜合協調作業組、地方應變中心、前進指揮所組與行動後分析組，以及各組下的各作業分組（如圖4-7）。這個編組是以中央政府為想定假設，如果是其他地方政府、機關、事業機構或企業組織，則可依照此組織編組思考邏輯，依據不同需求調整規劃應變組織架構。

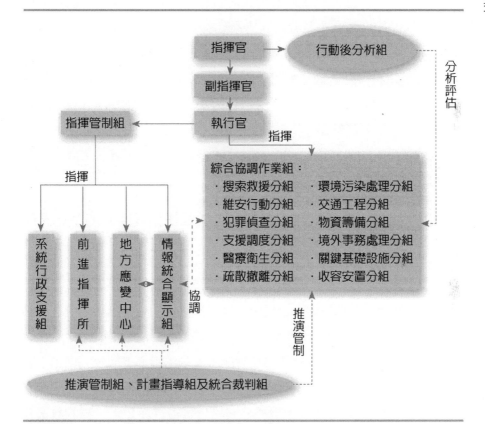

圖 4-7 中央政府全災害想定兵棋推演人員編組圖

資料來源：作者自繪

3. 系統建置

兵棋推演人員編組組織架構中的系統行政組的職責，就是依據人員編組架構設置5個通信聯絡網（如圖4-8）及1個資訊系統（如圖4-9）。

(1)共同廣播通信網：用於推演時程管制之發布。

(2)推演管制通信網：用於推演管制室對地方應變中心、前進管制所及綜合作業組狀況的發布。

(3)情報交流通信網：用於情報統合組與地方應變中心、前進管制所及綜合作業組各分組的情報交換。

(4)指揮管制通信網：用於指揮管制組下達指揮官決策命令。

(5)新聞發布通信網：如果時間及經費允許，可設立此網。目的在提供新聞發言人與記者的角色扮演訓練，以使參演人員體驗如何面對新聞媒體。

(6)資訊顯示系統網：運用電腦系統整合各項情報資料，建立共同資訊圖像。

四、推演重點：政策及計畫（或標準作業程序）的撰寫、問題分析與理論運用

由於教育訓練模式的兵棋推演著重對參演人員的訓練，以及標準作業程序的建構。在整個推演過程中，除了「決策領導人培訓與發掘」兵棋推演的想定建構由推演指導老師完成，並針對參演學員對想定所提出的疑問說明，或參演學員討論事項脫離主題須由指導老師管制回歸主題外，指導老師基本上不介入參演學員的討論。推演期間指導老師的作業重點計有3項：1.於推演前，指導參演學員撰擬達成想定目標的政策及計畫；2.於推演中，管制或提醒參演學員各項決策，是否符合之前所擬定的政策及計畫；3.指導參演學員如何運用理論思考問題。有關「決策領導人培訓與發掘」操作準備事項標準作業程序（如附錄1），以及參演學員的作業重點分述如下：

兵棋推演模式一：教育訓練模式

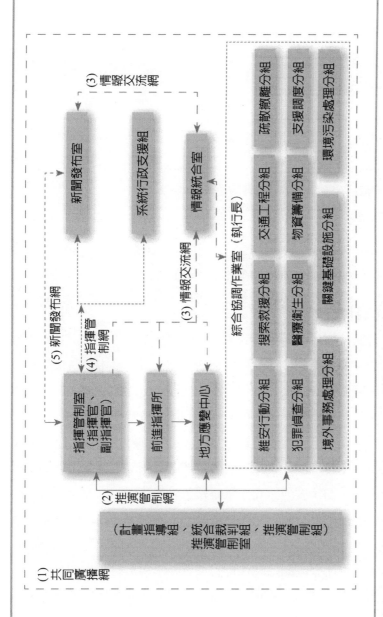

圖 4-8 中央政府全災害想定兵棋推演通信系統圖

資料來源：作者自繪

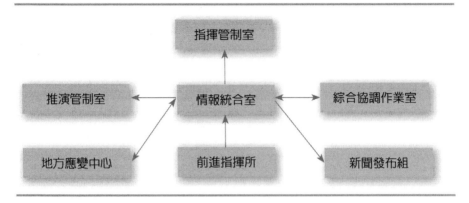

圖 4-9 中央政府全災害想定兵棋推演資訊顯示系統圖

資料來源：作者自繪

（一）「決策領導人培訓與發掘」兵棋推演

1. 政策及計畫撰寫

　　各推演分組依據所分配扮演的角色，針對想定的規劃擬定基本策略指導。而扮演主要角色的推演分組，則除了需要擬定基本策略指導政策外，還要擬定策略執行計畫作為想定推演的開端。以中、美南海競逐為兵棋推演的想定假設命題為例，扮演各國的推演分組，必須於推演前先行擬定國家安全戰略南海戰略方針。以淡江大學國際事務與戰略研究所參演學生為例，由各推演分組指導老師依據各國國家安全戰略（如由美國總統辦公室發布的年度國家安全戰略報告）或有關國家安全與國防的報告書，指導參演學員共同擬定所扮演國家，有關南海區域的基本國家安全或國防政策計畫。這樣的兵棋推演設計目的在使研究國際關係與戰略的學員，能運用所學的國際關係理論與戰略指導與行動原則，分析與掌握某國的國家安全戰略或國防、軍事戰略思維、構想、目標與能力的建立。

　　以美國2017年公布的國家安全戰略為例：美國的國家安全思維與構

想，基本上是建構在現實主義的權力平衡上。運用單邊主義或聯盟關係確保區域的穩定平衡，如「印太戰略」（Indo-Pacific Strategy）的提出即為印度參與太平洋事務提供一個理由，以共同抗衡中國崛起後，改變了美國所建構與主導的南海區域安全現況。而保衛國土、美國人民和美國生活方式、促進美國繁榮、以實力維護和平及增進美國的影響力等國家利益的4個支柱，則是美國國家安全戰略期望達成的目標。因為美國仍存在遭受到恐怖攻擊的恐慌中，人民的安全受到挑戰。另隨著美國經濟的衰退，除失業率的增高外，也影響到軍事能力的維持，進而削弱美國的軍事實力與世界的影響力。對於影響美國目標達成的威脅與挑戰，就是中國與俄羅斯的復興、區域獨裁國家及恐怖組織。[80]這份文件為何如此受到世界各國的關注，因為這是美國政府未來施政的指導文件，政府各部會必須依此文件的指導擬定政策計畫。以軍事安全來說，即是在原有的美國、日本及澳大利亞三國聯盟的基礎上，歡迎印度合作、聯盟，形成四邊戰略夥伴合作關係，以抗衡中國從西印度洋到整個太平洋區域各國的主權威脅。

　　而美國負責國際事務與國防安全的部門為國務院及國防部，就必須針對此項戰略指導原則，擬定出從印度洋西部到整個太平洋區域內，各個國家的外交與軍事合作政策，以對抗中國的影響力。例如美國不時派遣軍艦巡弋南海，以及至越南、菲律賓等國家的外交與軍事訪問等，這些都是政策計畫執行的具體作為。由此，扮演美國的推演分組參演學員，就需依指導老師的指導（但不參與）擬定美國的外交政策與國防戰略。如果時間不足的話，則可僅針對南海地區擬定外交與國防戰略及政策計畫。而扮演其他各國的推演分組，亦需擬定外交與國防戰略指導。

80　〈美國國家安全戰略綱要〉，《美國在臺協會》，2017年12月18日，<https://www.ait.org.tw/zhtw/white-house-fact-sheet-national-security-strategy-zh/>(檢索日期：2018年3月8日)

如果時間允許的話，亦可再擬定國家安全戰略指導，以使兵棋推演更具有多元的討論性。

2. 問題分析與理論運用

兵棋推演的「問題分析」設定在推演過程有關問題本質的研究，並建構解決方案及決策選擇。前面對於推演期間各推演分組所採取的政策行動，必定會影響或牽動其他國家推演分組的行動作爲。例如：美國2017年3月派遣航空母艦「卡爾文森」號訪問越南峴港。美國這樣的行動所代表的意義爲何？而越南想獲取何種戰略利益？這將牽動中國、菲律賓、日本、澳大利亞，乃至於印度的何種反應？對中國而言，面對美國在南海的各項行動作爲，就是針對中國在南海的人工島礁擴建，以及軍事作爲而來的。而中國會採取何種反應行動？以彰顯維護主權的決心。在推演過程中扮演中國的推演分組學員，即可運用先前所介紹的衝突管理、風險管理、危機管理、溝通理論、談判理論及決策理論，分析、評估及決定中國的反應作爲。

若以衝突管理的理論角度分析，由於衝突是目標、認知、情緒和行爲的不同，而產生矛盾和對立的互動過程。而衝突的解決雖然有4種方式，但是在國際無政府狀態下兩個強權的衝突解決，唯一的方式是雙方自動和解。由於衝突所承擔的代價，可能會隨著時間而增加。另從威脅模式理論分析，因威脅的設計在於迫使他人放棄參與行動，或是推動他們追求有利於威脅者的新政策。因此，中國面對美國航空母艦支隊在南海的行動，以及對越南的軍事訪問，除了可以採取直接挑戰美國航空母艦支隊的軍事行動外，亦可對越南採取軍事行動的壓迫方式，迫使越南改變對美國的態度。另爲避免中、美軍機、艦發生意外的碰撞事件，而演變成無法控制的軍事衝突，中、美雙方都會對執行任務的第一線指揮官給予明確的「交戰規則」（rules of engagement），讓衝突是在可控制的範圍內，並且對於可能的和解議題作好談判準備。

　　談判不是一個簡單的問答題，而是問題解決的過程。對立的雙方在進入談判前的談判準備時，將會考量到對於如何在合理、可接受的代價下，排除不確定的因素，以減少預期結果與實際結果之間的落差，而這也如同風險管理的概念。如何對可能產生的意外事件（如雙方軍艦發生對峙與碰撞）實施預防、反應及處理，避免意外事件朝向負面效應持續擴大到難以控制的地步，這又和危機管理的概念相類似。

　　在危機管理的過程中，往往需要透過與對立雙方之間的溝通、協調及意見交換的方式解決。而危機處理的先決條件是建構一個有效的溝通模式與管道，此時溝通理論的運用即可作為思考的基礎。而對立雙方是否能進入談判，在於雙方陷入僵局並有意願透過彼此間的合作，以獲取各自所期待的利益時，談判才會成立。因為，談判是選擇而來的，也可以是一種策略，如果一方願意自行承擔後果，則談判就不會成立，此即為談判理論在兵棋推演中的運用。最後，就是如何選擇一個符合當時環境的最適合決策方案與行動，決策理論的決策分析方法可提供兵棋推演角色扮演分組學員一個思考方向。

　　綜合上述理論的運用，中國針對美國航空母艦支隊在南海巡弋與訪問越南的作為，我們試著假設中國可能採取的反制作為如下：

(1)依據衝突理論：在確保領土主權及履行南海航行自由的考量下，對於美國在南海航行的航空母艦特遣支隊的監控，中國的海軍特遣支隊指揮官的「交戰規則」指導應為：「在沒有明確確認美國軍機、艦使用武器，攻擊我軍機、艦造成裝備與人員傷損，並研判後續有持續或擴大攻擊行為的狀況下，我軍機、艦不採取對美軍的攻擊載臺實施自衛性反擊措施，以確保我軍機、艦人員安全。」

(2)依據風險理論：中、美軍機、艦在南海發生武裝衝突的機率很低，對於美國侵入島礁12海浬領海的機率較高，但不排除採取碰撞方式驅離美國軍艦的可能性。故派遣2艘遠洋拖船及水下作

業大隊在西沙群島待命，以因應中、美軍機、艦擦撞事件的緊急救援行動。

(3)依據危機管理理論：避免軍機、艦擦撞事件擴大成為軍事衝突，先行處理海上人道救援，有關後續責任歸屬視人員完成搜救後再行處理。

(4)依據溝通理論：建構中、美海上軍事互信機制及中、美海上軍事安全磋商機制[81]等，減少中、美可能的衝突與誤判。

(5)依據談判理論：從利益、權力及實力3種分析途徑，分析美國的行為模式。假設發生軍機、艦擦撞事件，美國需要的是面子，目的在維護其在亞太的影響力。對中國而言，如何讓美國承諾不再「貿然」挑釁南海島礁12海浬領海，是中國談判的目標。

(6)依據決策理論：中國的決策應是在尚未全面完成軍事部署準備前，對於他國的南海主權入侵行為，不貿然採取強硬的軍事反制行動。

以上係以中、美南海競逐為案例的兵棋推演過程中，對於想定事件的問題分析與解決。提供讀者如何運用衝突、風險、危機、溝通、談判及決策等理論，分析與解決問題的思考邏輯範例。然商業領域該如何運用呢？我們嘗試著用臺灣宏達國際電子公司的hTC手機，為兵棋推演想定假設案例。臺灣的手機大廠宏達電的手機代工部門，以11億美元代價賣給Google。[82]。對一個曾為臺灣驕傲的企業卻走向衰弱虧損的地步，箇中原因是值得我們探討的。然在2015年臺灣國家實驗研究院科技政策

---

81 胡德坤，〈防止海上事件與中美海上軍事互信機制建設〉，《國際問題研究》，2014年3月26日，<www.ciis.org.cn/gyzz/2014-03/26/content_6772711.htm>(檢索日期：2018年3月9日)

82 〈11億鎂能救hTC走出困境嗎？網友盼好好運用〉，《蘋果即時》，2017年9月21日，<https://tw.appledaily.com/new/realtime/20170921/1208230/>(檢索日期：2018年3月9日)

研究與資訊中心，從專利訴訟的角度，以威盛（VIA Technologies）對英特爾（intel）的專利訴訟過程與結果為對照，分析hTC由盛轉衰的過程。認為威盛在成立之前或初就被已存在的專利所束縛，明顯說明威盛在這個行業的技術領域上是技術追隨者。威盛在美國面臨約30件的專利相關訴訟即已遍體鱗傷，然hTC則遭遇超過370件專利的訴訟。可見hTC應該也是一個技術追隨者公司，受到被當作常識一樣的「古老」專利所約制。

相較蘋果（Apple）遭受專利訴訟遠大於hTC，但因手上握有萌芽時期技術先鋒的專利，不但能在訴訟中採取攻勢，亦傾向於保有獲利優勢。另同樣超過240件專利訴訟的華碩，由於營收一半來自亞洲地區，三分之一來自歐洲，可能因而避免了在美訴訟對其公司整體營運的影響。[83]蘋果公司利用美國國際貿易委員會（United States International Trade Commission，簡稱USITC或ITC）關稅法第337條中，對於進口美國的產品經確認有侵害美國智慧財產權的情況，即可對該產品採取全面禁止進口的措施。[84]使得蘋果控告hTC專利侵權案掌握了優勢，進而自2010年3月2日起，從美國到英國及德國開啟對hTC專利侵權案的訴訟。訴訟長達32個月之久，最終雙方達成和解，據傳hTC必須支付每支手機權利金6-8美元給蘋果。[85]

---

[83] 林倞，〈從威盛到hTC的興衰看技術追隨者的困境〉，《Research Portal 科技政策觀點》，2015年10月22日，<https://portal.stpi.narl.org.tw/index/article/10149>(檢索日期：2018年3月9日)

[84] 劉明俊，〈美國337條款簡介〉，《中華民國智慧資產經營管理協會》，2009年4月2日，<http://www.ipama-age.org/news/A20090312.html>(檢索日期：2018年3月9日)

[85] 〈hTC與Apple全球專利訴訟大和解觀察〉，《科技產業資訊室》，2012年11月11日，<http://iknow.stpi.narl.org.tw/post/Read.aspx?PostID=7549>(檢索日期：2018年3月16日)

　　如果從兵棋推演的運用觀點，假設你是宏達國際電子公司hTC手機的執行長，面對小蝦米對抗大鯨魚的態勢，你會採取何種策略以擺脫蘋果在美國對hTC專利權訴訟的困境，避免禁止令影響hTC在美國的銷售營收。我們不管從衝突、風險，還是危機管理理論的分析，蘋果的專利訴訟都是無法避免的，因為這樣方能防止hTC的Android系統侵蝕蘋果的市場，雖然其結果仍無法阻擋這股潮流，但也為蘋果帶來不少的利益。不可否認從事後諸葛的觀點批判，韓國的三星（Samsung）及大陸的華為（HUAWEI）手機大廠的迎頭趕上及超越，是讓hTC獲利大減進而造成hTC現在的窘境的主要因素。當hTC面對「前有虎，後有狼」的市場高度競爭的事實下，假設當時hTC選擇採取盡速與蘋果達成和解，以確保美國市場的持續高獲利，專心面對韓國三星和大陸華為的挑戰，或是減少及放棄美國市場，調整手機定位開發新興市場，亦或是與其他相關大廠結盟的方式共同對抗蘋果等3個方案，是否會有更好的結局？這可透過兵棋推演情境的再造，以及談判與決策理論的運用分析，尋找出一個可能較好的因應方案。若以此案為例的這樣討論方式，可讓參演學員獲得更多的理論實作經驗。

（二）「預防性標準作業程序」兵棋推演

1. 政策及計畫撰寫

　　當「預防性標準作業程序」兵棋推演的想定假設（如地震、火災、爆炸等災害防救），由學者專家、單位組織內管理階層及兵棋推演計畫指導組成員，共同組成風險評估小組完成後，決策領導階層應邀集各部門管理階層，依據想定假設可能的災損事件，亦或意外突發事件，擬定災損事件處置標準作業程序或核心防護標準作業程序[86]。例如：想

---

[86] 所謂「核心防護」標準作業程序，所指的是當發生超乎預期的突發意外事件，又無法針對事件採取明確、有效的災損控制措施時，為避免損失擴

定假設桃園機場第一航廈入境大廳進出口遭受匪徒投擲爆裂物攻擊為例，基本上應由桃園機場營控中心主管負責突發事件處理「標準作業程序」擬定之責。主要因為營控中心設有安全監控、安全設備、設施維護、工程協調、航廈督導等席位，由桃園機場公司的營運安全處、維護處、工程處等單位派人輪值，並由中心主管統一指揮調度。[87]

我們試著依此想定假設，建構一個標準作業程序的範例，而兵棋推演依此操作準備執行標準作業程序（如附錄2）。當機場營控中心安全監控席位，從視訊監控系統發現第一航廈入境大廳門口發生爆炸，或由入境大廳保全人員回報入境大廳門口發生爆炸。機場營控中心當值主管的標準作業程序如下：

步驟一：通知消防隊派遣消防車及救護車於現場待命，命令第一航廈保全人員指揮機場工作人員協助管制禁止航廈出入境入口車輛進出入，並導引入、出境大廳旅客至戶外停車場疏散。同時，海關人員封閉安全檢查出入口，將未入境及已出境的旅客安置在二樓機場登機大廳。機場內所有商店關閉，工作人員協助航管人員執行旅客安置。

步驟二：通知航警局保安警察大隊執行第一航廈外圍交通管制；安全檢查大隊執行爆裂物清除；刑事警察大隊執行現場調查。

步驟三：通知近場管制臺導引已落地及正執行降落的飛機轉往第二航廈或停機坪待命。其他仍在空中飛機視情況轉場降落

大，先僅針對核心設備、設施及區域採取預防性的隔離防護的安全措施。後續於掌握突發意外事件的狀況後，再採取災損管控與補救措施。

[87] 丁國鈞，〈數億經費打造 桃機營運中心螺絲鬆動〉，《壹週刊》，2016年6月22日，<http://www.nextmag.com.tw/realtimenews/news/40968433>(檢索日期：2018年3月16日)

臺北或臺中等機場。

步驟四：通知桃園地區醫院備便派遣救護車及緊急傷患處理。

步驟五：通知第二航廈保全人員採取全面性安全巡查警戒，機場內
所有商店關閉，工作人員待命執行旅客疏散導引工作，
並管制旅客進出於大廳待命。

步驟六：通知營運安全處主管至現場成立前進指揮所及新聞發布中
心，除建立情資傳遞與指揮管制網路負責處理善後與復
原工作外，並管制新聞媒體的報導內容。

以上是以桃園機場營控中心職責的角度，分析對於航廈入境大廳
門口發生匪徒投擲爆裂物引發爆炸的想定假設，所擬定的應變處置標準
作業程序。也許仍有許多不足部分，但主要的目的是提供讀者如何擬定
一個應變處置「標準作業程序」的參考範例。對於一個擁有豐富經驗的
人來說，這些應變處置的程序可說駕輕就熟、運作精準。但只要是人，
再有經驗的人也會有失誤的時候，俗語說溺水的人往往是會游泳的人。
標準作議程序不僅僅可以提供新到職者，在最短的時間承擔其職務的責
任，對於資深者也可協助其檢驗其作業程序是否有遺漏、疏忽的地方。
尤其在緊急狀況發生時，在壓力與對情況無法掌握的狀況下，發生漏
失、錯失的機率會更高。同樣的，機場內各單位、機構及部門都應該針
對這一想定假設，擬定相對應的應變標準作業程序，並於兵棋演練中，
相互協調驗證其合理性、有效性與可預測性。

2. 問題分析與理論運用

由於兵棋推演前所擬定應變處置標準作業程序，通常都是在理想
的狀況下思考建立的。依上述的想定假設命題，桃園機場內部單位、機
構及部門僅完成與事件相關的應變標準作業程序的演練，而兵棋推演過
程中的可能狀況假設，將是驗證標準作業程序是否可行的重要檢驗因
子。例如：當第一航廈入境大廳爆炸，造成航廈周邊車輛發生車禍阻礙

交通，外部進入航空站的車輛不斷湧入，航空站內的車輛因交通阻塞無法離開航站，消防車及救護車，就有可能無法接近第一航廈入境大廳門口。這時，營控中心除應通知消防隊外，同時亦要提供消防隊行動指示事項。如增加至某停車場待命，並俟保安警察進入現場完成交通疏散管制後，再依命令進入災區。

因此，在兵棋推演的過程中，就可以得出交通疏散管制是災害處理最重要的第一個步驟。故營控中心的應變處置標準作業程序的第一步驟，應該將「通知消防隊派遣消防車及救護車於現場待命」，修訂為「通知航警局保安警察大隊執行第一航廈外圍交通管制」；而第二步驟則修訂為「通知消防隊派遣消防車及救護車於臺北諾富特華航桃園機場飯店（Novotel Taipei Taoyuan International Airport）停車場待命，並依指示再進入第一航廈入境大廳門口」。

除了上述兵棋推演之突發狀況的次想定事件外，在推演過程中亦可依推演程序的演進，發布有可能發生的次想定突發事件。例如：當第一航廈發生爆炸的消息傳到第二航廈的出入境旅客中，以及相關管制措施引發旅客因管制無法離開機場的不滿暴動。即可運用衝突理論分析引發旅客不滿暴動的原因。假設我們發現是由一小群有組織、有計畫性的群體引發旅客群眾暴動，就必須思考這個看似不相關的暴動事件，是否與第一航廈的爆炸事件有相關聯性，並從中得出一個假設性的結論。第一航廈的爆炸事件不是一個突發性的犯罪事件，而是一項恐怖攻擊。因此，是否有第二波的恐怖攻擊，就必須納入應變處置標準作業程序的因應項目。如：反恐部隊是否應納入通知範圍；保安警察大隊是否需調派部分兵力加強第二航廈的警戒任務；是否需要協調客運公司於某停車場待命，備便執行旅客疏散工作等。如果第二航廈的旅客暴動是因為處置不當所引發不滿情緒的暴動，基本上可研判是一個單純的突發事件，即可運用溝通與談判理論安撫第二航廈旅客不滿的情緒。所以，在標準作業程序的考量事項上，除了之前提過通知各客運公司備便接送機場旅客

外，水、食物及禦寒物品的準備是否也應該納入應變規劃。

假設第3個次想定事件是營控中心因意外事件失去作用，使得設置在營控中心的緊急應變指揮中心，也失去了機場整體狀況情報、指揮與管制能力。且前進指揮所受限於場地空間限制，無法有效掌握機場整體狀況時，備用緊急應變中心就應該納入考量，也就是依上述營控中心應變處置標準作業程序中的步驟六，再加一項步驟七：指定某區域為備用緊急應變中心；尤其是複合性的大型災害，更要有備用緊急應變中心的設置。

以上是以桃園機場第一航廈入境大廳門口，遭受爆裂物攻擊的兵棋推演想定假設。建構桃園機場公司，如何運用兵棋推演擬定預防性安全防護緊急應變標準作業程序的思考範例。這個應變處置標準作業程序基本上是一個靜態分析性的成果，如果時間及經費允許將可進入第二階段動態性之應變處置標準作業程序的驗證演練。例如：消防車及救護車實際上幾分鐘可到達第一航廈入境周邊區域？區域範圍可停多少消防車及救護車？災區能容納多少各類支援人員？航廈工作人員如何整合運用在導引疏散旅客？阻礙交通的事故車輛如何排除？如何導引拖吊車執行拖吊作業的優先順序？等等問題。所得出各項實作數據資料，都是作為修正應變處置標準作業程序的依據。讓應變處置標準作業程序更具備合理性、可行性及有效性。

五、推演成效：行動後分析（After Action Review, AAR）

（一）「決策領導人培訓與發掘」兵棋推演

教育訓練模式兵棋推演最重要的一個環節，就是推演後分析，這也是兵棋推演過程中最容易被忽視的一項。主要原因可能由於推演計畫擬定時即未納入考慮、推演時間延宕、相關資料紀錄不完全及推演學員疲憊等影響因素，往往造成兵棋推演「虎頭蛇尾」草草結束。兵棋推演是

需要投入大量的時間規劃，以及腦力激盪的創作。若是僅讓推演學員瞭解什麼叫兵棋推演，就失去兵棋推演的主要目的。

現今新創企業流行的WiiTHAA（循環經濟企業遊戲）「桌上遊戲」（簡稱桌遊），後藉由遊戲提示導引企業各部門參與人員提出看法，經由各部門互動的過程建構新的商業模式，[88]這是一個創意思考的工具，乍看下有如兵棋推演，但目標不同。可以當作政策分析的使用工具，但無法當作決策領導人才的教育與訓練來使用。推演後的回顧與討論，才是執行教育訓練的主要目標。行動後分析組所扮演的角色，就是記錄、分析、提出問題及評論。記錄是推演回顧與檢討的重要依據，制定一系列符合檢討需求的紀錄表是非常重要的。如果有電腦兵棋推演系統當作輔助推演工具，其自動記錄與回放功能有助於呈現每一階段或某一時刻的行動結果，以及各項指標的量化指數。例如：戰區聯戰電腦兵棋系統（JCATS）及海軍電腦兵棋系統等。如果沒有電腦輔助系統提供精準又明確的紀錄時，推演前各項記錄工作的分工與彙整，就是各分組指導老師的主要工作之一。

當兵棋推演結束後，由行動後分析組彙整各推演分組的紀錄資料，依據推演時程將各項動次的行動結果指標，以量化指數圖表方式顯示出來，並將各個動次每一個推演分組的決策及行動過程與結果，以矩陣表的方式顯示。由計畫管制組負責推演程序回顧，各推演分組指導老師則依各階段動次，提報推演評論（如問題分析、事件評估、行動方案建構及決策選擇等），並引導學員提出考量因素說明。例如：中、美在南海問題上，扮演美國的推演分組，為確保美國在南海的影響力，決定派遣卡爾文森號航空母艦編組航空母艦特遣支隊進駐日本橫須賀港，3

---

88 林冠吟，〈「一邊遊戲一邊開會」：Wiithaa用桌遊工作坊，讓企業跨部門員工一同改寫商業模式〉，《社企流》，2017年1月2日，<http://www.sein-sights.asia/article/3290/3268/4572>(檢索日期：2018年3月13日)

天後出發過境臺灣前往南海巡弋，並執行越南訪問任務。這時推演分組必須記錄執行這項決策的原因、時間、行動方案、目標及目的。

另推演管制組必須計算美國航空母艦特遣支隊進入臺灣海峽的時間，以及進入南海海域的時間。假設卡爾文森號航空母艦特遣支隊南海巡弋的過境航路，是選擇由臺灣東部的宮古群島，穿越巴士海峽前往南海，則除了與經由臺灣海峽過境進入南海海域的時間不同外，對中國所展示的戰略意涵也不同。而扮演中國的推演分組是否能掌握美國派遣卡爾文森號航空母艦特遣支隊前往南海巡弋，以及訪問越南的情資，取決於扮演美國的推演分組是否發布公開消息，或由推演管制組依據中國海上監偵系統能力（如掌握駐防日本橫須賀港美國海軍艦艇動態的衛星監控能力），決定扮演中國的推演分組是否獲得美國防空母艦特遣支隊動態（時間、位置及兵力規模）。另扮演中國的推演分組針對美國航空母艦特遣支隊的動態，決定採取何種行動作為？（如於何時、何地，派遣何種兵力，達成何種任務目標、目的，以及「交戰規則」為何？等）都應將其記錄。假設扮演中國的推演分組決定派遣軍艦前往監控，則推演管制組就須依其決策，進行對中國軍機、艦進入臺灣海峽及南海海域的時間推算與監控。除使計畫指導組依據計畫做預定的狀況發布外，亦可依推演過程中各推演分組的交互作用，提出臨時性的狀況發布。行動後分析組組長可藉由彙整的矩陣表，於各推演分組老師評論後，實施綜合評論。

由於針對決策領導人及學生所實施教育訓練模式的兵棋推演，其推演結果的好與壞不是考量的重點，參與學員的學習目標與成效才是目的。因此，行動後分析的目標在藉由推演過程的分析，提出參演學員於推演期間有關問題分析、行動方案建構及決策選擇等思考不足之處，以及如何運用理論協助學員思考等建議，以提升參演學員決策領導能力。

（二）「預防性標準作業程序」兵棋推演

　　教育訓練模式下的「預防性標準作業程序」兵棋推演，與「決策領導人培訓與發掘」兵棋推演不同之處，則是藉由兵棋推演程序從想定的建構、標準作業程序的擬定、結果的可行性分析到問題分析、回饋及標準作業程序修訂的循環思考。檢視單位、機構或企業針對風險管理需求，所建構想定假設命題的應變處置標準作業程序，是否具備合理性、有效性及預測性，以預防可能的災害損失。因此，行動後分析的目的係以第三觀察者的身分，對單位、機構或企業所擬訂的應變處置標準作業程序，提出客觀的觀察意見與問題分析。讓這些單位、機構或企業據以重新檢視應變處置標準作業程序的疏漏與不足之處，目的在改善所謂專業盲點。

　　現行政府各單位、機構及民間企業等所實施的兵棋推演方式，基本上類似本書所介紹的教育訓練模式兵棋推演，所不同之處在於教育訓練模式兵棋推演，沒有上級長官視導行程，以及上級演習指導重點與要項。原因是兵棋推演所注重的是實際成效，而不是表面上的作秀。下一章將詳細介紹如何運用模式模擬模式兵棋推演，藉由量化的方式分析策略執行計畫的成效性。

第 五 章

兵棋推演模式二：模式模擬模式

一、推演目標：策略執行計畫成效檢證及人員訓練

二、推演思考：策略執行計畫推演思考要件

三、推演架構：模擬系統需求、人員編組、相關參數資料建構

四、推演重點：推演結果比對分析、發掘策略執行計畫缺失

五、推演成效：提高策略執行計畫成效

　　模式模擬即為如何將解決問題之複雜方式及過程，用科學方法解析，使其他人或是電腦系統能充分瞭解、複製而執行。而其中的模式化（modeling）是利用作業研究的學術理論，將解決問題之思維方式及作業過程轉化成電腦可模擬的數位流程，進一步運用電腦系統模擬（simulating）整個思維，使其能在輸入相關參數後，自動的產生輸出結果。

重點摘要

1. 模式模擬模式兵棋推演的目的有二：一是驗證策略執行計畫成效；二是對與策略執行計畫有關的各層決策領導人與作業人員實施人員訓練。

2. 依據模式模擬模式兵棋推演的目的，操作模式可分為分析型與訓練型兩種。

3. 模式模擬模式兵棋推演的策略執行計畫思考要件，計有策略目標、策略執行計畫、與策略執行計畫有關的單位、可提升策略執行計畫能力的單位或物資支援、模式模擬系統的選擇、相關參數資料輸入要項及結果成效分析等7項。

4. 模式模擬模式兵棋推演的運作架構為模擬系統需求、人員編組及相關參數資料建構等3項。

5. 可運用於模式模擬模式兵棋推演的理論及系統，計有蒙地卡羅模擬法（Monte Carlo Method）、類神經網路（Artificial Neural Network, ANN）、模糊理論（Fuzzy Logic）、蘭徹斯特法則（Lanchester's Law）、灰色系統理論（Grey System Theory）及矩陣兵棋等。

6. 人員編組規劃架構分別為推演管制組及推演分組。

7.模式模擬兵棋推演的目的及核心重點是結果比對分析及發覺執行
計畫缺失。

8.策略執行計畫成效的提高，必須從模式模擬系統、策略目標及策
略執行計畫三個要項評估檢討。

9.模式模擬模式兵棋推演的運作程序與要領，為分析策略執行計
畫、建構或選擇模式模擬系統、模式模擬系統參數要項資料輸
入、依據策略執行計畫行動方案資料輸入、推演執行成效檢討、
模式模擬系統參數資料要項檢視、修訂策略執行計畫、推演執行
成效比對及修訂策略目標9個步驟。

　　先前第三章針對模式模擬模式兵棋推演的基本概念已做了一般的說
明，此模式係運用自然科學量化的理論對策略執行計畫的可行性實施評
估，除透過系統化模式推演分析外，亦可利用電腦系統模式輔助分析。
從20世紀80年代開始到現在，電腦系統的進步，使得越來越多人選擇運
用電腦取代紙上作業兵棋推演的形式。運用電腦實施兵棋推演的數量增
加了，相對的紙上兵棋推演的數量則減少。這個現象既有好的消息，但
不可否認也有不好的消息。從長遠來看，電腦資訊系統的發展將兵棋推
演引領到另一個黃金時代；但從短期來看，電腦與兵棋推演之間關係不
是合作無間的。[1]

　　對於一個兵棋推演者來說，無法確切瞭解電腦如何運作兵棋推演是
一件困擾的問題。這也就是紙上兵棋推演的主要優勢，因為所有的數值
及程式呈現在兵棋推演者的面前。推演者不僅僅能夠看到兵棋如何運作
它的要件，也可以且經常改變他所不同意的事情。但對於電腦兵棋推演

---

[1]　James F Dunnigan, Wargames Handbook, Third Edition: How to play and commercial and Professional Wargames (New York: Writers Club Press., 2000), p.227.

來說，則是不可能發生的事，即使1990年代在電腦操作上提供部分修改的能力，但基本上電腦兵棋推演仍具有其自主性。[2]

自從兵棋推演隨著科技歷史演進發展後，電腦科技也很自然的加入，成爲輔助兵棋推演不可或缺的工具。早期的紙牌卡、沙盤模型都被電腦圖像替代了，美國陸軍80年代開始運用ATLAS電腦兵棋系統，進行針對北大西洋公約與華沙公約國家部隊作戰之模擬戰區層級（Theater）兵棋推演[3]，到90年代更加蓬勃發展到達巔峰，電腦輔助兵棋的應用從最低階的資料庫儲存並記錄事件的發展，中階科技的通訊或視覺效果，由電腦輔助產生的全般狀況圖使參演人員擁有共同圖像，後來甚至發展到高階的模擬或裁判等多種實質應用。

其中所謂模式模擬即爲如何將解決問題之複雜方式及過程，用科學方法解析，使其他人或是電腦系統能充分瞭解、複製而執行。而模式化（modeling）是利用作業研究的學術理論，將解決問題之思維方式及作業過程轉化成電腦可模擬的數位流程，進一步運用電腦系統模擬（simulating）整個思維或系統，使其能在輸入相關參數後，能自動的產生輸出結果[4]。當策略執行計畫經過模式模擬模式兵棋推演，並完成結果的顯示後，行動後分析組即開始執行成效分析，首先檢視參數的設定及相關單位回應的合理性。在檢視分析的過程中，必須重新審查模式模擬系統是否尚有影響因子，未納入模式模擬系統程式內執行運算，或是參數設定的數據資料無法合理反應現況；亦或是相關單位回應的數據

2　James F Dunnigan, Wargames Handbook, Third Edition: How to play and commercial and Professional Wargames p.231.

3　James F Dunnigan, Wargames Handbook, Third Edition: How to play and commercial and Professional Wargames, p.237.

4　Roger D. Smith, "Essential Techniques for Military Modeling & Simulation," Proceedings of the 30th conference on Winter simulation (Washington, D.C.: The Proceedings of the IEEE, December 13 – 16, 1998), pp.805-806.

資料不充分；以及未能反映事實狀況等情況。當發現在模式模擬系統程式建構、參數設定或相關單位回應措施等參數資料有不合理的狀況時，則須於修訂後再執行模式模擬兵棋推演。

假設推演的結果顯示數據仍不如預期時，除了再重新審視模式模擬系統程式、參數資料及相關單位回應數據是否有所遺漏或不足外，更須對各分項運算結果及綜合成效結果實施數據資料分析，以釐清策略執行計畫中各項行動的執行成效與對其他行動的影響，作為策略執行計畫修訂的思考依據。當策略執行計畫完成修訂後，須再執行模式模擬系統運作。這樣的系統程式與參數資料的檢視，以及策略執行計畫的修訂，經過反覆不斷修訂與審視，目的除在提高策略執行計畫的合理性、可行性外，更重要的是達成策略目標的有效性（如圖5-1）。

以朝鮮半島北韓的核武與彈道飛彈試射危機為例，美國為因應北韓彈道飛彈的威脅，決定在南韓部署薩德飛彈系統（Terminal High Altitude Area Defense, THAAD），以防範北韓彈道飛彈的攻擊。因此，這個策略執行計畫實際的有效性，在於薩德系統對北韓彈道飛彈攔截度的成功率。對於薩德系統其設計的目的，是對1,000公里到5,000公里距離內的大氣層內或外的彈道飛彈攻擊，實施攔截以提供部隊安全防護。[5] 依據薩德系統所顯示的系統參數資料，攔截飛彈防禦範圍為200公里，最大攔截高度為150公里，相位陣列雷達電磁波段為I及J波段，彈道飛彈最遠偵蒐範圍為1,000公里，所有裝備、系統及飛彈均為車載，具有高度的機動能力。[6]

---

[5] "Terminal High Altitude Area Defense(THAAD)," MDAA: Missile Defense Advocacy Alliance, December 7 2017. < http://missiledefenseadvocacy.org/missile-defense-systems-2/missile-defense-systems/u-s-deployed-intercept-systems/terminal-high-altitude-area-defense-thaad/>(檢索日期：2018年4月16日)

[6] "THAAD Theatre High Altitude Area Defense – Missile System," Army Technology, < https://www.army-technology.com/projects/thaad/>(檢索日期：2018年4月16日)

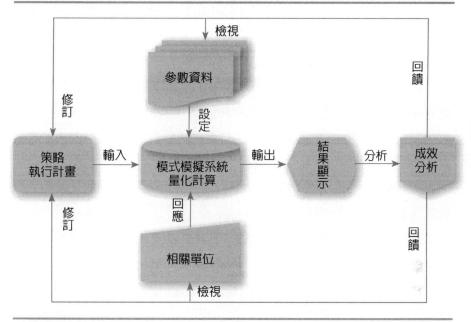

圖 5-1 模式模擬兵棋推演運作流程圖

資料來源：作者自繪

　　而美軍部署在南韓的薩德系統，已確定位於星州郡慶尙北道樂天高爾夫球場，距離首都首爾296公里，[7]而系統部署高度約海拔680公尺[8]。由於薩德系統的搜索雷達電磁波段爲I及J波段，基本上屬於直線波。因此，薩德系統相位陣列雷達搜索距離，除了受到雷達本身設計上的搜索距離限制外，也會受到地形及地球曲線的影響。在無地形障礙的狀

7　江飛宇，〈南韓將在六月完成部署薩德系統〉，《中時電子報》，2017年2月27日，<www.chinatimes.com/realtimenews/20170227000866-260417>(檢索日期：2018年4月16日)

8　〈韓政府宣布薩德駐地改爲星洲高球場〉，《Sina新浪軍事》，2016年9月30日，< http://mil.news.sina.com.cn/china/2016-09-30/doc-ifxwkzyk0699473.shtml>(檢索日期：2018年4月17日)

況下，依據地球直線距離公式 $R = 1.23 (\sqrt{H} + \sqrt{h})$ 計算，R為雷達偵收距離（海浬），H為雷達的距水平面高度（英尺），h為飛彈飛行高度（英尺）。以部署在南韓的薩德系統雷達所在位置的高度680公尺為基準，換算英尺為2230.9712英尺。如果雷達偵蒐距離要達1,000公里，換算海浬為539.957海浬。以公式帶入 $539.957 = 1.23 (\sqrt{2230.9712} + \sqrt{h})$，可得出飛彈的飛行高度約要在153,473英尺，換算成公尺為3,898.2142公尺的高度。換句話說，部署在南韓的薩德相位陣列雷達對於彈道飛彈的偵搜至少要在4,000公尺以上的高度位置，才具備單獨偵搜北韓彈道飛彈的能力。

然以反彈道飛彈的防禦而言，薩德飛彈攔截系統僅是整個反彈道飛彈防禦的一部分。就當前反彈道飛彈防禦系統的運作過程來說，第1步驟：必須由偵察衛星確認何時、何地的某彈道飛彈基地或機動飛彈車發射彈道飛彈；第2步驟；將此情報資訊傳送至相關區域的長程預警監偵雷達（如臺灣樂山雷達站的鋪爪（PAVEPAWS）長程預警雷達或薩德相位陣列雷達），實施彈道飛彈目標搜索、追蹤及軌道計算；第3步驟：將攻擊的彈道飛彈追蹤及軌道計算資料，傳送給美國太空控制中心，導引位於太空中的偵察衛星對進入外大氣層的彈道飛彈，實施持續追蹤與彈道飛彈落點的解算。同時可運用殺手衛星，對彈道飛彈在進入外氣層與重返大氣層的飛行期間，實施第一次的彈道飛彈攔截；第4步驟：若在第3步驟無法將來襲的彈道飛彈成功攔截摧毀或是無殺手衛星可用時，位於太空的監偵衛星將解算後的彈道飛彈可能落點相關資料，傳送到薩德系統相位陣列搜索追蹤雷達實施目標追蹤、鎖定及攻擊。在此階段彈道飛彈屬於自由落體的狀態，其下墜速度約在15-25馬赫之間，也就是音速的15-25倍之間；第5步驟：若是薩德系統無法成功攔截攻擊的彈道飛彈時，接下來愛國者三型或標準三型飛彈持續依據薩德系統所提供的彈道飛彈追蹤資料，實施中、短程彈道飛彈攔截攻擊。

這5個反彈道飛彈防禦步驟，基本上缺一不可。由於彈道飛彈的速

度相當高，各個階段都達超音速以上的速度，只要其中有任何一個階段對彈道飛彈失去追蹤，所有偵蒐系統要想重新獲得偵測、追蹤的機率很低，致使所有反彈道飛彈攔截系統都將無法運作。因此，美國在南韓部署薩德系統，以反制北韓彈道飛彈攻擊的策略執行計畫，依上述數據化參數資料演算的模式模擬模式兵棋推演，可以瞭解該項策略執行計畫從軍事的角度來看，基本上是無法發揮其所預期的效益。由此推判也許美國真正的策略目標是從政治需求為著眼，而非軍事成效的發揮。

　　本章將從推演目標的策略執行計畫成效檢證、推演思考的計畫要素分析、推演架構的模式系統能力分析與相關參數資料建構、推演重點說明、發掘執行計畫缺失、推演結果的比對分析到提高策略執行成效等為重點，並以電腦科技如何支援兵棋推演向讀者詳細的介紹如何運用模式模擬的兵棋推演。

一、推演目標：策略執行計畫成效檢證及人員訓練

　　從美國在南韓部署薩德系統的策略執行計畫案例來看，以往這類高階複雜的思考或決策，是須由「人」來決定與操作。但也因為是人為的因素，讓這類流程被界定為藝術。舉例來說，常有人將「作戰」或「軍事行動」（operation）比喻是一種藝術（art）。通常此類言論是因為無法用科學方法操作的事物，即如果以相同重複的輸入，其所產生的結果不一定會是相同的。因此，如果以藝術的概念作為電腦分析的輸入要素，其所產生的結果基本上很難有說服力，但科學方法就可以用電腦重複產製結果。然隨著人類知識的累積，相信再複雜的思維或系統操作，在某些程度上是可以用電腦輔助取代，如人工智慧系統，而其中無法模式化部分則仍須由人決定或操作，這些部分通常就留給人（參演人員）來完成輸入（決定）。此外還有部分互動的單位（Cell），以角色扮演的方式擔任回應單位（Response Cell）執行輸入或刺激（Stimulation）。例如：將軍事作戰（Military Operations）視為作業程序及作業

系統的話，作戰的流程則可視爲情報及目標獲得、指揮及管制、軍隊機動及火力投射、分析戰果及維持（Sustainment）等參謀作業構成而且不斷循環。而其中有許多複雜及涉及人性之部分仍需要人員來操作，例如指揮官的決策，參謀的專業判斷等，電腦軍事兵棋推演自然也少不了扮演上級指揮部、下級單位、敵人等各類回應單位。這些協助兵棋推演運作的角色扮演單元，統稱回應單位（Response Cell）。當電腦系統輔助兵棋推演（數位化）扮演第三協助系統者時，則稱爲白色單位（White Cell），競爭對手或敵人（Opposing Force, OPFOR）又常以紅色單位（Red Cell）稱之[9]。（如圖5-2）

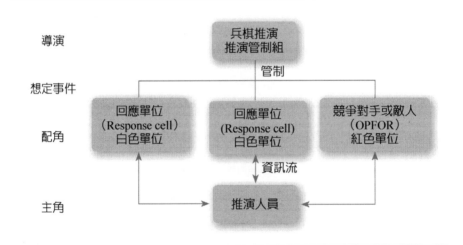

圖 5-2　模式模擬兵棋推演架構圖

資料來源：作者自繪

---

[9]　James Markley, Strategic Wargame Series: Handbook (Carlisle, PA: US Army War College, 2015), pp.21-22

　　運用電腦輔助兵棋推演的目的係節省如時間、人力、金錢等資源成本，甚至有些系統在實務上是無法實施真實測試。例如：昂貴的飛彈或太空飛行或探測系統，或是稍縱即逝無法控制的網路駭客攻擊程式，模擬日常操作中的國家基礎電力供給網路意外等。又如核電廠若遭破壞，對環境、人民及政治的衝擊影響等。這些系統要不是因為唯一的系統正已投入操作，禁不起任何意外停機造成重大傷亡或損失；就是因為系統僅能一次使用，無法進行測試等多重因素考量。綜合上述因素與需求，基本上離不開對時間、人力、金錢等資源成本節約的需求。

　　當達成策略目標的執行計畫完成後，如何確認此策略執行計畫具備有效性與預測性，即是模式模擬模式兵棋推演運用的主要目標。雖然現今電腦模擬輔助的模式模擬兵棋推演，已廣泛運用在國家治理、國家安全、軍事行動，以及民間企業策略決策上。但由於電腦模擬輔助系統昂貴與複雜，並非一般機構與企業所能夠或願意建置與維護的項目，因此，傳統的紙上模式模擬模式兵棋推演，基本上仍有其運用的需求。模式模擬模式兵棋推演具有兩種型態，一種為分析型，另一種為訓練型。分析型的模式模擬模式兵棋推演主要目標，在驗證策略執行計畫的有效性與預測性。而訓練型的模式模擬模式兵棋推演的主要目標，則著重於對策略執行計畫相關執行與作業人員的訓練。目的在讓所有參與策略執行計畫的人員，能夠瞭解與熟悉其工作內容、權責、相關協調與支援事項及策略目標。

（一）分析（驗證validation）型

　　運用目標係針對某項特定策略、政策實施或執行計畫實施兵棋推演，以預測其發展及結果。對想定議題所研擬達成策略目標的策略、政策實施或執行計畫進行模擬，以尋求提升策略執行計畫的成效。分析型兵棋推演基本上在一開始的所有參數輸入設定完畢後，人為因素就不得再介入計算。方能使每一次的兵棋推演模擬運算的輸出結果，可在同一

個參數與運算程式上，將各次的輸出結果做比較分析。當電腦科技成爲兵棋推演輔助後，運用作業研究（Operation Research）的方法模擬人類行爲模式，成爲現代所謂淨評估（Net Assessment）的研究概念。也就是將人類的理性決策行爲，藉由程式的方式表達再利用電腦對程式運算，排除人爲情緒、意識形態、個人利益等不確定因素的影響，如同建構主義中的客觀利益與主觀利益的理論概念。期達到決策上的超然，以獲得策略執行計畫合理性的執行成效分析結果（操作準備事項標準作業程序如附錄3）。

若再以美國在南韓部署薩德系統，反制北韓彈道飛彈攻擊的策略執行計畫爲案例假設。就軍事而言，反制北韓的彈道飛彈攻擊是美國的戰略目標，而在南韓部署薩德系統保護美國駐南韓的部隊，則是戰略執行計畫。依據前述對於駐防在南韓星州郡慶尙北道樂天高爾夫球場的薩德系統簡略的模式模擬模式兵棋推演成效演算評估，其成功攔截北韓攻擊在南韓的美國駐軍部隊的機率不高，因而可以認爲在南韓部署薩德系統的戰略執行計畫，主要是出於政治上的考量。但如何提升在南韓部署薩德系統的軍事作戰成效，就是運用分析型模式模擬模式兵棋推演的核心目標。

（二）訓練型（training）

相較分析型的模式模擬模式兵棋推演，訓練型的模式模擬模式兵棋推演則著重於計畫執行與作業人員的訓練（操作準備事項標準作業程序如附錄4）。訓練型的模式模擬模式兵棋推演的原始用途，基本上源自軍事作戰需求。以二戰期間的美、日太平洋戰爭中的雷伊泰海戰爲例，1944年10月20日美軍決定對菲律賓雷伊泰島發動全面進攻，其中依據作戰計畫海爾賽將軍所指揮的第38特遣艦隊負責掩護與支援，太平洋西南戰區指揮官麥克阿瑟將軍所指揮的第7艦隊遂行雷伊泰灣登陸作戰任務，然海爾賽始終認爲這場戰役的第一要務就是尋找日本艦隊並予以殲

滅。當麥克阿瑟的第7艦隊在沒有反抗下正順利進行兩棲登陸作戰，與此同時海爾賽接獲北方有日本艦隊出現的情報，海爾賽即決定將所屬的38特遣艦隊集結向北追擊日本北方艦隊，使得在雷伊泰灣灘頭上的兩棲登陸艦隊，暴露在可能遭受日本艦隊突襲殲滅的危險。雖然這樣的可能災難事件沒有發生，但從戰後的歷史檢討中這樣的幸運主要在於日本艦隊也發生重大決策錯誤。此案例探討的核心重點在於戰略執行計畫基本上沒有重大缺失，而計畫有可能發生重大缺失的因素，主要來自於計畫執行的決策領導階層對計畫職責的認知不足。從歷史檔案中可知，海爾賽的直屬長官太平洋戰區指揮官尼米茲將軍，在作戰期間不斷提醒海爾賽，第38特遣艦隊的主要任務是為西南太平洋戰區部隊擔任掩護與支援的工作，但海爾賽並沒有負起遵守執行計畫的責任。[10]

由於日本北方艦隊已依計畫，成功吸引擔任雷伊泰灣登陸作戰掩護及支援任務的美國第38特遣艦隊離開防區。假設日本中央艦隊能確依計畫，成功的進入美軍雷伊泰灣的登陸區，對雷伊泰灣上的灘頭部隊及兩棲艦艇來說將是一場大屠殺。因此，訓練型的模式模擬兵棋推演，不僅有利於在不浪費原物料資源的環境中，訓練與找尋最有效率之流程，以磨練執行計畫各層級決策領導人及作業參謀的執行能力外，更能藉由執行計畫實際模擬作業分析，掌握作業細節以提升策略執行計畫的成功公算。

從軍事訓練的角度，訓練型的電腦模式模擬兵棋推演系統，除了參演人員外，其他協助兵棋推演運作的單元，基本上都可用電腦輔助模擬。最常見的電腦兵棋系統，是將以前軍隊做兵棋推演用的沙盤、旗幟、軍隊符號等數位化，以數位圖像代替了以往用的模型或棋子。而資訊科技在此類型兵棋的運用則著重於輔助參演人員產生模擬現實狀況

---

10 波特（E. B. Potter），伊斯曼譯，《海上悍將海爾賽》（Bull Halsey）（臺北：麥田出版，1995），頁378-420。

的感覺，以增進臨場感，專業術語則稱之情境感知（Situational Awareness），也就是運用人類五官知覺產生對問題狀況的瞭解，例如用於刺激視覺的兵棋沙盤，可以讓參演人員充分瞭解地形與各單位所在位置。運用電腦輔助兵棋推演系統就是在建立共通圖像（Common Picture），運用電腦投影輸出取代傳統的沙盤或地圖。

以現今電腦資訊系統技術的快速發展下，電腦輔助兵棋推演系統在視覺上，較以往的實體模型更容易判斷與瞭解環境的全貌，以及環境對敵、我雙方的影響。例如衛星地圖及地形等高線的結合使用，所建構出來的3維空間圖像地形，取代傳統的沙丘模擬的比例地勢圖。各部隊、單位的電腦兵棋符號的運用，更詳細生動的取代了過去的塑膠模型。因為這些電腦兵棋符號的功能，不僅僅顯示敵、我及相關支援的狀況，也顯示各部隊、單位在地形圖上所在的相對位置。同時還能顯示各部隊、單位的戰力、兵力、火力、油量、彈藥量、武器射程、後勤持續力等狀況資訊。以上資訊都可透過電腦強大運算能力，將這些單元的特性及能力隱藏在兵棋符號中，依需要點選顯示出來。[11]

另外對於兵棋的運動也因電腦圖形顯示資料的功能，而能更詳細描述其運動方式、速度及障礙等。加上通訊及網路科技的模擬指揮與管制，可真實模擬遠距聯繫與管制，甚至刻意製造障礙，以訓練應變行動等；同樣的網路通訊的進步，近年來已發展出異地聯訓的技術。也就是說，兵棋推演可以連結真實的部隊或單位，或是模擬器等，在同一個想定場景中進行模擬實戰推演。例如在內華達州的空軍無人機（UAS），飛行員坐在模擬器上，與加州的特戰旅、亞利桑那州的F-16中隊及在佛羅里達州的中央司令部指揮，同時進行聯合實兵實彈演習，在現代的資訊科技技術下，已經是美軍訓練的常規了。

從美軍的電腦資訊科技的發展現況分析，電腦輔助兵棋推演系統

11　James Markley, Strategic Wargame Series: Handbook, P.16.

在模式模擬模式兵棋推演的運用上將扮演非常重要的角色。尤其在執行成效的仲裁部分，以往靠人工仲裁，所發生因推演仲裁組的個人主觀因素，所帶來對結果的質疑，可經由電腦系統及演算法，例如蘭徹斯特方法（Lanchester's laws），動態運算兩方接觸後的戰損，讓參演人員能更專注於檢視計畫行動中的缺失。[12]

二、推演思考：策略執行計畫推演思考要件

模式模擬兵棋推演是利用程式化的演算方法，透過計畫數據資料的輸入，經過模擬程式的演算後產生結果。因此，模式模擬模式兵棋推演必須思考的要項計有，策略目標、策略執行計畫、與策略執行計畫有關的單位、可提升策略執行計畫能力的單位或物資支援、模式模擬系統的選擇、相關參數資料輸入及結果成效分析，分述如下：

（一）策略目標

策略目標是策略執行計畫的指導核心，而策略執行計畫是達成策略目標的具體行動作為。因此，策略執行計畫在執行過程的前、中、後都必須不斷檢視與策略目標之間的落差。從戰略理論的角度思考，就是「目標」與「手段」之間的調和。從模式模擬模式兵棋推演的觀點，策略執行計畫經過模式模擬系統演算後的結果，必須以策略目標作為成效檢視的基準，尋找出結果與目標之間的落差關係。

從美國多次提出臺灣在全募兵制招募不足的影響，部隊戰力將嚴重下滑的這篇報導為例。[13]以模式模擬模式兵棋推演的角度分析，戰略

---

12 James F. Dunningan, Wargames Handbook, 3rd Edition, How to Play and Design Commercial and Professional Wargames, (New York: Writers Club Press,2000), P. 227-250.

13 彭琬馨，〈臺灣全募兵 美方直言錯誤政策〉，《自由時報》，2018年1月

目標與戰略執行計畫之間的關係。依據1992年的國防報告書指出在「攻守一體」、「戰略持久」、「戰術速決」的軍事戰略指導，軍隊總員額已由60萬減至約47萬人。[14]自1994年開始在「守勢作戰」的軍事戰略指導下，計畫十年內於2002年將軍隊總員額裁減至40萬以內。[15]1996年提出「防衛固守、有效嚇阻」的軍事政策指導[16]，軍隊總員已減至46萬餘人[17]。1998年將「防衛固守、有效嚇阻」從政策指導修訂爲戰略構想，並進一步說明「有效嚇阻」是希望以最小的軍力，使敵人瞭解使用武力是得不償失的，與此同時將軍隊的總員額修訂爲33萬6千餘人：陸軍部隊爲20餘萬人、海軍部隊爲6萬餘人、空軍部隊爲6萬餘人、憲兵部隊爲1萬餘人及海岸巡防部隊爲1萬6千人。[18]

2000年的國防軍事戰略構想由「防衛固守、有效嚇阻」調整爲「有效嚇阻、防衛固守」[19]，軍隊總員額裁減爲30萬餘人。[20]2002年在「有效嚇阻、防衛構想」的軍事戰略構想下，提出「聯合制空、制海及地面

28日，<http://news.ltn.com.tw/news/focus/paper/1172560>(檢索日期：2018年4月18日)

14　國防部《國防報告書》編纂小組，〈中華民國81年國防報告書〉（臺北：黎民文化，1992），頁89。

15　國防部《國防報告書》編纂小組，〈中華民國82-83年國防報告書〉（臺北：黎民文化，1994），頁73-74。

16　國防部《國防報告書》編纂小組，〈中華民國85年國防報告書〉（臺北：黎民文化，1996），頁62。

17　國防部《國防報告書》編纂小組，〈中華民國85年國防報告書〉，頁80。

18　國防部《國防報告書》編纂小組，〈中華民國87年國防報告書〉（臺北：黎民文化，1998），頁52-62。

19　國防部《國防報告書》編纂小組，〈中華民國89年國防報告書〉（臺北：國防部，2000），頁64。

20　國防部《國防報告書》編纂小組，〈中華民國89年國防報告書〉，頁121-127。

防衛作戰」的作戰指導。[21]2004年軍隊總員額為30萬9千餘人，並成立飛彈司令部。[22]2006年開始實施「精進案」規劃於2008年裁減軍隊員額至27萬5千人[23]，同時義務兵役期縮減為1年4個月。[24]2008年在軍事戰略構想沒有改變下，義務役士兵役期調整為1年。[25]隨著馬政府的上臺，軍事戰略構想再度調整回「防衛固守、有效嚇阻」[26]，並規畫於2010年調降軍隊員額為21萬5千人。[27]2011面對中國的軍事現代化的快速發展，將國土防衛作戰中「戰勝」的定義，由以往的「全面打贏敵人」，調整為「擊敵於海峽半渡，不讓其登島立足」。另配合組織調整將飛彈指揮部改隸屬空軍司令部。[28]2013年底達成軍隊總員額調降為21萬5千人，並隨著全募兵制政策的實施，義務役兵役期調整為4個月的軍事訓練。[29]2017年隨著蔡政府的上臺，面對中國軍事現代化的高速發展，相對的臺灣受限先進武器籌購不易，以及募兵招募不足的狀況，提出「防

---

21 國防部《國防報告書》編纂小組，〈中華民國91年國防報告書〉（臺北：國防部，2002），頁81。

22 國防部《國防報告書》編纂小組，〈中華民國93年國防報告書〉（臺北：國防部，2004），頁103-119。

23 國防部《國防報告書》編纂小組，〈中華民國95年國防報告書〉（臺北：國防部，2006），頁84。

24 國防部《國防報告書》編纂小組，〈中華民國95年國防報告書〉，頁117。

25 國防部《國防報告書》編纂小組，〈中華民國97年國防報告書〉（臺北：國防部，2008），頁193。

26 國防部《國防報告書》編纂小組，〈中華民國98年國防報告書〉（臺北：國防部，2009），頁79。

27 國防部《國防報告書》編纂小組，〈中華民國98年國防報告書〉，頁96-98。

28 國防部《國防報告書》編纂小組，〈中華民國100年國防報告書〉（臺北：國防部，2011），頁104。

29 國防部《國防報告書》編纂小組，〈中華民國104年國防報告書〉（臺北：國防部，2015），頁79。

衛固守、重層嚇阻」的軍事戰略構想。[30]據報導依據107年度中央政府總預算國防所屬單位預算（上冊），目前軍隊編制員額爲19萬950人，而實際員額爲17萬3千308人。[31]

臺灣的軍事現代化發展受限於美國的管制，基本上是隨著中國的軍事能力的發展作調整。而美國以外的軍備採購又受到中國的阻撓，始終無法依據需求自主發展。但在軍事戰略構想與目標及軍隊組織編制上，仍具有相當大的自主性。然從上述軍事改革的歷史事件分析，在軍事裝備硬體部分：雖然軍事科技的進步，不僅可以增加武器的打擊效力與火力外，同時也可以減低人力的需求。但面對的敵人—中國也隨著軍事科技的進步與發展，在綜合國力巨大提升的情況下，臺灣的軍事能力已達致不可逆的態勢。在軍隊戰力軟體部分：中國目前軍隊員額爲200萬人，且作戰意志與作戰效能不斷的在提升；相對臺灣實際軍隊員額爲17萬3千餘人，如果扣除剩餘即將退役的義務役士兵，將會少於17萬人，且士兵作戰意志與訓練不足。

而從臺灣軍事戰略構想的演變觀察，自「攻勢作戰」調整爲「守勢作戰」後，不管是「防衛固守、有效嚇阻」或「有效嚇阻、防衛固守」，最終的軍事戰略構想的設計就是以陸軍爲主的「本土防衛作戰」實施殲滅戰爲構想，海、空軍武力僅是陸軍部隊的火力延伸。而這樣的軍事戰略構想最初的規劃，基本上是建構在以陸軍爲主的40萬軍隊員額需求上，然現今臺灣軍隊員額卻由40萬縮減至17萬或更少。且全募兵制政策實施後，面對臺灣社會已走向少子化及老年化這樣不可逆轉的趨

---

30 國防部《國防報告書》編纂小組，〈中華民國106年國防報告書〉（臺北：國防部，2017），頁55。

31 〈中華民國107年度中央政府總預算國防部所屬單位預算〉，上冊，頁763，《中華民國國防部》，<https://www.mnd.gov.tw/NewUpload/201803/107年度國防部所屬單位法定預算書表_115897.PDF>(檢索日期：2018年4月18日)。

勢，且國防經費無法大量提升下，要想達到目前國防所規劃的19萬軍隊編制員額，其困難度相當大。

由此，從策略目標與策略執行計畫的上下關係來看，面對中國各項武器裝備已大幅超越臺灣的狀況下，以短、中程彈道飛彈爲例，臺灣對10枚以上的飛彈群幾乎無任何反制能力。由國土防衛爲主所建構「重層嚇阻」的軍事戰略構想，以及防止中國軍隊在臺灣本島登陸立足的軍事戰略目標，除不具備所謂「不對稱創新作戰」的要件外，在現今大規模地面殲滅作戰發生機率不高的情勢下，防衛固守的發生機率將有多高值得思考。這也就是運用模式模擬模式兵棋推演之所以可貴與重要的原因，在於調和「目標」與「手段」之間的落差。也就是當採取「戰力防護、濱海決勝、灘岸殲敵」，對敵實施重層攔截及聯合火力打擊，逐次削弱敵作戰能力，瓦解其攻勢，以阻敵登島進犯的戰略計畫（手段），無法達到「防衛固守」確保國土安全的戰略目標時，就必須調整戰略計畫以滿足戰略目標，或修正戰略目標，配合戰略計畫（手段）的能力。

（二）策略執行計畫

達成策略目標的策略執行計畫，原則上是有許多方案及選項。如何確認達成策略目標最適合的執行計畫方案，將於第六章的策略分析模式兵棋推演中說明。而模式模擬模式兵棋推演所運用的策略執行計畫，基本上是已經過分析評估後的最適合或最佳策略執行計畫方案。因此，在模式模擬模式兵棋推演運用中，對於此最適合的策略執行計畫所需思考的事項，是將與策略執行計畫的相關因素做分項解析。例如：以中、美南海衝突的軍事能力分析爲案例，假設想定中國爲展現對南海的主權，要求航經南海的船隻，必須於進入海域前一天通報中國海南省三沙警備區，以確保航行安全。美國爲確保公海航行及貿易自由，因應中國的非法行爲，決定派遣航空母艦特遣支隊巡弋南海，並提供南海航行船隻護航需求，反制中國艦艇及公務船對南海航行船隻實施臨檢的行爲。

美國派遣航空艦支隊進入南海巡弋的戰略執行計畫，其戰略目標是宣示南海為公海，任何船隻在公海上均具有自由航行的權力，無須向任何國家報備。美國對於此項戰略執行計畫，必須對可能爆發的中、美軍事衝突做好準備。若從模式模擬模式兵棋推演的觀點分析，其模式模擬系統所須要件項目計有：1.中國駐防在各人工島礁的海、空兵力總類、數量、能力；2.美國航空母艦支隊海、空兵力總類、數量及能力；3.中國遂行南海戰略時，可支援南海作戰的海、空軍兵力總類、數量及能力；4.可支援美國航空母艦特遣支隊，實施聯合作戰的盟國海、空軍兵力種類、數量、能力及時間；5.可提供美國航空母艦特遣支隊靠泊、補給、維修的盟國港口位置、航程時間及能力。

以上所提出的假設想定戰略執行計畫思考要項，主要目的在說明模式模擬模式兵棋推演中，有關如何將戰略執行計畫轉變成為模式模擬系統所需的參數數據資料，以利模式模擬系統演算後的量化數據結果。例如：假設美國勃克級驅逐艦與中國蘇愷35戰機的交換比為1：3；中國039型（宋級）潛艦與美國洛杉磯級潛艦的交換比為2：1；美國驅逐艦與中國潛艦的交換比為2：1等。美國戰略執行計畫中航空母艦特遣支隊的海、空軍兵力數據資料，以及中國可能投入南海戰場的海、空軍兵力數據資料，經由模式模擬系統將雙方參數資料輸入，在演算後即可獲得量化的數據資料。例如：中、美雙方海、空軍兵力交戰結果，美國戰機損失5架、驅逐艦重損2艘、航空母艦輕損及潛艦沉沒1艘；中國戰機損失8架、護衛艦沉沒1艘、驅逐艦重損1艘及潛艦沉沒2艘等。

（三）與策略執行計畫有關的單位

從上述想定的假設，可以瞭解對於南海交通的暢通，基本上沒有任何國家比日本更為關切的，因為這條海上交通線可說是日本的重要生命線。任何影響南海自由航行的風吹草動，雖不致讓日本國家安全受到立即嚴重威脅，但對國家的經濟發展將遭受嚴重打擊。如果美國根據「美

日安保條約」，邀請日本加入美國航空母艦特遣支隊執行南海巡弋任務的話，即使日本不願派遣海、空軍兵力，直接與中國交戰，也會提供美國任何所需的支援。所以，策略執行計畫雖然是計畫者與競爭者之間的相對應關係，但雙方可支援盟友能力的加入，亦將會影響策略計畫執行的成效。例如：東芝（Toshiba）記憶體事業出售案，此標售案主要的兩個競爭者，基本上是日本政府及臺灣鴻海集團。日本政府之所以積極阻撓鴻海集團收購東芝（Toshiba）記憶體事業的主要原因係不讓設廠在中國的鴻海集團，透過收購案讓中國獲得日本快閃記憶體的高新技術。[32]因而由日本官民基金「產業革新機構」（INCJ），邀請韓國SK海力士、美國蘋果（Apple）及戴爾（Dell）組成「美日韓聯盟」對抗鴻海集團。[33]從此案例可知，影響策略執行計畫成效的結果，不僅僅是敵對雙方。可能影響策略執行計畫的其他關係單位，也都應納入模式模擬模式兵棋推演的中介變項因素，也就是其他影響因素。

（四）可提升策略執行計畫能力的單位或物資支援

外界的支援也是策略執行計畫必須考量的因素之一，如果從現實主義權力平衡理論的觀點，分析中、美在南海海域的對抗，表面上看來是中、美兩國在西太平洋之間的較勁。然背後的戰略目標核心可能是，美國希望維持自冷戰以來在亞洲西太平洋各國的影響力，而崛起的中國則希望提升對此區域的影響力。由此，美國派遣航空母艦特遣支隊巡弋南海，並提供航經南海各國船隻公海自由航行保護的戰略執行計畫。越

---

32 〈為何郭董沒有追到東芝？其實2月就有跡象了〉，《蘋果即時》，2017年6月21日，<https://tw.appledaily.com/new/realtime/20170621/1144907/>(檢索日期：2018年4月18日)

33 〈鴻海沒買到東芝　臺廠「蛙跳」突圍〉，《經濟日報》，2017年9月21日，<https://money.udn.com/money/story/5628/2713578>(檢索日期：2018年4月18日)

南、菲律賓、印尼、馬來西亞及新加坡等國，在不直接與中國對抗的狀況下，對美國的戰略執行計畫表達支持的立場。除了口頭的立場表達外，也可經由提供港口設施及海上緊急救難等採取實質支援措施。這些外在的支援作為，是可有效維持美國航空母艦特遣支隊南海海上巡弋的持續戰力。

　　基本上敵對雙方在選擇發動一場戰爭衝突的最佳時機，通常會是在敵人最疲憊的時候及機動能力受限制的時候，如夜間、長期處於備戰狀態之後或艦隊實施海上整補時艦船操縱能力受限制時等。由於美國撤離菲律賓蘇比克灣的海軍基地，對於美國航空母艦特遣支隊巡弋南海的任務來說，應屬於遠征的特性。越南、新加坡、菲律賓及印尼的港口後勤支援，對美國航母特遣支隊的持續戰力維持具有重要的影響力。所以，外在的支援考量因素，也是策略執行計畫能否有效達成策略目標的重要考量因素之一。

（五）模式模擬系統的選擇

　　模式模擬系統的建構，必須以策略目標為依據，以及影響達成策略目標的策略執行計畫的相關因素為思考要件。選擇適當或自行建構模式模擬系統程式，是作為兵棋推演數據資料演算的基礎。例如：蒙地卡羅演算法：是一種隨機模擬方法，以概率和統計理論方法為基礎的一種計算方法，是使用隨機數（或更常見的偽隨機數）來解決很多計算問題的方法。在金融工程學，宏觀經濟學，生物醫學，計算物理學等領域有廣泛的應用；[34]灰色系統理論：是一種對含有不確定因素的系統進行預測的方法。目前已成功地運用在各領域，如探討營造業重大職災不安全行

34　〈蒙地卡羅模擬課程〉(Monte Carlo Simulation Training)，《優美管理顧問》，<http://www.musigmagroup.com/tw/showser-261.html>(檢索日期：2018年4月19日)

爲之致因。[35]蘭徹斯特法則：是描述雙方兵力交戰過程中，變化關係的微分方程組。雖然其發展是以軍事兵棋推演爲主，但發展至今也可用於商業上的策略分析。[36]除上述可運用模式模擬系統的模式理論外，尚有類神經網路理論及模糊理論等，相關理論說明將於下一節詳細介紹。

在前述的案例中，在中、美南海軍事衝突的運用上，有關情報的分析可運用灰色系統理論，對於不確定的情報因素執行決策演算；在雙方海、空軍兵力衝突後的戰損結果，則可以運用蘭徹斯特方程式來計算成果；對於雙方兵力部署所產生的效應，可運用蒙地卡羅演算法獲得成效結果。這些結果都是以量化的數據顯示出來，作爲後續策略目標達指標的分析基礎。

（六）相關參數資料輸入要項

我們必須瞭解系統化的模式模擬兵棋推演，無論是使用人工計算，還是運用電腦演算。模式模擬模式兵棋推演系統就像一部電腦一樣，你不能只告訴電腦你想要做什麼，並期待你的要求被執行。電腦需要明確的指令，而這些被稱爲電腦程式、電腦軟體、術語程式或軟體的指令，必須確認執行才會進入演算的過程。[37]參數資料輸入要項越是精準，所演算出來的結果就越可靠。輸入參數要項越多，越能接近事件的實際環境，演算所得出的結果，也就越能預測策略執行計畫的成效。

假設中國與日本在釣魚臺列嶼的主權爭端上發生衝突事件，除了

---

35 蘇慧倚，〈運用灰關聯分析於營造業重大職災不安全行爲致因之研究〉，《勞工安全衛生研究季刊》，第20卷第2期，民國101年6月，頁231-239。

36 林奐呈，〈以小搏大，以寡擊眾的祕訣〉，《經理人》，2009年4月28日，<https://www.managertoday.com.tw/articles/view/1831>(檢索日期：2018年4月19日)

37 James F Dunnigan, Wargames Handbook, Third Edition: How to play and commercial and Professional Wargames p.255.

海、空軍兵力參數資料的比較演算之外，中國的中、短程彈道飛彈是否會納入事件的武器運用清單，亦將是影響模式模擬模式兵棋推演的重要變數影響因子。因為日本沒有同樣的武力可以實施反擊，儘管在海、空軍兵力的數量上無法與中國相比，但在武器、裝備及系統上較優於中國。如果軍事衝突只限制在釣魚臺列嶼，日本與中國尚有較量的能力。當中國中、短程彈道飛彈加入此事件影響因子的時候，中國與日本的釣魚臺列嶼領土與領海主權爭端的衝突，將提升到另一個思考比較的層次。假設中國在雙方海、空軍兵力交戰期間，發射中程彈道飛彈在日本東京灣實施無傷害的嚇阻射擊等。民主制度下日本政府就必須考量，是否能夠承擔日本本土遭受戰爭損害的風險。

但假設美國依據「美日安保條約」，同意在釣魚臺列嶼的主權衝突上支持日本對抗中國，並警告中國軍事衝突不得涵蓋日本本土；當日本本土遭受威脅，美國將採取同樣的報復行動。這時中國與日本的武力參數比較，又有所不同，因為美國的影響因子必須納入演算要項提供參數資料。

（七）結果成效分析

策略執行計畫經過模式模擬系統演算，所得出的結果如何評鑑是否可達成策略目標的要求，是必須依據決策領導人的需求而定。以中、美南海軍事衝突為例，美國的戰略執行計畫經過模式模擬系統演算後，得出的綜合結果是策略目標達成率為75%；這個結果所顯示如果是航空母艦受到中損、1艘驅逐艦沉沒、1艘驅逐艦重損、戰機戰損5及1艘潛艦沉沒。相對中國則損失更重，如果是1艘驅逐艦沉沒、2艘巡防艦沉沒、戰機戰損10架及1艘潛艦沉沒等。從結果的顯示若以軍事的角度來看，美國的戰略執行計畫是高的。但如果從政治層面的角度來看，中國與美國對損失承擔能力就不同了。

以中國政府的態度與人民的期望來說，這些損失不僅僅能夠承受，同時還可以激起人民對國家的向心力，畢竟百年前西方列強對中國殖民的屈辱仍未忘懷，相反的在民主體制下的美國政府及人民是否能承擔這樣的損失，則值得探討。因為中國不是中東國家，20世紀50年代的韓戰及70年代的越戰對美國的教訓殷鑑不遠，所以，假設美國的領導決策者要求，達成戰略目標的執行計畫要95%以上；也就是要求美國對中國的軍事衝突中，美國的戰損不得超過驅逐艦中損及戰機戰損2架以上的損失時，美國對於達成戰略目標的戰損要求就不得少於95%，而原戰略執行計畫在經過多次模式模擬系統演算，或是執行計畫各行動分項做部分調整修訂後，再經過模式模擬系統演算後仍無法達成95%的要求時，戰略執行計畫就必須重新修訂或調整。如協調臺灣提供太平島港口靠泊，以利實施艦艇維修，以及派遣海、空軍兵力提供太平島以北的南海航行船隻護航任務；亦或是增派另一支航空母艦特遣支隊穿過巴士海峽至菲律賓西部海域擔任策應任務，以因應中國可能的軍事衝突等，藉以提高達成戰略目標要求的戰略執行計畫成效。

三、推演架構：模擬系統需求、人員編組、相關參數資料建構

當模式模擬模式兵棋推演的策略目標、策略執行計畫、與策略執行計畫有關的單位、可提升策略執行計畫能力的單位或物資支援、模式模擬系統的選擇、相關參數資料輸入及結果成效分析等思考要項能瞭解與掌握後，如何將這些模式模擬模式兵棋推演的需求概念，落實到具體的工作事項為本節的介紹重點。本節將從模擬系統的介紹與選取、兵棋推演的人員編組及相關參數資料的建構與輸入3個部分說明，以提供讀者參考。

（一）模式模擬系統需求

可運用於模式模擬模式兵棋推演的理論及系統，列舉計有蒙地卡羅模擬法（Monte Carlo Method）、類神經網路（Artificial Neural Network: ANN）、模糊理論（Fuzzy Logic）、蘭徹斯特法則（Lanchester's Law）、灰色系統理論（Grey System Theory）及矩陣兵棋等，分別介紹如下：

1. 蒙地卡羅法

蒙地卡羅法是1940年代中期由尼古拉斯・梅特羅波利斯（Nicholas Constantine Metropolis）將統計學的方法使用在電子數值積分與計算機（Electronica Numerical Integrator And Computer, ENIAC），在使用的過程中馮・紐曼（John von Neumann）和斯塔尼斯拉夫・烏拉姆（Stanis aw Marcin Ulam）建議尼古拉斯・梅特羅波利斯（Nicholas Constantine Metropolis）提出的一種以機率統計理論爲原則的數值計算方法運用在氫彈上。將使用亂數（或僞亂數）來解決核彈研究上的計算問題。由於烏拉姆的叔叔經常在摩納哥的蒙地卡羅賭場賭錢而得名，而蒙地卡羅法正是以機率爲基礎的演算方法。

蒙地卡羅法在金融工程學，宏觀經濟學，生物醫學，計算物理學（如粒子輸運計算、量子熱力學計算、空氣動力學計算）機器學習等領域應用廣泛。通常蒙地卡羅法可以粗略地分成兩類：一類是所求解的問題本身具有內在的隨機性，藉助電腦的運算能力可以直接模擬這種隨機的過程。例如在核物理研究中，分析中子在反應爐中的傳輸過程；中子與原子核作用受到量子力學規律的制約，人們只能知道它們相互作用發生的機率，卻無法準確獲得中子與原子核作用時的位置，以及裂變產生新中子的行進速率和方向。科學家依據其機率進行隨機抽樣得到裂變位置、速度和方向，這樣模擬大量中子的行爲後，經過統計就能獲得中子

傳輸的範圍，作爲反應爐設計的依據。[38]

　　蒙地卡羅法的另一種類型是所求解的問題，可以轉化爲某種隨機分布的特徵數。例如隨機事件出現的機率，或者隨機變數的期望值；通過隨機抽樣的方法，以隨機事件出現的頻率估計其機率，或者以抽樣的數字特徵估算隨機變數的數字特徵，並將其作爲問題的解。這種方法多用於求解複雜的多維積分問題。[39]

　　假設我們要計算一個不規則圖形的面積，那麼圖形的不規則程度和分析性計算（比如，積分）的複雜程度是成正比的。蒙地卡羅法基於這樣的思想：假想你有一袋豆子，把豆子均匀地朝這個圖形上撒，然後計算這個圖形之中有多少顆豆子，這些豆子的數目就是圖形的面積。當你的豆子越小，撒的越多的時候，結果就越精確。藉助電腦程式可以生成大量均匀分布的座標點，然後統計出圖形內的點數，通過它們占總點數的比例和座標點生成範圍的面積就可以求出圖形面積。[40]

2. 類神經網路

　　類神經網路是一種模仿生物神經網路，以進行併行分布式資訊處理的一種數學模式。也就是以對大腦的生理研究發現爲基礎，藉由模擬大腦某些運作機制，發揮某些特定功能，也簡稱爲神經網路或連接模式（connectionist model）。由於爲了模仿人類大腦神經網路結構和功能，遂將人腦的神經網路透過理論化成爲數學模式，從而建立一種資訊處理系統。類神經系統所涉及的領域涵蓋神經科學、思維科學、人工智慧、計算機科學等交互運用的科學。具有自我適應、自我組織和自我學習的

38　William L. Dunn, J Kenneth Shultis, Exploring Monte Carlo methods(Amsterdam: Elsevier/Academic Press, 2012) pp.7-8.

39　William L. Dunn, J Kenneth Shultis, Exploring Monte Carlo methods, p.13.

40　Reuven Y. Rubinstein, Dirk P. Kroese, Simulation and the Monte Carlo Method(New Jersey: John Wiley & Sons, 2017), pp. 51-52.

特點。[41]

　　類神經網路的運用相當廣泛，生物原型的研究、理論模式的建構（如概念模式、知識模式、物理化學模式及數學模式等）、網路模式與演算法研究及人工神經網路運用系統（如人工智慧）等，[42]有關對類神經網路的分類角度分析如下：

(1)從網路功能角度分析：分為連續型與分散型神經網路、規律性與隨機性神經網路。

(2)從網路結構角度分析：分為前向神經網路與反饋神經網路。

(3)從網路學習角度分析：分為教師學習神經網路和無教師學習神經網路。

(4)從連接突觸性質角度分析：分為低階線性關聯神經網路和高階非線性關聯神經網路。

　　近年來由美國Math Works公司開發的「矩陣實驗室」（MATrix LABoratory, MATLAB）擬真軟體，已成為學術界公認具有準確、可靠的科學計算標準軟體。主要運用於工程計算、控制設計、信號處理與通信、圖像處理、信號檢測、金融模式建構設計與分析等領域。其中「矩陣實驗室」軟體中的Simulink功能，可執行動態系統模式建構和擬真，尤其人機介面是以Windows的模式化圖形輸入，使得操作者可以把更多的注意力放在系統模式的建構上。[43]

　　而「矩陣實驗室」軟體在類神經網路的實際運用範例中，可運用於模式模擬模式兵棋推演的計有：

(1)上海證券交易所綜合股價指數的開盤指數預測：其使用「矩

41　聞新、李新、張興旺，《應用MATLAB實現神經網路》（北京：國防工業出版社，2015），頁1-2。

42　聞新、李新、張興旺，《應用MATLAB實現神經網路》，頁5。

43　聞新、李新、張興旺，《應用MATLAB實現神經網路》，頁13-15。

陣實驗室」的LISBVM軟體功能，以類神經網路的模糊資訊粒化處理原始數據，再以「支持向量工具」（Support Vector Machine, SVM）進行迴歸預測，可對上海證券交易所綜合股價未來5天內的變化趨勢和變化空間進行預測。[44]

(2)電力負荷預測模式研究：由於電力系統無法大量儲存電能，而各類用戶對於電力的需求時刻無時不在變化，因此，需要系統發電輸出能隨時與系統負荷的變化保持動態平衡。在此案例要求下，可運用Elman神經網路，即局部回饋神經網路，也是一種典型的動態神經網路，經由模式的建構與電力系統負荷高峰的數據資料輸入，以預測當天的電力系統負荷數據。[45]

(3)短時間內的交通流量預測：在高度城市發展下，上、下班時尖峰時期的交通阻塞，對於任何交通管理單位來說都是最大的問題考驗。由於短時間的交通流量預測具有高度的非線性和不確定性，且時間因素的影響很大，故我們可使用小波神經網路理論在MATLAB軟體上編寫程式以獲得短時間內的交通流量預測數據資料。[46]

除上述所提運用類神經網路理論所建構的模式模擬系統，來獲得所需問題的預測數據資料外，亦可將類神經網路理論結合「矩陣實驗室」軟體，運用在商業訂單需求的預測及網路入侵之類的預測等。

---

[44] 王小川、史峰、郁磊、李洋，《MATLAB神經網路43個案例分析》（北京：北京航空航天大學出版社，2013），頁143。

[45] 王小川、史峰、郁磊、李洋，《MATLAB神經網路43個案例分析》，頁197-200。

[46] 王小川、史峰、郁磊、李洋，《MATLAB神經網路43個案例分析》，頁279-287。

3. 模糊理論

所謂「模糊」是指介於0%與100%之間的灰色地帶，而對於「模糊」的概念認知，所表達的是沒有明確的定義或界線。也就是在二元邏輯的0與1、黑與白及是與否之外的表達概念。[47]尤其在策略或戰略分析上，沒有絕對的真值。當將「模糊」的概念導入到科學的研究領域內時，首先需要從模糊的邏輯來思考。模糊邏輯是以含糊的概念作為推論，然模糊邏輯是建立在模糊集合之系統模式的數學解算，類神經網路也從經驗中學習了模糊集合的概念。[48]

模糊集合是模糊系統的構成要素，模糊系統主要目的是在輸入與輸出之間建構一個橋梁，而這個橋梁是由法則所構成的。這個法則對應於市場的運作就是買、賣的指令，如「假設黃金價格高，需求量就小」的假定；或是運用於感測器，量測的結果對應於控制開關。同樣的模糊系統可以同時使用不同的法則，然後累計結果並取得平均值。然法則最大的問題在於模糊系統使用太多的法則，雖然法則的參數越多，系統越能反應真實的狀況，但是將會發生所謂「維度詛咒」（curse of dimensionality）的狀況。[49]

當我們對事實的陳述與實施數學模式測試時，通常會遇到肯定後件（affirming the consequent），也就是邏輯的形式謬誤。而我們所能做

---

47 巴特・柯斯可（Bart Kosko）著，陳雅雲譯，《模糊的未來：從社會、科學到晶片的天堂》（The Fuzzy Future: From society and science to heaven in a chip）（臺北：究竟出版社，2005），頁5。

48 巴特・柯斯可（Bart Kosko）著，陳雅雲譯，《模糊的未來：從社會、科學到晶片的天堂》（The Fuzzy Future: From society and science to heaven in a chip），頁13-23。

49 巴特・柯斯可（Bart Kosko）著，陳雅雲譯，《模糊的未來：從社會、科學到晶片的天堂》（The Fuzzy Future: From society and science to heaven in a chip），頁28-30。

的就是刪除不好的猜測，把注意力放在剩餘的猜測上，如果一切順利，其所得出的結果會越來越接近眞正的數學模式，但這僅能描述眞實的一部分。模糊系統無法改善這個方法的邏輯，任何的輸入都會導致一個輸出。模糊系統的執行取決於「黑盒子」（black box）模式模擬系統程式的編寫。模糊系統與統計黑盒子都同樣面臨兩大問題，第一個是信心問題：因爲模糊系統不會提供保證，主要是非線性系統因素。然在大自然中沒有純線性的過程，致使任何系統的輸出都不可能一直與輸入成正比。第二個問題是統計方法的問題：如果加入的參數項目越多，模糊系統就會越複雜，當呈現出所謂「維度詛咒」的狀況時，將會導致參數指數增加的規則爆炸。即使運用類神經網路的前饋系統與反饋系統理論，透過電腦大量數據資料的計算仍會陷入兩難困境。[50]

　　從模式模擬模式兵棋推演的角度觀察，模糊理論可用於策略行動中決策行爲的演算。對於影響決策的因素基本上有策略目標、內外環境、屬性及可行性方案等，而且這些因素往往相互衝突，因此模糊環境下的決策行爲基本概念及數學模式，如模糊多屬性決策、模糊多目標決策及模糊群體決策等方法，可作爲模式模擬模式兵棋推演的系統工具。[51]

4. 蘭徹斯特平方律

　　1916年隨著戰鬥機在戰爭中發揮的效益，英國學者蘭徹斯特（Frederick W. Lanchester）在其著作《戰機：第四軍的興起》中，利用簡單的積分概念所建構的方程式，以描述現代戰爭的龐大結構，此即爲所謂的「蘭徹斯特平方律」（Lanchester's square law）：兵力隨新增士

---

[50] 巴斯可（Bart Kosko）著，陳雅雲譯，《模糊的未來：從社會、科學到晶片的天堂》（The Fuzzy Future: From society and science to heaven in a chip），頁212-228。

[51] 李允中、王小璠、蘇木春，《模糊理論及其應用》（臺北：全華圖書，2008），頁11-1-11-60。

兵人數的平方而增加。然此法則是以第一次世界大戰當時的想定假設為架構，所提出的兵、戰利弊比較方法。基本上在第二次世界大戰太平戰爭中硫磺島之役，使用蘭徹斯特法則預測的結果，尚可符合實際的狀況。但當交戰雙方只要有一方無法進入火力交戰，如戰術迴避，此法則就不適用，另外若發生游擊戰的問題，此法則同樣的也不適用。因為非線性的狀況使得「蘭徹斯特平方律」的模式模擬失去效用，不過在某些條件下，「蘭徹斯特平方律」仍有其運用的效能。[52]

　　例如對於戰機之戰損比的模式模擬，假設敵我雙方在不考量飛機的後續補充、雙方戰機都能掌握其位置、可直接實施攻擊、攻擊能力相等、可一對多或一對一交戰、雙方剩餘戰機數量是時間的連續函數及參戰的戰機數量在大隊級以上，運用蘭徹斯特平方律進行演算可得出模式模擬系統所需的戰機損失率。[53]又如對於新加坡作戰準備、士兵部隊準備和部隊結構意涵的分析，即可利用「蘭徹斯特平方律」理論，將其與相對戰鬥力的概念聯繫起來，透過探索7人及10人之間戰鬥案例的理論演算，瞭解部隊資訊化的重要性，以及對新加坡部隊結構的影響。[54]

　　蘭徹斯特平方律理論不僅僅可用於軍事上戰力比的模式模擬計算，此理論法則亦可運用在企業的經營思考上；例如從簡單的攻擊力＝兵力數×武器性能及攻擊力＝兵力數平方×武器性能的法則，轉換成企業運用的法則。當企業處於劣勢的狀況時，應該選擇第一法則較能達到

---

52 轉引自巴特・柯斯可（Bart Kosko）著，陳雅雲譯，《模糊的未來：從社會、科學到晶片的天堂》（The Fuzzy Future: From society and science to heaven in a chip），頁179-181。

53 劉金梅、高輝、汪軍，〈利用蘭徹斯特方程估算飛機戰損率〉，《工科數學》，第16卷，第3期，2000年6月，頁14。

54 Philip Chan, "The Lanchester Square Law: Its Implications for Force Structure and Force Preparation of Singapore's Operationally-Ready Soldiers," Pointer, Journal of the Singapore Armed Forces, Vol.42, No.2. p.47.

有利的效果，也就是選擇單打獨鬥的產品、執行接近戰或單打獨鬥的營業方式及挑選特殊的營業區域。而對於處於優勢的企業則應採取第二法則，也就是選擇從事間隔戰或廣泛區域戰的商品與經營方式，以及使用產品數量較多城市。假設再將營運調查（如與客戶及內部的關聯）的方式納入比重計算，則更可分析出最佳的經營策略。[55]

5. 灰色系統理論

「灰色系統理論」（Grey System Theory）基本上起源於1945年的「封閉盒子」（closed box）及1953年「黑盒子」（black box），用於當無法掌握內部結構、特性及參數等狀況時，只以外部及直觀的因果關係及輸入輸出的關係當作研究的基礎。1982年3月中國在Systems & Control Letters雜誌發表的一篇「灰色系統控制理論」（Control Problems of Gray Systems）論文，使得「灰色系統理論」成為一個重要分析理論，並廣泛應用在各領域。[56]

灰色系統理論主要針對系統模型中，在資訊不明確與不完整的狀況下，進行與系統有關的關聯分析（relation analysis）及模式建構（model construction），藉由預測及決策的方法探討並瞭解系統的情況。以及對事物的不確定性（not certainty）、多變項輸入（multi-input）、離散數據（discrete data）及數據的不完整性（not enough）作有效的處理。其研究的項目可歸納如下：[57]

(1)灰色生成：透過灰色關聯生成（不失真下的數據處理）、累加

---

[55] 竹田陽一、栢野克己著，許倩珮譯，《小公司賺大錢：蘭徹斯特法則經營的7大成功戰略》（臺北：臺灣東販，2005），頁43-59。

[56] 溫坤禮、趙忠賢、張宏志、陳曉瑩、溫惠筑，《灰色理論與應用》（臺北：五南圖書，2009），頁4。

[57] 溫坤禮、趙忠賢、張宏志、陳曉瑩、溫惠筑，《灰色理論與應用》，頁5-7。

生成（數據的依次累加）或逆累加生成（累加生成的逆運算）三種方式，降低數據中的隨機性，以提升其規律性。

(2)灰色關聯分析：分析離散序列的相關程度。

(3)灰色模式建構：即利用生成的數據資料建立灰差分與灰擬微分方程式的模式。

    a. 灰色預測：是運用完成建構的模式爲基礎，對現有數據進行預測，也就是找出每一數列中各個餘數的未來動態狀況。

    b. 灰色決策：是將策略與模式結合所作的決策。

    c. 灰色控制：是通過系統行爲的數據，經過行爲發展規律的尋求，以預測未來的行爲。當獲得預測值後，將此預測值回饋系統進行系統控制的一種法則。

有關灰色理論的運用，不僅僅可以運用在臺灣的電力需求預測。亦可用在臺灣的光電產業出口值預測、軍事衝突危機預測、企業經營績效排名之預測、國軍軍官考績評鑑預測、臺灣地區醫師人力供需預測及臺灣茶葉產銷預測等。[58]另外對於臺灣上市公司比率變數的預測等金融方面，也可運用灰色理論的模式模擬系統實施預測。[59]

6. 矩陣兵棋

以上的系統模擬理論由於演算較爲複雜，基本上是使用電腦系統執行模擬演算，對於沒有電腦模式模擬系統可提供輔助兵棋推演的單位，亦可用人力演算的方式進行模式模擬的兵棋推演。例如使用在英國國防學院網路作戰意識課程的矩陣兵棋推演，以及戰略預測評估方法中美國

---

58 畢威寧、劉亮成，〈灰預測在臺灣地區電力需求上之應用研究〉，《科學與工程技術期刊》，第3卷，第2期，2007年，頁13-17。

59 余尚武、劉憶瑩、王雅玲，〈應用灰色系統理論於臺灣上市公司財務比率變數之預測—以電子業爲例〉，《中華管理評論國際學報》，第16卷，第1期，2013年2月，頁1-4。

國家徵候中心判斷蘇聯集團發動進攻的升級性指標[60]。

　　矩陣兵棋推演與普通兵棋推演不同之處，在於矩陣兵棋推演中，很少有預先設定的規則限制參演人員可以做什麼，相反的每位參演人員，在每回合中都可以自由的進行任何看似合理的行動。成功或失敗的機會，以及行動的影響，基本上是通過結構化的「論證」（argument）和討論作爲裁定的基礎。這個過程允許充滿想像力的兵棋推演動力，而這個動力是充滿活潑、開放，但也根植於實際的現況。在矩陣兵棋推演中，事件是由邏輯「論證」的結構化序列來解決，每一位推演分組參演人員輪流進行論證，當論證成功兵棋推演及推演分組的位置就向前推進。

　　然這有很多方法可以做到這一點，主要取決於兵棋推演的大小和目的，也就是利與弊的分析系統。在這個系統中，每一個論證都被分解爲兩個面向，一是主要推演分組的參演人員說明：發生的事件，以及可能發生的一些原因；二是其他推演分組參演人員的回應陳述：可以想到的任何可能不會發生的原因，對於主要推演分組所提「發生的事件」，應該是一個具有可衡量結果的動作，而「論證」是關於兵棋推演移動前進的動作。這些主推演分組與其他推演分組所提出陳述的「理由」，必須經過評估爲贊成或反對，以及對論證的重量評量。如果論證和原因是令人信服的，雙方都同意主推演分組所提的陳述理由，則論據就自動成功獲得推進下一個行動；然如果主推演分組與其他推演分組的論證都具有良好的理由時，對於贊成和反對的陳述，必須作出論證成敗的決定。這時可運用兩個具有1到6點的六面骰子，分別由主推演分組及其他推演分組各自投擲，當所得數字相加超過7以上，代表主推演分組的論證是成功的，如果是7以下則論證失敗。

60　梁陶，《構建以假設爲核心的戰略預測評估方法》，（北京：時事出版，2017），頁155。

投擲骰子來決定論證成功與否的目的，是迫使兵棋推演能夠繼續向前推進，避免讓兵棋推演陷入在一個過於詳細討論事件中的困境。當然除了使用骰子的方式決定論證的成與敗外，也有其他的方式可以運用。而這個論證的決定權責，是必須由推演裁判組來執行。[61]例如：1.共識：也就是經過不斷的討論後，大家對各個分組所提出的事件陳述理由形成成功或失敗的共識；2.請教專家：在一些技術領域上，如網路，請一個專家小組來決定一個論證的成功與否，或是成功的機率有多少。只要他們能夠充分闡明原因，並提出成功或失敗的原因即可。然這只能應用於技術層面的論證，無法成為群體之間衝突反應的論證決定，例如：某種類型的駭客攻擊是否真的可能等；3.投票：將事件論證的成功與否分類為7種選項，分別為100%的成功、90%的高度可能性、70%的可能性、50%的也許、30%的可能性、10%的高度不可能性及0%的失敗。[62]由所有參演人員的投票經過加總再除以投票數，就可以獲得事件論證的成功率。假設參與投票人數為5人，投票結果是90%、50%、100%、10%及70%，則綜合的成功機率為64%。如果規則設定成功率要在75%以上才算成功，則64%就視同失敗，如果規則標準訂為60%以上，則視同成功。

上述矩陣式模式模擬兵棋推演，是一個相當簡單的數值量化運用範例。當然其他如蒙地卡羅法則、類神經網路、模糊理論及蘭徹斯特方法等，都可運用於人工的模式模擬模式兵棋推演中。雖然這些模擬理論和方法較適合於使用電腦系統，執行大量及快速的參數數據資料運算，以獲得較接近實際狀況的結果。但對於缺乏資源的單位來說，可將模擬程式計算所需的輸入參數要項簡化，以可以滿足在最短的時間內完成衝突

---

61 Jon curry, Tim Price, Modern Crises Scenarios for Matrix Wargames (London: The History of Wargaming Project, 2017), pp.7-8.

62 Jon curry, Tim Price, Modern Crises Scenarios for Matrix Wargames, pp.10-11.

結果計算需求即可。雖然得出的結果也許有較大的誤差值，但只要不與事實有巨大的偏差，是可以運用兵棋推演裁判組專家的補充分析來修正結果的誤差值，以滿足模式模擬模式兵棋推演結果的有效性。

（二）人員編組

　　模式模擬模式兵棋推演的人員編組，除了模式模擬輔助工具（人工計算或電腦輔助系統運算）外，基本的兵棋推演架構是相同的。依據圖5-1的模式模擬兵棋推演運作流程圖，人員編組規劃架構及職責如下：（如圖5-3）

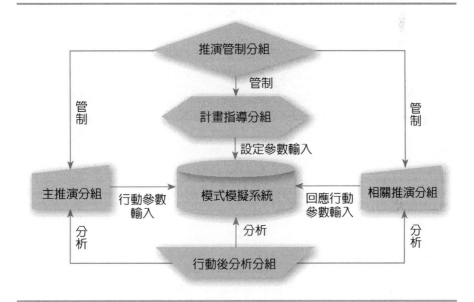

圖 5-3　模式模擬兵棋推演人員編組圖

資料來源：作者自繪

1. 推演管制組

(1)計畫指導分組：負責兵棋推演模式模擬系統的規劃、設計及運算參數資料輸入，以及推演指導。

(2)推演管制分組：負責兵棋推演各階段的推演程序管制。

(3)行動後分析分組：負責兵棋推演結果的分析、評估及檢討。

2. 推演分組

(1)主推演分組：負責策略執行計畫的行動參數資料輸入。

(2)相關推演分組：負責回應主推演分組策略執行計畫的行動參數資料輸入。

（三）模式模擬系統設定與參數資料建構

據報導依據美國「計畫2049研究院」（project 2049 institute）學者易思安（Ian Easton），在其著作《中共攻臺大解密》（The Chinese Invasion Threat: Taiwan's Defense and American Strategy in Asia）一書中指出，中國攻臺登陸地首選是林口沙灘，且臺灣軍方指出從解放軍自海峽渡海進攻，我方反應時間將只有3小時。[63]假設以此作為模式模擬模式兵棋推演的案例，則系統設定的參數資料包括那些就非常重要，因為，每一個影響模式模擬的比較因子，對於演算後的結果的影響甚大，分析如下：

1. 制空、制海作戰下的海、空軍能力參數設定

兩棲登陸作戰是對一個具有海洋之隔的敵對地區或國家，所實施的一種攻勢作戰。而裝載灘岸登陸作戰部隊及武器裝備的兩棲登陸艦艇，

---

63 洪哲政，〈軍方認證共軍新戰法攻臺林口是首選　我反應時間只3小時〉，《聯合新聞網》，2018年4月19日，<https://udn.com/news/story/10930/3095227>(檢索日期：2018年4月21日)

由於主要功能是因應登陸作戰需求，所以艦艇防衛的武器系統基本上屬被動防衛系統，而兩棲登陸艦艇在海上航渡階段基本上是相當脆弱的，也就是登陸作戰的能力是零，需要海軍護航艦艇及空軍掩護兵力，提供登陸艦艇航渡期間的安全（如果是遂行遠征作戰，在本土岸置空軍戰機無法提供空中掩護的狀況下，則需由航空母艦艦載戰機伴隨護航支隊提供空中掩護），使得兩棲艦艇航渡在擁有局部或全面制空、制海優勢的狀況下，讓登陸部隊有機會挺進預定的登陸灘頭實施登陸作戰。如果中國無法取得登陸目標區域的局部制空、制海權，從理性的戰略選擇上是不會貿然遂行對臺的登陸作戰。

因此，臺灣海軍作戰艦艇及空軍戰機，在經過制空及制海作戰之後，還具有多少海、空軍兵力及作戰能力對執行換乘作業的兩棲艦艇實施阻滯作戰，削弱中國登陸部隊灘岸作戰能力？所以，中國及臺灣雙方海、空軍相關作戰能力的參數資料，必須納入模式模擬系統演算評估要項。如果雙方交戰在模式模擬系統演算後，其結果是臺灣海、空軍尚有60%的作戰能力，對臺灣本島50海浬的區域仍具備局部制空及制海的優勢，這時中國是否會依計畫繼續遂行兩棲登陸作戰，就必須進一步思考其是否願意承擔登陸部隊於海上航渡階段就遭受重大損失的危險。

從軍事的觀點，登陸部隊與灘岸守備部隊的戰力比為1：3，原則上當登陸部隊在實施登陸作戰前，若已損失30%的戰力，此時登陸部隊指揮官會考慮延後等待新增補充兵力抵達後再實施登陸作戰，或是放棄此次登陸作戰任務。另如果臺灣的海、空軍兵力在經過與中國的制空及制海作戰之後，仍保有40%的作戰能力可支援陸軍灘岸守備部隊遂行灘岸反制作戰，就可使臺灣在中國預劃登陸目標區的灘岸守備部隊，在海、空軍兵力的支援下仍維持40%以上的戰力，如此一來中國登陸部隊能夠建立灘頭堡鞏固灘頭，等待下一波登陸部隊上岸實施向內陸推進的成功機率將不高，或者會受到相當嚴重的損失。

因此，中國遂行攻臺的兩棲登陸作戰前，有關制空及制海作戰模式

模擬的參數設定要項所獲得的模擬演算結果，對後續中國遂行兩棲登陸作戰的模擬演算結果，具有非常重要的影響。

2. 中國登陸部隊與臺灣守備部隊的參數設定

假設中國兩棲艦艇在臺灣的海、空軍襲擊下，登陸部隊的整體戰力僅損失10%，而中國海、空軍在獲取登陸目標區制空、制海權後，開始對可能影響登陸部隊於目標區灘頭（如林口海灘）搶灘建立灘頭堡的臺灣守備部隊的防禦工事，以及灘岸打擊兵力與增援部隊實施摧毀打擊及增援阻絕。由此，臺灣的灘岸守備部隊、支援火力與兵力，在中國海、空軍兵力的攻擊下，假設作戰能力僅能維持在10%。對於中國登陸部隊來說，可以在少量傷亡的狀況下，迅速建立並鞏固灘頭堡，等待下一波增援部隊的上岸。如果在中國海、空軍兵力的攻擊下，臺灣灘岸守備部隊仍能達到40%的作戰能力時，第一波登陸部隊能否成功登陸及建立灘頭堡，其成功機率經過模擬演算後有可能未達50%，雖然中國的第二、三波增援登陸部隊陸續加入，而臺灣預備增援部隊也同時加入，但最後模擬演算的結果是中國登陸部隊登陸成功機率只有40%。

亦或是臺灣增援灘岸作戰的預備部隊，因道路及交通設施（如橋梁）遭受中國海、空軍兵力的摧毀，無法及時增援，在此參數要項的變動下，中國登陸部隊登陸模擬演算的成功機率有可能由40%增加到70%。又或是美國決定派遣航空母艦的艦載空中兵力支援臺灣，以取得登陸目標區的制空權，但不介入臺灣的地面防衛作戰時，臺灣的守備部隊戰力保存能力可能會提升到70%。因此，中國、臺灣及美國對於中國登陸目標區的陸、海、空三軍兵力的參數資料設定要項評估，都會影響模式模擬演算的結果。若將美、中短程彈道飛彈納入模式模擬演算的參數要項，雖然增加演算的複雜性，但不可否認模式模擬的演算結果，將會更趨近於現實的狀況。

3. 登陸目標區灘岸寬度及深度的參數設定

假設以2005年臺灣曾於林口寶斗厝海灘，實施的兩棲登陸演習爲例[64]，作爲中國登陸部隊選在林口的海灘登陸想定。以往林口寶斗厝海灘是一片砂質海灘，因受到海灘退縮及西濱快速道路的開拓，使得海灘沿線布滿堤防及消波塊。這些堤防、消波塊及架高的快速道路，限制了灘岸深度及寬度。就地形來說，有利於守備部隊的掩護及保存戰力，不利於登陸部隊的登陸，因此，登陸灘頭的地形，相對地也影響著灘岸守備部隊與登陸部隊對抗交換比，例如由1：3提高到1：5等。若以此爲假設林口寶斗厝的灘岸守備部隊最有效的部屬兵力爲2,000人，則登陸部隊要能成功登陸所需最少兵力要在10,000人以上。

這個模式模擬的參數資料設定要項，所影響的是在中國海、空軍獲得制空、制海權下，對臺灣林口寶斗厝灘岸守備部隊的損害比的設定。簡單地說，就是部署在開闊且掩體強度不足的守備部隊，與具有隱密且掩體強固的守備部隊，對於空中及水面攻擊的戰損比是不同的。假設前者推估中國空軍戰機250噸炸彈一顆或130公釐艦炮的炮彈一枚攻擊的戰損率爲5%，後者可能只有1%。這項模式模擬的參數資料的設定，也會對中國登陸部隊登陸的成功率產生間接影響。

4. 向登陸作戰戰略目標的前進參數設定

從軍事觀點分析，遂行兩棲登陸作戰的目的，在於奪取離登陸灘頭最近的大型港口或機場之戰略目標，而目標奪取的優先順序則依需求、距離及兵力而定。假設中國欲奪取的戰略目標第一優先順序是臺北港，若依報導所述臺灣軍方的戰術想定，認爲林口寶斗厝海灘爲主兵力登陸地點，金山、萬里及淡水爲次兵力登陸地點。以模式模擬模式兵棋推演

---

64 黃敬平，〈登陸艇不搶灘演半套〉，《蘋果日報》，2005年8月18日，<https://tw.appledaily.com/forum/daily/20050818/21985270>(檢索日期：2018年4月21日)

的環境參數資料設定要項的檢驗分析來看，金山、萬里及淡水等地區灘岸，能實施搶灘的沙灘寬度有限，且受地形的影響灘頭到山腳的腹地有限，公路基本上已佔據腹地1/3至1/2，而通往臺北港的沿岸公路有眾多小鄉鎮，除非道路、橋梁沒有遭受嚴重的毀壞，或沒有受到守備部隊的任何抵抗，基本上中國的登陸部隊需為時不少的時間奪取臺北港。因此，在模式模擬的參數設定要項中，戰略目標的選擇也是影響中國後續攻臺作戰成功的因素之一。

我們必須瞭解任何的戰爭不是一觸即發的，不管是國與國之間的戰爭，亦或是臺海兩岸之間的特殊戰爭。戰爭形成的過程都會經過敵對的升高、意外危機事件的發生、軍事衝突的升高到宣戰等步驟，而對於形成戰爭的各個階段，應都會有因應的準備方案。遂行登陸作戰的前提是，必須先掌握登陸部隊航渡過程與登陸目標區的局部制空及制海權的基本概念。若中國攻臺登陸地首選是林口沙灘，據臺灣軍方指出從解放軍自海峽航渡進擊，我方反應時間將只有3小時去推估中國攻臺戰略執行計畫，或臺灣防禦戰略執行計畫。在模式模擬模式兵棋推演的參數要項設定上，如果忽略上述列舉的思考要項，其戰略執行計畫經由模式模擬系統演算獲得的結果，將會與現實脫節。

以上針對中國攻臺登陸地首選是林口沙灘的戰略執行計畫的假設想定，提出模式模擬模式兵棋推演參數資料設定要項的列舉說明，也許尚有不足與缺失或疏漏之處，然主要目的是提供讀者，瞭解模式模擬系統演算所需的參數設定要項是如何建構與設定的，才不會有推演結果與現實差距過大的狀況。

四、推演重點：推演結果比對分析、發掘策略執行計畫缺失

模式模擬模式兵棋推演的目的及核心重點，在於運用理性客觀的模式模擬系統的演算結果，驗證策略執行計畫的可行性與有效性。本節將

從推演結果比對分析及發覺策略執行計畫缺失兩個方向，說明執行模式模擬模式兵棋推演的運用重點。

（一）推演結果比對分析

在模式模擬模式兵棋推演中，常會遭遇一個重要且困擾的問題，就是對模式模擬系統演算參數設定要項的質疑。對於訓練型的模式模擬模式兵棋推演，主要目的是訓練策略執行計畫的各階層相關決策領導人及作業人員，有關模式模擬演算系統及參數設定要項是否合宜，不是檢視的重點。必須將這個模式模擬模式兵棋推演系統視為已完成驗證，或是忽略少部分的限制，才能符合達成「訓練型」模式模擬模式兵棋推演人員訓練的目的。相反地，「分析型」的模式模擬模式兵棋推演，就必須不斷檢視模式模擬系統及參數設定要項是否具備合理性，目的是將模式模擬模式兵棋推演系統經過反覆的驗證與修正，以期縮短模擬環境與實際狀況之間的落差，再將策略執行計畫，藉由驗證過的模式模擬模式兵棋推演系統，經過反覆演算所得出具備合理性與有效性的策略執行計畫成效結果與策略目標比對分析。

1. 「訓練型」模式模擬模式兵棋推演

由於訓練型的模式模擬模式兵棋推演的重點，在於策略執行計畫的各階層相關決策領導人及作業人員的訓練，故如何將策略執行計畫的各項行動指導，落實在各階層的執行人員，就是訓練型模式模擬模式兵棋推演的重點目標。

以前述中國攻臺首選林口海灘的想定為例。負責臺灣北部作戰區域的第6軍團，依據「常備打擊、後備守土」的戰略指導，對在林口寶斗厝海灘實施登陸作戰的敵人，其戰略執行計畫參考「淞滬會戰」前在上海至南京之間，由德國顧問協助所建構的三道防禦線，採逐次抵抗的方式保衛首都南京。而淞滬會戰之所以失敗的如此慘烈，進而影響整

個對日抗戰的布局，其原因不在於戰略計畫的錯誤，而在於執行面的偏差。[65]假設負責臺灣北部地區國土防衛作戰的第6軍團，擬訂對於防禦中國攻臺登陸部隊，由林口灘岸登陸企圖奪取臺北港的戰略執行計畫，其防禦作戰戰略執行計畫指導構想應為，將林口寶斗厝至臺北港之間的守備部隊，沿西部濱海快速道路部署三道防禦線，等待常備機動部隊的增援，並爭取執行臺北港封、毀港，以及八里進入臺北市所有聯外道路破壞的作業時間。

依據上述假設臺灣第6軍團的防禦作戰戰略執行計畫指導構想，其具體的守備部隊部署方案及指導方針如下：

(1)守備部隊部署方案：第一道防線為面對寶斗厝海灘，以西濱快速道路部署防禦線；第二道防線為以瑞平國小為主，沿後坑溪至出海口部署防禦線；第三道防線為以汕頭（林口）為主，沿山谷道路至海口部署防禦線。

(2)計畫指導方針：①各防禦線守備部隊當防禦線被突破的當下，即採取炸毀防禦責任區域內的西濱快速公路橋梁，並沿溪谷或山谷向山裡撤退尋找掩護，並向關渡集結。②當第三道防禦線被敵軍突破時，即下達臺北港執行封、毀港作業。③當執行臺北港封、毀港作業的守備部隊完成任務並撤離後，即炸毀由八里通往臺北市的64號快速道路，以及觀音山沿淡水河的道路。

對於因應想定假設中國於林口海灘實施登陸作戰時，臺灣第6軍團防衛作戰戰略執行計畫的模式模擬模式兵棋推演的目的，在於訓練守備部隊各級指揮官及參謀人員瞭解戰略目標及計畫執行要項及重點。列舉如下：

(1)各防禦線撤退的時機：訓練各防禦線守備部隊指揮官及參謀作

65　林桶法，〈淞滬會戰期間的決策與指揮權的問題〉，《國立政治大學歷史學報》，第45期，2016年5月，頁177。

業人員，如何在打擊敵人效能與確保戰力之間取得最佳方案。

(2)增援部隊的加入對防禦線作戰的影響與效能：提供各防禦線守備部隊指揮官及參謀作業人員，評估在交戰區域地形限制下，增援部隊是否能夠進入交戰區域內作戰。若然則增援部隊最佳的部署位置爲何？

(3)戰況轉變時指揮官的選擇：假設中國第一波的登陸部隊，受到海風、海流或誤認海灘等其他因素的影響，登陸地點被迫在第二道防禦線時，提供第一道防線守備部隊指揮官及參謀作業人員應思考，是否需要調整部署支援第二道防禦線的守備作戰；亦或是保持待命部署，以防範後續中國登陸部隊於第一道防禦線搶灘登陸。

(4)指揮、管制通信系統失效：以2003年第二次美伊戰爭中巴格達城保衛戰，負責炸毀進入巴格達城的橋梁，以遲滯英美聯軍進入巴格達城的伊拉克守軍任務爲例。依據美軍巴格達城的作戰檢討，對於橋梁爲何沒有遭受炸毀提出疑問，並請負責的伊拉克守軍指揮官說明原因。伊拉克指揮官解釋說：「依據任務計畫當英、美聯軍部隊推進到橋梁前時，即應炸毀橋梁阻滯英、美聯軍部隊進入巴格達城，但由於任務指揮官沒有接到上級的執行命令故未炸毀橋梁。」也因爲伊拉克部隊未執行炸毀橋梁任務，致使英、美聯軍能迅速進入巴格達城掃蕩海珊的共和衛隊，否則若英、美聯軍進入巴格達城的時間延後約2至3天的時間，對於海珊政府來說，將會有更多的時間完成撤離準備。

此案例所要探討的重點，在於當第一線指揮官無法獲得上級進一步指示時，是否必須按計畫任務指示的權責執行作戰。從許多戰史案例的檢討分析，對於第一線指揮官來說，在等待上級命令或依計畫指導執行兩者間的決策執行，往往面臨兩難的抉擇，主要問題在於事後檢討的批評與責任的承擔。依據部隊指揮官的作戰行動指導優先原則，基本上依

序爲上級命令、作戰計畫、訓令及準則的指示。因此，伊拉克橋梁守備部隊指揮官，在無法連絡上級或獲得上級的指揮命令下，應不待上級命令依據作戰計畫賦予的職責，執行炸毀橋梁的任務。所以，模式模擬模式兵棋推演的另一個目的，在訓練守備部隊指揮官具有執行作戰計畫的膽識與能力。

以上係利用中國攻臺登陸部隊在林口海灘實施登陸作戰的假設想定，作爲說明訓練型模式模擬模式兵棋推演的重點。對於結果的比對分析，主要在使守備部隊各級指揮官及參謀作業人員，檢視是否確實依據戰略執行計畫的各項指導方針與行動要項實施作戰。各個階段的兵棋推演所演算的結果，均不需作爲與策略執行計畫比對的基礎。經由反覆的分析與推演驗證，讓守備部隊各級指揮官掌握戰略執行計畫的精神與目標，發揮戰略執行計畫最高的效能。

2.「分析型」模式模擬模式兵棋推演

推演後的結果比對分析，對於分析型模式模擬模式兵棋推演來說，目的在於檢視策略執行計畫執行後的結果與策略目標之間的落差。如果仍以中國攻臺登陸部隊首選在林口海灘登陸爲案例，以中國的戰略執行計畫成效的角度，可以說明分析型模式模擬模式兵棋推演的結果是比對分析的重點。

以中國攻臺的登陸作戰首選林口海灘爲想定假設的話，其戰略目標應該有二個。一是占領臺灣首都臺北市，迫使臺灣政府投降；二是奪取可靠泊10,000噸以上的港口，以利後續執行地面作戰的陸軍部隊及重型武器、裝備順利進入臺灣，遂行掃蕩臺灣防衛部隊及城鎮占領作戰。對於戰略目標選擇的分析，屬於策略分析模式兵棋推演的範疇，將於下一章說明。

依據第一項戰略目標：占領臺北市，迫使臺灣政府投降的想定假設。戰略執行計畫的作戰指導是對臺北市盆地形成包圍後，開始實施城

市作戰。以此計畫指導攻占臺北市的戰略執行計畫就不能只有一個登陸地點，淡水、三芝、金山、萬里也應該納入登陸作戰的次要區域，另在林口、桃園臺地實施空降支援作戰，方能形成局部包圍的態勢。就模式模擬模式兵棋推演的觀點，其輸入要項分析列舉如下：

(1) 登陸部隊型態：依據中國當前兩棲登陸作戰指導，係以「超視距兩棲突擊」及「海空一體」為重點。即所謂「多層雙超」。「多層」所指的是依據不同登陸載具特性，實施立體登陸作戰。第一層為裝載兩棲登陸作戰車輛的船塢登陸艦、登陸艇；第二層為氣墊船、水翼艇及地效飛行器等掠海登陸載具；第三層是由直升機的機降部隊；最上層為空降部隊。「雙超」則是「超視距換乘編波衝擊」及「超越灘頭的登、著陸」兩種方式。「超視距換乘編波衝擊」是視距外實施登陸換乘的舟波編隊作業，指的是在灘岸防禦部隊武器攻擊距離之外，亦或是在目視距離外遂行換乘、編波及登陸攻擊。[66]因此，模式模擬演算的參數輸入要項為在西濱快速公路的影響下，林口寶斗厝海灘可作為登陸的海灘寬度、深度的數據，以及中國多層登陸作戰所需的最小灘頭正面與深度。例如：依據以往登陸作戰戰史的觀點分析，傳統的營級部隊登陸灘頭正面需求最小為600至1,200公尺，縱深為1到2公里來看，林口的灘岸地形與縱深，除登陸部隊規模不會大於營級以上部隊外，亦不適合水翼艇及地效飛行器的使用，以及機降及空降部隊的登陸。

(2) 兩棲登陸部隊地面作戰能力：兩棲登陸部隊的特性是快速、機動，且受限於海、空兩棲作戰運輸載具裝載能量，基本上屬於中、輕裝甲裝備的「機械化旅」。面對後續的縱深作戰仍需大

---

66 潘世勇、廖麒林，〈中共兩棲登陸作戰之研析〉，《海軍學術雙月刊》，第46卷第3期，101年6月，頁75-77。

型火力支援。因此，模式模擬演算所需的參數輸入要項，為在沒有重型火炮支援下的中國登陸部隊，面對具有地形掩護優勢及重型火力支援的臺灣防禦部隊的戰損比。例如：部署在關渡大橋兩側的臺灣機動打擊部隊，與準備進攻臺北市的中國登陸部隊的交戰戰損比。

(3)第64號通往臺北市的快速道路，以及觀音山沿淡水河口的道路，遭受嚴重破壞與設置重層路障的狀況下，中國的登陸部隊需要多少時間排除障礙。例如：中國登陸部隊必須先完成寶斗厝海灘至臺北港之間地區的占領，方能於登陸灘頭卸載排除道路障礙的機械器具。

如果從上述簡單列舉的模式模擬參數輸入要項執行演算，假設中國登陸部隊一次最大僅能登陸一個營級部隊約1,000餘人，守備部隊雖在登陸前的火力攻擊下，仍能保有1,000餘人的戰力，且中國登陸部隊在海、空軍火力支援下，於登陸後能執行臺北市的城鎮戰。即使不透過模式模擬實際演算以獲得具體數據資料，只要從客觀分析上來看，戰略目標的達成率可想而知是非常低的。同樣的，假設戰略目標是奪取臺北港，以利後續獲得重型武器裝備，以及陸軍部隊的增援；臺北港要能重新開放仍需一段時間。

綜合上述分析，中國攻臺登陸部隊選擇在林口海灘登陸的戰略執行計畫，透過模式模擬模式兵棋推演所獲得的結果，經上述所提的兩個假設戰略目標比對分析，當得出戰略執行計畫與戰略目標的達成有相當大的落差時，調整修訂的方式有二。一為修訂戰略執行計畫。例如：修訂的戰略執行計畫改為在桃園外海登陸，切斷臺北向南的對外交通。二為修訂戰略目標。例如：奪取臺中港，切斷臺灣南北聯繫。

（二）發掘策略執行計畫缺失

　　策略執行計畫是否可行，除了比對分析模式模擬模式兵棋推演的結果與策略目標的差異外，模式模擬系統模擬的好壞也是一個檢視的核心重點。若模式模擬系統無法真實與正確的模擬實際環境與作業流程，則產出的答案再多，也跟垃圾無異。在模式模擬的問題推演過程裡，必須一直謹記一個關鍵重點「目的為何？」我們常常可以看到一些參與模式模擬模式兵棋推演的人員，忘了真正兵棋推演的目的，而對想定假設、模式模擬系統的設定或協助推演單位所提供的資訊是否合理而爭論不休，甚至衍生參與推演的人員，以玩電動遊戲的心態，試圖運用模式模擬系統漏洞，以非正常程序操作企圖求勝等浪費資源憾事。

　　以模式模擬模式兵棋推演系統來說，美軍現已擁有約600種電腦兵棋軟體，區分兵棋推演、模式與模擬等3類，部分機敏性很高，尤其是電子戰類型，這些軟體大多也超過30年以上的高齡了，例如元老級的ATLAS系統[67]，IBM的深藍系統、甚至角色扮演（RPG）、即時戰略（如大戰略）、世紀帝國等普遍的個人電腦遊戲也都是由這些早期為了軍事目的設計開發出的程式所衍生出來的[68]。透過電腦利用數學模式模擬的技術及作業研究（Operation Research）分析方法，將兵棋推演所屬的規則、程序、戰場環境、武器效益、部隊編制、後勤通信、作戰邏輯轉化成電腦程式，並針對戰鬥、戰術等級的各種軍事問題加以進行研究與分析。在模式模擬模式兵棋推演過程中，對於參數資料輸入通常可分為「定性」及「定量」兩個部分。在定性部分，是將軍事經驗納入一般

---

[67] James F. Dunningan, Wargames Handbook, Third Edition: How to Play and Design Commercial and Professional Wargames, Writers Club Press (Writers Club: New York, 2000), P. 237.

[68] James F. Dunningan, Wargames Handbook, Third Edition: How to Play and Design Commercial and Professional Wargames, Writers Club Press, P. 238-239.

計算，就是運用戰役、戰術原則對軍事問題制定出作戰方案；在定量部分，是將作戰環境與作戰活動予以模型化與數據化，導出各種基本作戰模型的數學關係式。

未來電腦輔助兵棋推演的發展是無遠弗屆的，隨著分散式計算與網路科技的發達，從最低階的模擬，如單兵射擊訓練系統到政軍階層議題的兵棋推演都能支援。也因為網路科技的快速發展，兵棋推演時配合虛擬的模擬訓練，同時進行真實的訓練都不再是幻想。想像在美軍關島的F-22與加州的F-16模擬機配合，指揮亞利桑那州的無人機中隊和在德州的地面機甲部隊在異地同時實施聯合作戰演習，模擬打擊的場景其實早已悄悄地在我們日常生活中發生了。

然而模式模擬模式兵棋推演中另一個需要檢視的重點，就是發掘策略執行計畫的缺失，這項作業目的，主要是在針對分析型模式模擬模式兵棋推演的運用上。先前對於模式模擬模式兵棋推演的重點，所討論的是策略目標與策略執行計畫推演結果的比對分析，現在所討論的重點則在策略執行計畫的缺失分析。對此我們必須從兩個層面分析，第一個層面是模式模擬系統與現實狀況之間的差距分析；第二個層面是策略執行計畫本身的缺失分析。

第一個層面：在模式模擬系統與現實狀況之間差距分析上，所要思考的是與影響策略執行計畫執行成效的有關因素有那些？以及與模式模擬系統可納入參數設定演算的項目差異為何？例如：以臺灣的地形對於裝甲部隊的影響為例，之前臺灣陸軍為了是否購買美軍於伊拉克戰爭結束淘汰的M1A2型重戰車爭論不休，如果排除政治因素，從專業的軍事觀點分析，依據美軍在伊拉克戰爭的經驗，像M1A2這樣的重型戰車雖然在攻擊力及防護力上都有很高的表現，但僅適合開闊的沙漠、平原或平緩的丘陵地；對於臺灣島嶼型的畸零破碎地型，且大、小河川、池塘

遍布，需要的是能快速機動抵達戰場的裝甲武器。[69]

　　若以之前所提中國攻臺登陸部隊於林口海灘登陸的假設為想定，將支援林口防衛作戰的關渡機動打擊部隊，區分為配備M1A2戰車與配備M60A3戰車兩種，對中國登陸部隊的打擊能力做模式模擬演算。如果僅依據武器裝備性能，在同一時間、同一地點打擊中國的登陸部隊，在不考慮戰術作為的可變因素下，基本上中國登陸部隊的戰損率對抗M1A2比對抗M60A3來的高，此結果大部分的人應該是無庸置疑的。但是如果加上地形的限制因素這個參數設定的模擬演算要項時，則會有不同的結果。假設中國的登陸部隊對抗臺灣的M1A2戰車的戰損率是30%，而對抗M60A3的戰損率是20%，若將作戰地區的地形要素，納入模擬演算的要項，則M1A2有可能因作戰地區的地形限制，無法抵達戰場或僅有極少的戰車能夠及時進入戰場發揮打擊能力。致使中國登陸部隊對抗M2A1戰車的戰損率將低至10%或是更少的5%。

　　由此可知作戰地區地形因素對戰車打擊能力的影響，存在如此巨大的差異，故可瞭解當某一項的模式模擬參數設定要項沒有納入演算，其策略執行計畫模擬執行的結果成效，是否具有參考價值是模式模擬模式兵棋推演的重要思考課題。然不可否認任何的模式模擬系統，都無法完全絲毫不差的與現實狀況相符合，總會有模式模擬系統無法完全模擬的狀況，例如所謂「定性」的參數輸入資料，對於戰略執行計畫所採取戰術方案，在戰術原則的演算下無法達到令人信服的結果，也就是說以寡擊眾、以一當十的劇情是不會發生的。也許突襲作戰會增加敵人的戰損率，但部隊不會因為突襲造成戰鬥意志的心理因素喪失，而失去整個部隊作戰效能。又如依據臺灣民主基金會委託政治大學選舉研究中心，

---

69 吳明杰，〈獨家M1A2戰車不買了？美軍評估地形難發揮　國軍「等有錢再考慮」〉，《風傳媒》，2017年5月22日，<http://www.storm.mg/article/269966>(檢索日期：2018年4月23日)

對「2018年臺灣民主價值」的民意調查，針對「大家都希望和平。萬一中國大陸以武力攻打臺灣，請問你願不願意為保衛國家而戰？」回答願意的比例分別為75.9%（2016年）、69.1%（2017年）、67.1%（2018年）。[70]臺海兩岸若發生戰爭，當中國第一波彈道飛彈攻擊臺灣本島後，對臺灣人民的作戰抵抗意志會有多少影響，這對於模式模擬模式兵棋推演的結果來說將是一大考驗，尤其臺灣的統、獨爭論已造成內部分裂，更使得雙方戰力的比值具有嚴重的不確定性。

第二個層面：在策略執行計畫本身的缺失分析部分。計畫的擬定通常是以現況資料與以往的經驗作為參考依據，針對預達成目標的要求所擬定的行動方針及要項。但從歷史經驗告訴我們，許多計畫失敗的成因在於「應該可以」與「能夠達到」的差別。例如：在臺灣防衛作戰中，海、空軍兵力在經過與中國海、空軍兵力完成制空、制海權爭奪後，仍保有戰力的海、空軍兵力於實施再整補後，依陸軍各軍團（如第6軍團）的作戰指揮與管制，配合實施灘岸決勝任務，然面對軍團級以上的作戰中心（如聯合作戰指揮中心、軍團作戰指揮中心、艦隊作戰指揮官中心及空軍作戰指揮中心）遭受中國彈道飛彈攻擊，指揮、管制能力可能受到80%以上的損壞。各軍團級以下的部隊是否具備指揮、管制海、空軍兵力支援作戰的能力與成效，可透過模式模擬模式兵棋推演的演算結果，驗證灘岸防衛作戰計畫的可行性及作戰成效。如果這項計畫行動方案是不可行或有所缺失，就必須依據推演結果，重新檢討修訂戰略執行計畫中有關海、空軍支援灘岸作戰的行動方案。

2016年臺灣政黨輪替後，蔡政府對推動非核家園計畫於2025年臺

---

70 〈「2018臺灣民主價值」民意調查記者會新聞稿〉，《臺灣民主基金會》，2018年4月19日，<http://www.tfd.org.tw/export/sites/tfd/files/news/pressRelease/0419_press-release_pdf.pdf>(檢索日期：2018年4月23日)

灣所有核能發電廠明定「停止運轉」後，未來將發展綠能取代核能。[71]
在此政策下，2017年8月8日蔡政府表達不考慮將已完成年度歲修的核
一廠1號機組及核二廠2號機組重新啟動發電，面對臺灣夏季嚴重限電
警戒的狀況下，將無法獲得165萬瓩的電力。[72]一周後2017年8月15日桃
園大潭電廠因天然氣供應系統人為操作疏失，造成6組發電機組全部跳
電，瞬間損失438.4萬瓩的發電量，相當於1.5座核四廠（核四發電量約
270萬瓩）。[73]2018年2月6日政府表示核一廠1號機組不再運轉，核二廠
2號機組於4月啟動運轉，但2025年的非核家園政策不變。[74]2018年3月
14日政府將已廢棄的燃煤深澳發電廠，重新推動「深澳電廠更新擴建計
畫」。[75]然政府在不顧「節能減碳」的未來政策推展重點要求下，仍然
堅持興建火力發電廠的主要原因是，綠能發電的成本過高且效能不穩
定，短時間無法全部取代核能及火力發電廠。依據上述的案例，如果從
策略執行計畫的角度分析，可發現計畫中的「應該可以」與實際的「能
夠達到」之間落差非常大，且影響甚深。

---

[71] 鄭仲嵐，〈臺灣將於2025年前告別核電？專家稱不可能〉，《BBC中文
網》，2017年1月12日，< http://www.bbc.com/zhongwen/trad/chinese-news-
38603919>(檢索日期：2018年4月24日)

[72] 張語羚、陳鷟人，〈重啟核一、二廠2機組　政院未考慮〉，
《中時電子報》，2017年8月8日，<http://www.chinatimes.com/
newspapers/20170808000032-260202>(檢索日期：2018年4月24日)

[73] 楊熾興，〈一座電廠釀「全臺停電」正常嗎？大潭電廠等於1.5倍核
四〉，《ETtoday新聞雲》，2017年8月15日，<https://www.ettoday.net/
news/20170815/989712.htm>(檢索日期：2018年4月24日)

[74] 張語羚、陳鷟人，〈非核家園目標不變　賴揆：核一1號機不再運
轉〉，《中時電子報》，2018年2月7日，<http://www.chinatimes.com/
newspapers/20180207000336-260202>(檢索日期：2018年4月24日)

[75] 〈綠色和平針對「深澳電廠更新擴建計畫」環評案之聲明〉，《綠掃和
平》，2018年3月14日，<https://www.greenpeace.org/taiwan/zh/press/releases/
climate-energy/2018/ShenAo-Statement/>(檢索日期：2018年4月24日)

五、推演成效：提高策略執行計畫成效

任何領域的國家、單位、組織及企業，以至於個人，面對所遭遇的問題及未來發展策略構想的落實，透過國際關係理論與戰略思考對問題性質的邏輯分析與解構後，確立了策略目標，再藉由策略分析模式兵棋推演（將於下一章詳細介紹）結果，選擇最適合的策略執行計畫行動方案。然對於如何提高策略執行計畫的成效，從模式模擬模式兵棋推演的過程中，必須從模式模擬系統、策略目標及策略執行計畫三個要項評估檢討，方能確保策略執行計畫具備合理可行、高達成率及可預測性。

本節將依據上述三個重點要項，以中國對臺灣本島周邊海域實施海、空封鎖，迫使臺灣投降為想定。假設臺灣政府在強化臺灣人民抵抗意志，以及等待美國軍事支援的國家安全戰略目標構想下，國防部的反封鎖作戰軍事戰略目標為實施能源運輸船（油輪、液化天然氣的載運船及運煤的礦砂船）護航任務，確保維持7天外部能源獲得要求的反封鎖作戰計畫為案例。藉由操作步驟的說明，向讀者介紹模式模擬模式兵棋推演的運作程序與要領，如下：

第一步驟，分析戰略執行計畫：當策略目標完成策略執行計畫擬定與確認後。第一個操作步驟，就是分析與策略執行計畫有關的內、外在影響因子，以作為下一步驟模式模擬系統建構或選擇的依據。以臺灣遂行反封鎖作戰為例，經分析與反封鎖作戰有關內、外在影響因子，假設列舉計有：

(1)可用的海、空軍兵力數量、戰力、持續力、打擊力：在反封鎖作戰中，對於臺灣而言必定是使用海、空軍全兵力；但對中國來說，不盡然會使用全國的總兵力。因為中國面對臺海的戰爭，除了考慮對臺動武所需的兵力需求外，亦須將美國可能的軍事介入，以及印度趁機入侵未定的邊界區域的軍事需求納入考量。所以，中國對於封鎖臺灣周邊海域的最大可能海、空兵

力需求，必須納入分析考量。

(2)指揮、管制、通信、資訊、情報、監視及偵察能力（C4ISR：Command、Control、Communication、Computer、Intelligence、Surveillance、Reconnaissance）：C4ISR能力的發揮對軍事戰力的影響甚大，假設臺灣的海、空軍作戰指揮中心，受到中國化學式的電磁脈衝彈攻擊，造成臺灣海、空軍作戰中心的C4ISR能力受到極大限制，致使在外海遂行反封鎖護航作戰的海軍特遣護航支隊，必須實施獨立作戰。

(3)護航的港口及區域：外運物資接收港口的選擇，不僅僅影響臺灣的反封鎖作戰效能外，也影響海軍反封鎖護航特遣支隊的持續戰力。例如：選擇臺灣西岸的高雄港作為接收外運物資的港口，與選擇東岸的蘇澳港或花蓮港，結果不僅會影響反封鎖作戰的持續力，也會影響國家安全戰略的目標。

　　第二步驟，建構或選擇模式模擬系統：當與戰略執行計畫有關影響因子完成分析確認後，即進入模式模擬系統的選擇與建構步驟。假設人為的不確定因素排除在模式模擬系統考量要項外，將所有操作戰機及艦船的人員，都視同完成訓練可發揮武器系統應有的作戰能力。就海、空軍的作戰型態來說，基本上對模式模擬系統演算所得結果，其誤差值原則上是可以接受的。因為影響打擊力的主要關鍵因素是情報獲得能力，人為操作上的反應能力是可以忽視的，依此觀點，具有操作方便與演算簡單特性的「蘭徹斯特平方律」可以符合本想定的最低需求。當然如果可以運用已發展成熟的「戰區聯合作戰電腦兵棋系統」，作為此想定的模式模擬模式兵棋推演系統，以驗證臺灣的反封鎖作戰計畫，其所獲得演算結果的可信度將會更高。然對於一般的中、小型民間企業來說，能夠籌獲與維護此類系統的能力與效益比不高，但只要能選擇適當的模式模擬系統理論，並結合電腦的輔助演算，亦可達到模式模擬模式兵棋推演成效分析的要求。

　　第三步驟，模式模擬系統參數要項資料輸入：當與戰略執行計畫有關的影響因子完成分析，以及確認建構或選擇的模式模擬模式兵棋推演系統後，即開始檢視與設定模式模擬系統所需的參數資料要項。例如：中國可執行臺灣封鎖作戰的空軍戰機形式（如殲15戰機）與攻擊能力、海軍驅逐艦、潛艦形式與攻擊力、臺灣海軍油彈補給艦的整補能力、雙方戰機的交換比、海軍驅逐艦或巡防艦與戰機的交換比、驅逐艦與戰轟機（轟-6K）的交換比及水面艦與潛艦的交換比等參數設定資料。另外對於電戰機、空中預警機及電磁脈衝彈對作戰性能的影響，也都需要納入模式模擬系統演算，方能使模式模擬系統達到符合真實狀況的最低需求以上。

　　第四步驟，依據戰略執行計畫行動方案資料輸入：模式模擬系統參數資料設定要項確認，並完成輸入等軟硬體設備準備後，接下的是進入策略執行計畫的模式模擬模式兵棋推演的實際演算作業。由於模式模擬模式兵棋推演所要驗證的是臺灣反封鎖作戰計畫的執行成效。因此，扮演臺灣的推演分組是主推演角色（稱之為藍軍），而扮演中國的是策略執行計畫模式模擬模式兵棋推演的回應角色（稱之為紅軍）。此階段藍軍必須依據反封鎖作戰計畫的行動要項，輸入模式模擬系統所需的參數資料。如臺灣的反封鎖護航支隊的兵力編組有那些？數量多少？有幾個支隊？護航的區域？駛往臺灣的運輸船隊的數量有多少？船隊的速度多大？在何海域與護航支隊會合？計畫抵達的港口位置？中國海軍封鎖兵力的數量、種類、打擊力？及中國空軍支援封鎖任務的機種、數量、打擊力？以及中國的火箭軍與戰略支援部隊的封鎖作戰支援能力等。

　　第五步驟，推演執行成效檢討：在模式模擬系統的演算過程中，任何人都不應介入演算，主要目的在排除人為的干擾，讓系統演算後的結果具備一定的可靠度。當演算的綜合結果假設是臺灣的海、空軍兵力在第3天的戰損率即已達到90%，完成1.5次的護航任務，提升國家能源儲存量10%。如果依此結果，比對想定假設的戰略目標維持7天的持續

外部能源獲得要求，其分析所得出的結果是臺灣反封鎖作戰計畫的戰略目標綜合達成率為40%，而對國家安全戰略的影響則高達80%。如果再經各項數據資料分析後，認為模式模擬系統的演算已無任何有爭議的事項。並經過多次的重複執行系統演算後，所獲得一個可信的平均結果其達成率仍低的狀況下，就必須做好心理準備，接受當事件發生時所產生的可能後果，以及準備後續因應方案的規劃。若所獲得的結果達到70%，符合戰略目標要求，即表示反封鎖作戰計畫達到可行性、有效性及可預測性的標準；反之，則需再重新檢視模式模擬系統的建構，以及參數資料設定及輸入要項是否有缺失。

第六步驟，模式模擬系統參數資料要項檢視：當戰略執行計畫於模式模擬系統演算後，所獲得的結果與戰略目標比對分析，其綜合達成率無法符合戰略目標要求；假設結果為70%，目標要求為75%以上時，首先要做的工作就是執行模式模擬系統的回饋檢視。逐項分析模式模擬系統各項資料，如扮演臺灣的推演組策略執行計畫的參數資料輸入的合理性、中國回應行動資料輸入的合理性、模式模擬系統各項演算參數資料輸入要項是否符合事實要求及運用於模式模擬演算系統的理論或方法是否適切等。如果經檢視分析發現以上模式模擬系統各項資料有疏漏或缺失，則須於修訂、調整後再執行戰略執行計畫的模式模擬系統演算，直到模式模擬系統與演算結果，能滿足事實狀況的最低要求。例如：中國的回應行動中，彈道飛彈是否納入系統模擬要項，就是一個對演算結果具有非常大的影響因素。因此，考量納入與否，必須從中國回應行動的戰略目標做分析；另若美國承諾派遣一支航空母艦特遣支隊，支援臺灣實施反封鎖護航作戰時，扮演第三方的美國回應行動就必須納入模式模擬系統的演算參數輸入要項。

第七步驟，修訂策略執行計畫：當模式模擬系統演算所得的結果，經過不斷的分析、比對、回饋、修訂、調整及重複演算後，獲得一個可靠的綜合平均結果。假設策略執行計畫的目標達成率僅40%，則如

何在策略目標不變的狀況下，藉由調整、修訂策略執行計畫以提升目標達成率就是思考的重點。例如：原臺灣反封鎖作戰計畫中，運輸船團的目的港是高雄港。選擇的原因為高雄港的港口設施良好，並擁有大量的石油儲存槽，可提供運油輪迅速卸載作業，另附近永安港的液化石油氣卸載碼頭，可就近支援運用。然從反封鎖護航作戰的角度來看，選擇位於臺灣西南岸的高雄港，其運輸船團所必須行經的海域，相對的比位於東北岸的蘇澳港所承擔的損失風險來的大，但蘇澳港的港口設施又無法滿足大量運油輪、液化天然氣船及煤礦船的卸載需求，故必須從國防部的反封鎖護航作戰計畫與經濟部的能源運輸儲存計畫做協調，也許協調的結果會有其他的港口選擇，如臺北港等。

第八步驟，推演執行成效比對：當戰略執行計畫完成調整、修訂後，必須再經過確認的模式模擬系統實施重複演算，以求取最終的策略目標達成率。如果策略執行計畫的綜合目標達成率由40%提升60%，其結果可以滿足策略目標最小要求時，即表示策略執行計畫的執行成效能達到要求。反之，就必須進入下一步驟，修訂策略目標。例如：反封鎖護航作戰計畫的目標港口，在綜合考慮後修訂為臺北港，在模式模擬系統的演算後，戰略目標達成率由40%提升到50%。經軍事戰略目標與國家安全戰略目標的綜合考慮下，50%的戰略目標達成率可以接受，則修訂的反封鎖護航作戰計畫確認是可達到戰略目標成效；反之，若修訂後的反封鎖護航作戰計畫執行成效，仍無法達到戰略目標要求下，就須重新再檢討戰略目標。

第九步驟，修訂戰略目標：經模式模擬系統所使用的演算方法及各項參數資料設定要項，各推演分組的策略執行計畫與回應行動參數資料的輸入，以及策略執行計畫修訂並重複推演後，策略執行計畫仍無法達到策略目標的要求下，就必須重新檢討修訂策略目標。例如臺灣的反封鎖作戰計畫的戰略目標，由護航修訂為打擊中國遂行封鎖作戰的海、空兵力，亦即從守勢防禦改為攻勢防禦，造成中國海、空兵力嚴重損害，

據以作爲臺灣與中國未來和平談判的籌碼。

　　以上爲運用模式模擬模式兵棋推演提升策略執行計畫成效的操作重點說明，除提供讀者瞭解模式模擬模式兵棋推演的目的外，也爲讀者提供如何思考及操作模式模擬模式兵棋推演的邏輯程序概念。下一章將針對如何將設定的策略目標，具體落實成爲一個具有合理性及可預測性的策略執行計畫。

第六章

兵棋推演模式三：策略分析模式

　　策略分析模式兵棋推演為兵棋推演想定的源頭。目的係運用兵棋推演的方式，將因應突發事件或未來發展的策略構想，落實成為具體的策略目標，以及擬定達成策略目標的策略執行計畫。

重點摘要

1. 策略分析模式兵棋推演與教育訓練及模式模擬模式兵棋推演不同之處，在於策略分析模式兵棋推演為兵棋推演想定的源頭。
2. 策略分析模式兵棋推演的思考邏輯，基本上係從突發事件或未來發展策略的問題性質分析開始，到建構因應的策略目標、制定各種策略行動方案、選擇最佳或適合的策略行動方案至策略執行計畫的擬定5個步驟。
3. 人員編組是兵棋推演準備工作的第一作業要項。從確認與突發事件有關的單位開始，除了推動兵棋推演作業的推演指導組（含計畫指導分組、推演管制分組及行動後分析分組）外，尚需編組主推演組及回應推演組。
4. 推演準備：依據突發事件事實或未來發展構想，擬定想定假設。主推演分組必須依據推演計畫指導組的想定假設，開始制定因應的策略目標，以及依據因應策略目標擬定各種推演計畫。
5. 策略分析模式兵棋推演的3個推演階段，分別為第一階段：因應策略目標的建構；第二階段：策略行動方案的分析及第三階段：最佳或最適合的行動方案選擇。
6. 兵棋推演成效檢驗的工作，主要是推演指導組中的行動後分析分組，而推演管制分組負責推演程序的運作與管制。統合裁判分組則在推演過程中，對於各推演分組之間發生無法形成共識的問題或議題時，負責結果的裁定，以利推演能夠繼續執行。行動後分析分組所扮演的角色為在記錄推演過程中，將各推演分組的每一個事件的發生、思考的過程、因應策略的選擇及回應問題的行動等資料作完整的紀錄，以利後續的回顧檢討與分析。

　　策略分析模式兵棋推演與教育訓練及模式模擬模式兵棋推演不同之處，在於策略分析模式兵棋推演為兵棋推演想定的源頭，也是一般政府單位、機構及民間企業常見的一種兵棋推演的方式。而這類兵棋推演常見的缺失是流於沒有交集的爭論，或是無法形成具體的因應策略方案，亦或是選擇的因應策略行動方案不可行或成效偏低，策略分析模式兵棋推演運用的目的就是要解決這樣的缺失。將所發生的突發事件或是未來的發展策略構想，藉由策略分析模式兵棋推演尋求具體可行的因應策略行動方案，並據以擬定策略執行計畫。本章將從策略分析模式兵棋推演的思考邏輯與操作運用，透由中國的「一帶一路」跨國經濟合作倡議、美國的「印太戰略」及臺灣的「新南向政策」等案例，說明如何運用策略分析模式兵棋推演。

一、策略分析模式兵棋推演思考邏輯與操作程序

　　不管是國家、政府單位、機構、民間企業或個人，通常外在的突發事件都會直接或間接影響到與事件有關單位的未來發展。例如：中國目前正積極倡議的「一帶一路」跨國經濟合作策略，[1]其所影響的不僅僅是與中國地緣有關的國家，同時也對以美國為主的西方國家所建構的國際體系產生重大影響。這個影響所涵蓋層面相當廣泛，除了傳統的政治、經濟、軍事、心理外，氣候變遷、環境污染及區域發展等全球性的議題，都會受到中國「一帶一路」策略發展的影響，不可否認在兩岸關係上的影響也是無可避免的問題。

　　同樣的，在北韓核武危機的問題上。北韓自2017年11日29日完成洲際彈道飛彈試射及一次核子試爆後，北韓領導人金正恩於2018年元旦

1　〈「一帶一路」國際合作高峰論壇圓桌峰會聯合公報〉，《外交部》，2017年5月15日，< http://www.fmprc.gov.cn/web/zyxw/t1461817.shtml>(檢索日期：2018年4月27日)

的演說中強調，北韓已經完成核武飛彈大業，具有讓美國感受威脅的能力。[2]然自2018年1月9日表示願意派遣運動選手，參加2月在南韓平昌郡舉辦的「2018年冬季奧運會」開始，[3]到2018年3月8日南韓國家安保室長鄭義溶率特使團訪問美國，向美國總統川普傳達北韓領導人金正恩，願意與美國總統川普會晤的訊息，並立刻獲得美國總統川普的同意。[4]之後分別於2018年3月25日抵達中國展開為期4天的國是訪問，[5]以及2018年4月27日與南韓總統文在寅在板門店實施會談。[6]

　　北韓的「和平外交」之旅所影響的不僅僅是東北亞的中、美、日、南韓安全問題，也影響著整個西太平洋的安全問題。因此，為因應突發事件或未來發展構想，尋求最佳或最適合的策略行動方案，是每一個與事件有關的單位或個人關心的重點。而策略分析模式兵棋推演的目的，即扮演協助建構未來因應策略行動方案的角色。本節將從策略分析模式兵棋推演的思考邏輯及操作運用介紹，提供讀者瞭解如何運用與操作策略分析模式兵棋推演的概念。

2　〈今年繼續？金正恩嗆完成核武大業2017北韓「射彈」逾20次〉，《ETtoday新聞雲》，2018年2月19日，< https://www.ettoday.net/news/20180219/1108933.htm>(檢索日期：2018年4月27日)

3　陳政一，〈北韓參加平昌冬奧IOC：往前跨出一大步〉，《CNA中央通訊社》，2018年1月10日，<http://www.cna.com.tw/news/firstnews/201801100006-1.aspx>(檢索日期：2018年4月27日)

4　陳政一，〈川普提前會南韓特使　促成與金正恩歷史峰會〉，《CNA中央通訊社》，2018年3月9日，<http://www.cna.com.tw/news/aopl/201803090378-1.aspx>(檢索日期：2018年4月27日)

5　陳振凱，〈「習金會」驚了世界　暖了春天〉，《人民網》，2018年3月30日，<http://politics.people.com.cn/BIG5/n1/2018/0330/c1001-29897589.html>(檢索日期：2018年4月27日)

6　〈最新》文金會板門店共同發表宣言〉，《東森新聞CH51》，2018年4月27日，<https://www.youtube.com/watch?v=irNdJZNAr9E>(檢索日期：2018年4月27日)

（一）思考邏輯

　　策略分析模式兵棋推演的思考邏輯，基本上係從突發事件或未來發展策略的問題性質分析開始，到建構因應的策略目標、制定各種策略行動方案、選擇最佳或適合的策略行動方案至策略執行計畫的擬定5個程序步驟（附圖6-1），說明如下：

　　第一步驟，問題性質分析：問題性質分析是策略分析模式兵棋推演的起點，要能夠讓選擇的最佳或最適合的策略行動方案，具備合理性、可行性、有效性及預測性。對於問題性質分析的思考，必須從事件的起因開始探討。瞭解引發事件的形成因素爲何？目的爲何？爲解決何種問題？對那些人、事產生影響？誰是受益（害）者？以及未來的發展方向爲何？

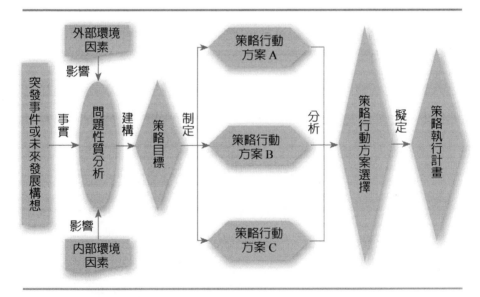

圖 6-1　策略分析模式兵棋推演架構圖

資料來源：作者自繪

　　以敘利亞內戰美、英、法聯軍攻擊敘利亞政府軍事設施為例：敘利亞政府軍於2018年4月6日起對反抗軍控制的東古塔區最大城鎮杜馬（Douma）展開攻擊，據報導敘利亞政府軍疑似使用化學武器攻擊造成至少40名平民死亡。敘利亞國營通訊社SANA引述匿名官員駁斥，政府軍無需使用化武，此為反政府武裝組織「伊斯蘭軍」所捏造；試圖阻礙政府軍前進；俄國外交部稱化學武器攻擊報導乃蓄意捏造。而美國稱一旦獲得證實，將要求國際社會立即回應，阿塞德及其支持者必須負責。[7]美國總統川普以證實敘利亞使用化學武器攻擊平民為由，於2018年4月13日晚間宣布：美、英、法聯軍已對敘利亞軍事設施實施攻擊；[8]俄羅斯媒體則於美、英、法聯軍攻擊敘利亞後，隨即報導已邀請遭受化學武器攻擊的當事人說明事件始末，認為對敘利亞政府軍使用化學武器攻擊平民的指控，是英國支持的「白頭盔」組織刻意製作誤導國際社會的視頻報導。[9]

　　然針對上述事件發展過程的事實分析，依據引發事件的形成因素為何？目的為何？為解決何種問題？對那些人、事產生影響？誰是受益（害）者？以及未來的發展方向為何？6個疑問思考邏輯，分析假設如下：

　　(1)事件的形成因素：中東地區自2003年美伊戰爭海珊政權垮臺

7　陳正健，〈化武攻擊敘國平民40死〉，《自由時報》，2018年4月9日，<http://news.ltn.com.tw/news/world/paper/1190917>(檢索日期：2018年4月27日)

8　田思怡，〈川普宣布美、英、法聯軍已攻擊敘利亞〉，《聯合新聞網》，2018年4月14日，<https://udn.com/news/story/6813/3086096>(檢索日期：2018年4月27日)

9　鉅亨網新聞中心，〈證據證人都有了　敘利亞化武攻擊　全是反政府武裝自導自演〉，《EBC東森財經新聞》，2018年4月23日，<https://fnc.ebc.net.tw/FncNews/world/34818>(檢索日期：2018年4月27日)

後，「伊斯蘭國」（ISIS）隨著伊拉克政府權力的真空，爲掌握石油產區利益入侵敘利亞，美軍於2014年9月23日聯合阿拉伯國家對「伊斯蘭國」實施空中攻擊。[10]2015年10月1日俄羅斯以美國沒有認真執行打擊「伊斯蘭國」爲由，在敘利亞政府軍的支持下，開始對「伊斯蘭國」重要設施實施一連串攻擊。[11]然美國及俄羅斯卻相互指責，雙方在打擊「伊斯蘭國」恐怖組織上都沒有真正做到，而是藉故削弱各自支持的政府軍及反抗軍，[12]因此，美國對敘利亞政府軍空中攻擊行動成因，在於美國與俄羅斯在中東事務上的較量。

(2)事件目的：相對弱勢的敘利亞反抗軍能維持抵抗力量。

(3)解決何種問題：避免削弱美國在中東的影響力。

(4)對人、事的影響：表達對敘利亞反抗軍的支持，並對俄羅斯發出警訊。

(5)誰是受益（害）者：受益者美國，受害者敘利亞人民。

(6)事件未來發展方向：美、俄持續在敘利亞角力，敘利亞難民問題將持續發生。

第二步驟，策略目標的建構：以俄羅斯的立場，面對美國對敘利亞政府軍的攻擊，那俄羅斯應採取何種回應策略呢？當從問題性質的分析

---

10 〈美國與阿拉伯盟國轟炸IS〉，《亞洲週刊》，2014年10月5日，<https://www.yzzk.com/cfm/content_archive.cfm?id=1411617836331&docissue=2014-39>(檢索日期：2018年4月28日)

11 凱露，〈敘利亞衝突：俄羅斯發起新一輪攻擊〉，《BBC中文網》，2015年10月1日，<http://www.bbc.com/zhongwen/trad/world/2015/10/151001_russia_strike_syria>(檢索日期：2018年4月28日)

12 陳俐穎，〈俄羅斯空襲敘利亞》美俄爲打擊恐怖主義再度隔空交火〉，《風傳媒》，2015年10月9日，<http://www.storm.mg/article/68732>(檢索日期2018年4月28日)

瞭解事實的成因與眞相後，接下來要思考的是如何建構策略目標。必須從內、外在環境因素兩方面對事件的影響思考，在外部環境因素部分：敘利亞政府軍對反政府軍占領的城市，展開收復領土的攻擊行動。英國政府支持的敘利亞「白頭盔」組織運用網路視頻報導，城市內的平民受政府軍化學武器攻擊的影響死傷慘重；美國及俄羅斯在聯合國安理會，對於敘利亞政府軍使用化學武器攻擊反抗軍的證據上針鋒相對。[13]這個衝突事件不僅僅是對敘利亞親俄與親西方勢力的戰爭，更是冷戰後以美國爲首的北約與俄羅斯之間的持續對抗。

在內部環境因素部分：俄羅斯於1971年蘇聯時代向敘利亞租借塔爾圖斯港，[14]並於2017年1月20日雙方簽署「擴建俄海軍駐塔爾圖斯港物資技術保障基地的協定」，該協定自簽署之日起生效，有效期49年，可自動延期25年。[15]從俄羅斯海權發展的角度來看，俄羅斯黑海艦隊，要想進入地中海必須經過土耳其兩道狹窄的海峽，一個是達達尼爾海峽，另一個是博斯普魯斯海峽，海峽寬度最窄分別爲1.6公里及0.75公里。如果土耳其配合北約要求封鎖上述兩個海峽，俄羅斯的黑海艦隊將整個被封死在黑海內，因此，未來將一半的黑海艦隊兵力駐防在敘利亞的達爾圖斯港，將迫使土耳其不敢貿然採取親西方與俄羅斯對抗的政策。

在策略目標建構的思考邏輯中，我們即可從事件問題性質的內、外

13　羅法、王凡、夏立民，〈美俄爲敘利亞「尚未確定的」化武案針鋒相對〉，《德國之聲DW》，2018年4月10日，<http://www.dw.com/zh/美俄爲敘利亞尚未確認的化武案針鋒相對/a-43316074?&zhongwen=simp>(檢索日期：2018年4月27日)

14　〈俄國防部副部長：俄將在敘利亞塔爾圖斯建立常設海軍基地〉，《俄羅斯衛星通訊社》，2016年10月10日，< http://sputniknews.cn/military/201610101020923411/>(檢索日期：2018年4月28日)

15　〈俄國家杜馬將審議俄駐續塔爾圖斯海軍基地擴建協議〉，《俄羅斯衛星通訊社》，2017年12月21日，< http://sputniknews.cn/politics/201712211024328734/>(檢索日期：2018年4月28日)

環境影響因素分析中，釐清並建構因應突發事件的策略目標。假設從俄羅斯的立場，依據上述內、外在環境因素對問題性質的影響分析，俄羅斯對美國參與敘利亞內戰的攻擊事件，其因應的戰略目標應為：「持續支持敘利亞親俄政府，維持敘利亞政府軍與反抗軍的戰力平衡。」

第三步驟：策略行動方案的制定：當因應突發事件的策略目標確立後，如何將策略目標落實成為具體的行動方案是策略分析模式兵棋推演的核心重點，這也是兵棋推演過程中經常被忽略的事項。一種是經過冗長的策略目標討論與建構後，對於如何選擇一個最佳或最適合的行動方案的制定、分析及討論因時間關係而流於形式，形成「虎頭蛇尾」的狀況。又或對於各項具體的行動方案，缺乏邏輯性及系統性的分析檢驗，以檢視各種行動方案的合理性、有效性及可預測性，形成天馬行空的狀況。

如果依上述案例，俄羅斯在確認「戰略目標」後，接下來的程序是分析及擬定達成戰略目標的各種可能行動方案。如行動方案A：應敘利亞政府為維護國家領土主權與安全的要求，派遣俄羅斯三軍部隊進駐敘利亞，保護首都大馬士革的安全，惟不介入敘利亞與反抗軍內戰，除非其他國家派遣軍隊支援反抗軍或攻擊政府軍。行動方案B：應敘利亞政府要求，派遣軍事顧問團指導與訓練敘利亞政府軍，並提供政府軍統一國家所需的各類武器裝備，惟俄羅斯軍事顧問不參與敘利亞內戰，但當其他國家軍隊介入敘利亞內戰對政府軍實施攻擊時，俄羅斯可應敘利亞政府的請求對反抗軍實施攻擊。行動方案C：支持敘利亞政府，但對於政府軍戰力的支援僅達到略高於反抗軍的程度，惟當政府軍遭受其他國家軍隊的攻擊造成戰力減損時，俄國亦藉故攻擊反抗軍削弱其戰力。

第四步驟：策略行動方案的選擇：當各種可能的行動方案提出後，即開始對每一個行動方案進行利與弊的分析，列舉如下：

(1)行動方案A：

　　‧有利部分：俄羅斯可有效的掌控敘利亞政府，並嚇阻美國等

西方國家的軍事介入，如美國在南韓及日本的駐軍；敘利亞政府軍可在首都安全無虞下，集中兵力攻擊反抗軍占領區統一敘利亞。

- 不利部分：俄羅斯將會遭受國際社會干涉他國內政的譴責；海外駐軍額外花費所增加國防經費，對俄羅斯的經濟發展會產生一定的影響；若是美國強勢介入敘利亞內戰，可能引發美、俄正面衝突的危險。

(2)行動方案B：

- 有利部分：1.俄羅斯不需要花費太多的敘利亞駐軍經費，敘利亞軍隊亦可在俄羅斯顧問的協助與武器裝備的支援下，增加政府軍的戰力，如20世紀50至70年代的臺灣；2.不會受到國際社會對俄羅斯介入敘利亞內戰的指責；3.避免美、俄正面衝突的危險。

- 不利部分：增加美國等西方強權介入敘利亞內戰的可能性（如2016年3月15日俄羅斯自敘利亞撤軍[16]）；敘利亞政府軍無法短時間增強戰力。

(3)行動方案C：

- 有利部分：保持敘利亞政府軍與反抗軍軍事力量的平衡，創造敘利亞政府對俄羅斯不可或缺的需求；可以以不得干涉該國內政為由，要求協助反抗軍的美國軍事人員撤出敘利亞；避免美、俄正面衝突的危險；降低俄羅斯在敘利亞的額外國防經費支出。

- 不利部分：無法快速、有效的因應美國對敘利亞政府軍的攻

---

16 Andrew Higgins，〈普丁下令從敘利亞撤軍〉，《紐約時報中文網》，2016年3月15日，< https://cn.nytimes.com/world/20160315/c15russia/zh-hant/>(檢索日期：2016年4月28日)

擊行動；俄羅斯在敘利亞駐軍的撤出，將降低在中東的影響力；俄羅斯的撤軍無法要求美國也撤軍。

　　經過上述三種行動方案的利弊、得失分析後，如何檢驗各行動方案的合理性、可行性及預測性是一個極為重要的工作，因為這是將策略目標具體落實成為可行之行動計畫的關鍵。假設從美、俄能力觀點：俄羅斯是否有能力維持一個長期的駐軍，以及美國的空中攻擊行動對敘利亞政府軍的破壞能力有多少，都是觀察的指標；從敘利亞內戰交戰雙方的戰力觀點：敘利亞政府軍是否具有收復反抗軍占領區的能力，以及美國是否持續或增加對反抗軍的武器供應；另從美、俄雙方國內政治對敘利亞內戰的態度觀察：俄羅斯人民是否支持敘利亞政府；而美國需要政治操作敘利亞政府軍使用化武的議題，介入敘利亞內戰。綜合上述分析，對俄羅斯而言，三種的行動方案中，最佳或最適合的行動方案應是行動方案B，除可維持對敘利亞政府的支持外，亦可有效嚇阻或降低美國的攻擊行動。

　　第五步驟：擬定策略執行計畫：當各種因應策略執行方案經過利弊、得失分析檢驗，選擇出最佳或最適合的行動方案。而這項最佳或最適合的行動方案基本上仍屬於一種行動作為的概念，尚不具備成為具體的行動作為指導。所以，確認因應的策略行動方案後，必須以其為達成策略目標的行動概念指導，擬定具體的策略執行計畫，使得策略目標的達成，能經由策略執行計畫的行動而具體落實。例如：俄羅斯支援敘利亞內戰的因應策略目標，假設是選擇行動方案B，其策略執行計畫內容列舉如下：

(1)計畫指導部分：以強化敘利亞政府軍戰力取代駐軍。

(2)計畫執行要項部分：

　　‧於一個月內完成進駐敘利亞的海、空軍部隊的撤軍，相關武器裝備移交敘利亞政府軍使用。

　　‧派遣海軍艦隊（含航空母艦）及陸戰隊進駐敘利亞塔爾圖斯港。

．留置必要俄羅斯軍事人員，擔任敘利亞政府軍各級指揮機構
　及部隊的顧問。

．增加對敘利亞政府的軍事及經濟援助。

以上爲以美、俄介入敘利亞內戰爲案例，說明如何將策略分析模式
兵棋推演做邏輯性的思考。

（二）操作運用

對於策略分析模式兵棋推演的思考邏輯，已於上一節做一程序性的
概略介紹，接下來爲各位讀者介紹如何將兵棋推演的思考邏輯，轉變爲
可以實際操作的作業程序。以北韓自2018年3月8日透過南韓特使傳達願
意與美國總統川普會晤的訊息爲例，介紹如何操作策略分析模式兵棋推
演。以下將從人員編組、推演準備與執行、推演成效檢驗及策略執行計
畫擬定4個要項，依序說明：

1. 人員編組

人員編組是兵棋推演準備工作的第一個作業要項，從確認與突發事
件有關的單位開始，除了推動兵棋推演作業的推演指導組（含計畫指導
分組、推演管制分組、統合裁判分組及行動後分析分組）外，尚需編組
主推演組及回應推演組。

以北韓展開所謂「和平之旅」事件爲例，北韓領導人金正恩在與
美國總統川普會面前，先至中國訪問與中國領導人習近平會談，之後再
與南韓總統文在寅，於板門店和平之家舉行高峰會。期間日本在金正恩
訪中之後，即再度訪問美國，對於北韓問題向美國表達應持續施壓北
韓，也希望能透過美國與北韓領導人會談，讓北韓綁架日本人的問題取
得進展，並和美國確認，爲了實現讓北韓用「完全、可驗證且不可逆」

的方式放棄發展核武及彈道飛彈，應維持對北韓最大限度壓力。[17]另在整個北韓核子試爆與彈道飛彈試射危機發生，以及中國受到美國牽制的期間，俄羅斯成為北韓重要的支持來源。[18]從上述與北韓議題有關的國家，計有南韓、中國、美國、日本、俄羅斯及北韓自己共6個國家。

　　因此，策略分析模式兵棋推演的人員編組，如果參與推演的人員數量足夠，且對各個國家具有相當的研究，除了推演指導組外，尚須編組事件主、次主推演組，以及與事件有關的回應推演組。如扮演北韓的主推演分組、南韓的次推演分組，以及扮演回應的中國推演分組、美國推演分組、日本推演分組及俄羅斯推演分組等（如圖6-2）。

2. 推演準備與執行

　　從事件的性質思考完成人員編組後，兵棋推演的準備工作事項如下：

(1)場地及通訊準備規劃：以擁有充分的行政資源支援狀況下，理想的場地規劃需求如下（如圖6-3）。

　・場地設置：

　　　推演指導組一間（分計畫指導、推演管制、統合裁判及行動後分析4個作業分組）、主推演組（分主推演分組及次推演分組2個作業組）及相關回應推演組（視與事件有關的單位數量而定）一間，另依需要可再規劃一個或數個會議室，提供各推演分組之間的討論協調之用。

17　黃名璽，〈安倍啟程訪美　將與川普討論北韓問題〉，《CAN中央通信社》，2018年4月17日，<http://www.cna.com.tw/news/aopl/201804170139-1.aspx>(檢索日期：2018年4月29日)

18　〈暗助！俄羅斯輸往北韓石油倍增〉，《自由時報》，2017年8月21日，<http://news.ltn.com.tw/news/world/breakingnews/2169281>(檢索日期：2018年4月29日)

· 通訊系統建立：

資訊顯示系統如果有兵棋推演電腦輔助系統可運用，除了推演指導室需要一個大的螢幕顯示圖臺外，其餘各作業僅需一個符合場地大小的適當尺寸螢幕顯示圖臺即可。若無專業的兵棋推演電腦輔助系統可運用，亦可利用一般電腦網際網路的Google地圖協助顯示，並將推演期間的各個重要事件及資訊記錄於白板上或紙上配合地圖的顯示，以利各作業分組掌握兵棋推演過程中的動態。

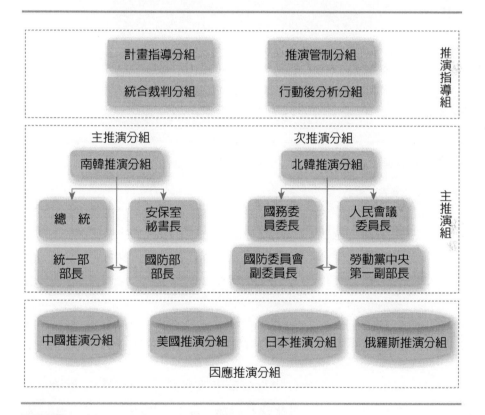

圖6-2 北韓「和平之旅」事件推演人員編組範例

資料來源：作者自繪

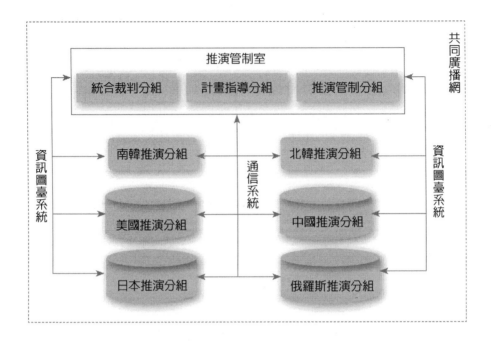

圖 6-3 北韓「和平之旅」事件推演通資系統設置範例

資料來源：作者自繪

- 通信聯絡系統：
  各推演作業分組均配備3支電話線，以及一個共同廣播器，以利各推演作業組相互間的聯繫，以及推演管制分組發布推演管制事項。
(2) 推演準備：
- 計畫指導分組：
  依據突發事件事實或未來發展構想，擬定想定假設。以2018年4月27日南北韓高峰會「板門店宣言」中表示：「南北韓確認通過完全去核實現半島無核化的共同目標。」為案

例。[19]對於美國及中國來說，北韓放棄核子武器及洲際彈道飛彈的發展是「板門店宣言」的核心重點。因此，策略分析模式兵棋推演的想定假設為：北韓向美國提出，為因應北韓未來經濟發展的電力需求，依據「聯合國氣候變化綱要公約」（UNFCCC）2015年「巴黎協定」的精神，[20]為減少火力發電廠所產生的碳排放量，願意在聯合國國際原子能總署完全監督下興建核能發電廠，並同意美國、南韓、俄羅斯及中國派遣專家，進駐核能電廠監控核燃料使用狀況。

・主推演分組：

主推演分組必須依據推演計畫指導分組的想定假設，開始制定因應的策略目標，以及依據因應策略目標擬定各種推演計畫。以南北韓高峰會「板門店宣言」為例，扮演南韓的主推演分組，對於北韓新建核能電廠的要求，其因應的戰略目標需從隱藏在事件背後的可能意圖做分析，方能據以擬定合理、可行及可預測的因應策略行動方案。

依據南北韓「板門店宣言」中，對於非核化的問題指出：「南北韓確認完全去核實現半島無核化的共同目標。」的主張，沒有明確說明「去核」是否包含不得興建或擁有「核能發電廠」。若北韓大量興建燃煤火力發電廠，其所造成的空氣污染，亦將影響中國、南韓及日本。若是興建石油或天然氣火力發電廠，由於發電成本過高，且長時間會受到

---

19 郭中翰，〈南北韓峰會板門店宣言全文〉，《CAN中因通訊社》，2018年4月27日，<http://www.cna.com.tw/news/firstnews/201804270357-1.aspx>(檢索日期：2018年4月29日)

20 行政院環境保護署，〈節能減碳政策〉，《行政院環境保護署》，<https://www.epa.gov.tw/ct.asp?xItem=9958&ctNode=31350&mp=epa>(檢索日期：2018年4月29日)

石油獲得的影響，而「綠色能源」對於北韓來說，尚無大量發展能力，因此，對於北韓來說發展新型核能電廠是一個不得已的選擇。另一個關鍵重點，在於北韓2017年9月完成核子試爆[21]及2017年11月29日火星-15洲際彈道飛彈的試射，[22]並於2018年北韓領導人金正恩的元旦講話指出：「朝鮮核武已成事實」，而這些資訊的真實性如何？以下將從策略分析模式兵棋推演的3個推演階段說明，分別為第一階段因應策略目標的建構（操作準備事項標準作業程序如附錄5）、第二階段策略行動方案的分析（操作準備事項標準作業程序如附錄6）及第三階段最佳或最適合的策略行動方案選擇。

　　第一階段推演：因應策略目標的建構。若以核子炸彈技術的觀點來看，核子炸彈最重要的關鍵裝置是引爆核彈的內部引爆裝置。核子試爆實驗就是在確認所設計的內部引爆裝置的效能，當效能足以引發周圍的超臨界放射性物質產生連鎖反應而爆炸，就可認為是核子試爆實驗成功。如1995年9月到1996年1月法國在南太平洋的核子試爆實驗取得核彈爆炸相關數據資料後，並頒布《軍事改革法》實施全面軍事轉型即為一個明顯的例子。[23]若從洲際彈道飛彈的技術觀點來看，2017年11月9日北韓火星-15型洲際彈道飛彈試射的狀況來看，

21　〈金正恩新年廣播講話傳遞複雜信號「朝鮮核武已成事實」〉，《BBC中文網》，2018年1月1四，<http://www.bbc.com/zhongwen/simp/world-42532106>(檢索日期：2018年4月29日)

22　姜遠珍，〈北韓宣布　成功試射火星-15型洲際飛彈〉，《CAN中央社》，2017年11月29日，<http://www.cna.com.tw/news/aopl/201711290185-1.aspx>(檢索日期：2018年4月29日)

23　何奇松，〈冷戰後的法國軍事轉型〉，《軍事歷史研究》，第3期，2007年，頁138。

即使美國彈導分析師專家認為要攻擊美國本土「至少還要1年」的研製時間，[24]但可以認定北韓製造洲際彈道飛彈能力已有重大進展。

從這兩項指標觀察，北韓雖無法像中、美、英、俄等國家具有良好的戰略核武打擊能力，但已具備製造此項武器能力的技術。對於北韓來說，放棄核武不代表未來不具備發展核武的能力，只要核彈及洲際彈道飛彈的技術資料仍能保留，即使現在核子原料受到國際控制，但是一旦取得就可以立即製造戰略核武打擊能力。由此，北韓是否能擁有核能電廠是「去核」的關鍵要項。

對於南韓來說，只有在朝鮮半島都不存在任何與放射性物質有關的裝置及設備（放射性醫療器材除外），才能確保北韓不發展核子武器的風險。因此，對於北韓如果提出興建核能電廠要求的想定假設，南韓的因應戰略目標應該是廢除北韓核能電廠興建的要求。

第二階段推演：策略行動方案的分析。當第一階段的因應策略目標的推演完成並制定後，就進入第二階段的因應策略行動方案推演。主推演分組必須以第一階段推演所得因應策略目標的共識，據以擬定2個以上的因應策略行動方案（原則上差異性越大的行動方案提出的越多越好，目的是增加解決問題的多元思考）。依此因應策略行動方案的思考要項列舉如下：計有事件引發者（如相對於南韓的北韓）的能力及獲取的支援、自己本身的能力及可獲取的支援、與事件有關

24　〈金正恩滿意火星-15試射擬攻美　專家：「還要1年」〉，《自由時報》，2017年11月30日，<http://news.ltn.com.tw/news/world/breakingnews/2269100>(檢索日期：2018年4月29日)

者（如中國、美國等）的影響力及能力。

　　假設扮演南韓的主推演分組，為有效達成否決北韓提出興建及擁有核能電廠的因應策略目標，而提出3項戰略行動方案。行動方案A：南北韓共同組成核能電廠拆除小組，使用10年的時間分別對南韓25座核電機組[25]及北韓的寧邊核電廠實施拆除作業，兌現兩韓「去核」的「板門店宣言」。行動方案B：協助北韓廢除寧邊老舊的核電廠，未來北韓所需的電力需求，除由南韓支援外，並協助北韓發展綠色能源。行動方案C：協助北韓廢除老舊的核能電廠，對於未來北韓所需的電力需求，先以協助興建燃煤火力發電廠支援，後續再協助北韓發展綠色能源取代。

　　經由上述3項戰略行動方案的提出，實施第二階段的兵棋推演，每次推演一個戰略行動方案，共需推演3次，以獲得每個戰略行動方案的利弊、得失要項。以行動方案B為例，對南韓有利的部分：讓北韓沒有私自儲藏放射性物質的藉口；不利的部分：1.若以同等方式處理「去核」宣言，因經濟發展的考量，南韓可能無充分的理由，回應北韓關閉核能電廠的要求。2.以現在的科技，綠色能源短時間內尚無法全面取代核能及火力發電。3.為使北韓放棄發展核能發電廠，南韓勢必要提供北韓更多的經濟支援，以滿足北韓未來經濟發展的需求。

　　第三階段推演：最佳或最適合的行動方案選擇。經過各行動方案的推演分析比較，獲得每個行動方案的利弊、得失結果後，即執行第三階段的推演。藉由能力及可用支援分析尋找出最佳或最合適的行動方案。若以選擇行動方案C為現階

25　〈韓新總統反核　核能出口有憂〉，《聯合新聞網》，2017年5月17日，<https://udn.com/news/story/6811/2467260>（檢索日期：2018年4月29日）

段達成因應戰略目標的最適合行動方案，其理由為拆除北韓老舊的核電廠是第一個優先處理的目標。對於未來北韓的電力需求，可再視後續發展狀況做調整因應，而協助建造燃煤火力發電廠在時間上及成效上，具有快速顯著的效果，可提高北韓放棄核能的意願。

· 其他推演分組：

其他推演分組包括事件引發者的次推演分組及與事件有關推演分組，則扮演回應主推演分組的角色。在因應主推演分組所提策略目標建構、策略行動方案分析及最佳或最適合的行動方案選擇3個階段推演過程中，主推演分組可能遭遇的問題，以及對後續發展的影響。讓主推演分組思考如何解決所面臨的問題，以作為修訂因應策略目標、提出各種可能的行動方案及選擇最佳的行動方案，使主推演分組能據以擬定達成因應策略目標的策略執行計畫。

3. 推演成效檢驗

負責兵棋推演成效檢驗的工作，主要是推演指導組中的行動後分析分組，而推演管制分組負責推演程序的運作與管制。統合裁判分組則在於推演過程中，對於各推演分組之間發生無法形成共識的問題或議題時，負責結果的裁定，以利推演能夠繼續執行。行動後分析分組所扮演的角色為記錄推演過程中，各推演分組的每一個事件的發生、思考的過程、因應策略選擇及回應問題的行動等資料，並在推演回顧的過程中，對各推演分組於推演過程中的各項回應行動提出評論，並以協力廠商的角度對各推演分組在角色扮演的過程中，尋找出不合理、缺乏有效性及無預測性的因應行動。其目的在提高策略分析模式兵棋推演結果的可信度。

第一階段：因應策略目標的建構。派遣行動後分析分組成員至各推

演分組執行各項記錄工作，並於推演完成獲得結果後，由行動後分析分組組長召集分組成員，實施因應策略目標合理性、可行性及成效分析，並對各推演分組的推演過程提出評論，以及確認主推分組的事件因應策略目標。如果發現有重大缺失或對其合理性、可行性及有效性沒有共識，則需從事件的想定假設開始修訂，再執行修訂後的兵棋推演。經過反覆的修訂及推演後，所獲得事件因應策略目標沒有重大缺失，並獲得確認的共識後，就進入第二階段因應行動方案的分析（如圖6-4）。

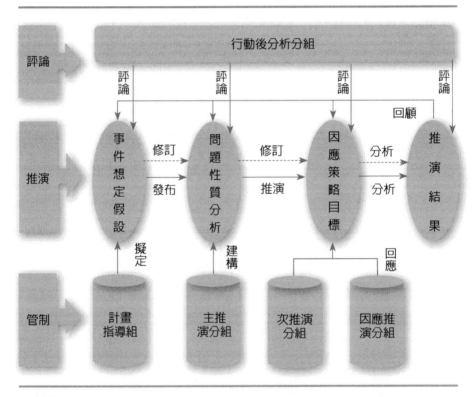

圖 6-4　策略分析模式兵棋推演第一階段因應策略目標推演架構圖

資料來源：作者自繪

　　第二階段：行動方案的分析。主推演分組依據第一階段推演所得因應策略目標，開始研擬各種可能行動方案。並對每一項行動方案實施推演假設，以獲取每一個行動方案的利弊、得失的分析結果。此階段行動後分析分組的主要工作，除記錄各推演分組因應行動及評論外，另須建構一個各行動方案分析比較的原則與要項，使各行動方案能在同一個基礎原則上，實施比較分析（如圖6-5）。

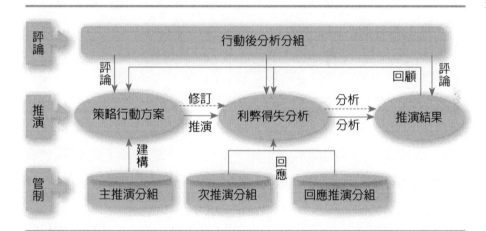

圖 6-5 策略分析模式兵棋推演第二階段行動方案分析推演架構圖

資料來源：作者自繪

　　第三階段：最佳或最適合的行動方案選擇。此時行動後分析分組的工作重點，在於運用第二階段所建構的質性或量化分析要項比較原則，導引所有參與推演的人員共同參與比較分析，尋求獲得最多共識的最佳或最適合行動方案。

4. 策略執行計畫擬定

　　當最佳或最適合的行動方案確定後，由行動後分析分組指導主推演分組，研擬策略執行計畫，由所有參演人員協助思考審查，以作為後續模式模擬模式兵棋推演的依據。

　　以上是以北韓在「去核」的宣言上，要求建造新的核能發電廠的想定假設。透過思考邏輯與操作運用的介紹，以及借用想定假設案例的說明，提供讀者如何思考與操作策略分析模式兵棋推演的程序概念。下一節將運用策略分析模式兵棋推演5個思考邏輯程序，問題性質分析、策略目標建構、各種策略行動方案擬定、最佳或最適合的策略行動方案選擇及策略執行計畫研擬，針對中國「一帶一路」跨國經濟合作倡議、美國的「印太戰略」及臺灣的「新南向政策」實施案例分析。

二、中國「一帶一路」建設倡議案例分析

　　自2013年9月7日中國在哈薩克納紮爾巴耶夫大學演講時，首次提出共建「絲綢之路經濟帶」的倡議，經過與各國經濟合作計畫的簽訂，於2014年11月9日在亞太經合組織（APEC: Asia-Pacific Economic Cooperation）工商領袖高峰會正式提出「一帶一路」建設倡議的跨國經濟合作，並籌組亞洲基礎設施投資銀行（簡稱亞投行）。[26]到2017年5月15日中國針對「一帶一路」建設的倡議，於北京首度舉辦「一帶一路」國際合作高峰論壇圓桌會議，目的在建構一個開放型經濟、確保自由包容性貿易、反對任何形式的保護主義，並以世界貿易組織爲核心，規則爲基礎的開放、非歧視、公平的多邊貿易體系。[27]本案例試圖以臺灣的觀點，站在中國的立場，透過策略分析模式兵棋推演的思考邏輯，預測中國「一帶一路」建設倡議可能的戰略執行計畫。

26　〈習近平「一帶一路」倡議的重要論述回顧〉，《國務院新聞辦公室》，2016年2月12日，<http://www.scio.gov.cn/ztk/wh/slxy/gcyll/Document/1468602/1468602.htm>(檢索日期：2018年4月27日)

27　〈「一帶一路」國際合作高峰論壇圓桌峰會聯合公報〉，《外交部》，2017年5月15日，<http://www.fmprc.gov.cn/web/zyxw/t1461817.shtml>(檢索日期：2018年4月27日)

（一）問題性質分析

　　對於中國「一帶一路」政策倡議提出的研究，我們必須從中國經濟發展的歷史事件回溯，方能瞭解其政策形成的原因，以作為問題性質分析的基礎。首先要回溯到2013年9月3日習近平訪問土庫曼斯坦、哈薩克斯坦、烏茲別克斯坦和吉爾吉斯斯坦中亞四國，並簽署石油天然氣、交通、通訊、投資等領域的重要合作計畫。[28]以及2013年10月2日訪問印尼與馬來西亞加強雙方在政治安全、經貿投資、人員交流等諸多方面的合作，形成合力促進亞太地區的繁榮發展，提出建設「絲綢之路經濟帶」和「21世紀海上絲綢之路」構想。[29]這個「一帶一路」的倡議後來在中共「十八屆三中全會」和2013年「中央經濟工作會議」中，正式被納入未來重點工作任務，[30]2013年10月習近平訪問印尼時也首次倡議籌備「亞洲基礎設施開發投資銀行」（Asian Infrastructure Investment Bank）。[31]

　　對中國來說除了是面對美國2008年金融海嘯後，以因應出口衰減生產過剩的作為外，也是中國改革開放後國家經濟發展的整體規劃。對於

28　躍生，〈習近平出訪中亞四國推動能源戰略〉，《BBC中文網》，2013年9月3日，<http://www.bbc.com/zhongwen/trad/china/2013/09/130903_china_central_asia>(檢索日期：2018年9月29日)

29　〈推動共建絲綢之路經濟帶和21世紀海上絲綢之路的願景與行動〉，《中華人民共和國商務部》，2016年1月26日，<http://www.mofcom.gov.cn/article/i/dxfw/jlyd/201601/20160101243342.shtml>(檢索日期：2018年4月30日)

30　陳江生、田苗，〈「一帶一路」戰略的形成、實施與影響〉，《中國共產黨歷史網》，2017年3月31日，<http://www.zgdsw.org.cn/BIG5/n1/2017/0331/c218998-29182692.html>(檢索日期：2018年4月30日)

31　〈習近平在亞洲基礎設施投資銀行開業儀式上的致辭（全文）〉，《中華人民共和國外交部》，2016年1月16日，<http://www.fmprc.gov.cn/web/zyxw/t1332258.shtml>(檢索日期：2018年4月30日)

中國的發展，許多學者往往以美國國家安全的角度觀點分析，認為中國必將朝向太平洋東邊發展和美國競爭，但從中國經濟發展的角度來看，「一帶一路」跨國經濟合作的倡議是一個以經濟為主的國家發展戰略。這也讓美國所謂的「亞太再平衡」戰略沒有著力點，因為作為美國平衡對象的中國，並不跟隨美國現實主義的權力平衡戰略而走。

　　假設「一帶一路」跨國經濟合作倡議是中國以經濟發展為主的國家戰略，對於中國這項長遠經濟政策形成的研究過程，須從中國自改革開放後的國家經濟發展的歷史過程角度分析。1978年12月的中共中央工作會議上，鄧小平在《解放思想，實事求是，團結一致向前看》這篇報告裡提出了一個深刻影響中國的「大政策」。他說：「在經濟政策上，我認為要允許一部分地區、一部分企業、一部分工人農民，由於辛勤努力成績大而收入先多一些，生活先好起來。一部分人生活先好起來，就必然產生極大的示範力量，影響左鄰右舍，帶動其他地區、其他單位的人們向他們學習。這樣，就會使整個國民經濟不斷的波浪式的向前發展，使全國各族人民都能比較快地富裕起來。」這就是後來他反覆闡釋的「先富」與「共同富裕」的理論。[32]

　　因此，中國東南沿海的經濟發展是在鄧小平「先富」的政策觀點下展開，西北、西南及北部地區的發展則仍處於消除貧窮的狀態。經過30多年的經濟發展後，中國東部沿海地區可說達到小康局面。但同時也使中國產生區域發展不平衡的現象，所造成的社會問題有逐漸惡化的可能。因此，中國在其「把東部沿海地區的剩餘經濟發展能力，用以提高西部地區的經濟和社會發展水準、鞏固國防。」的政策指導下，由時任中國國務院總理朱鎔基於2000年1月領導成立西部地區開發小組，展開

32　〈允許一部分人、一部分地區先富起來〉，《中國共產黨新聞網》，2009
　　年2月17日，<http://cpc.people.com.cn/BIG5/64162/82819/143371/8818525.
　　html>(檢索日期：2018年4月30日)

「西部大開發」的經濟發展規劃，並於同年10月將西部地區的基礎建設發展納入「十五計畫」中的5年工作重點。[33]

　　2001年1月1日中國國務院制定「關於實施西部大開發若干政策措施的通知」，共有7大政策重點，分別為1.政策的制定原則：發揮市場機制作用與宏觀調控結合；2.重點任務與戰略目標：使西部地區基礎建設和生態建設取得突破性進展；3.重點區域：要依託亞歐大陸橋、長江水道、西南出海通道等交通幹線，發揮城市作用，以線串點、以點帶面逐步形成中國西部有特色的西隴海蘭新線，形成跨行政區域經濟帶；4.增加資金投入的政策；5.改善投資環境：加快建立現代企業制度；6.吸引人才和發展教育：加大各類科技計畫經濟向西部地區的傾斜支援力度；7.擴人對內對外開放：積極爭取多邊、雙邊贈款優先安排西部地區專案，大力發展對外貿易。[34]

　　從中國2000年開始的「西部大開發」政策的實施，不難瞭解2001年6月15日上海合作組織[35]成立的目的，以及中國積極與東協加強貿易合作，並於2002年與東協簽署《東協－中國CECA經濟合作架構協定》（"Framework Agreement on Comprehensive Economic Co-Operation Between ASEAN and the People's Republic of China"），2010年東協加1「中

33　胡亞汝，〈三、國務院成立西部地區開發領導小組〉，《中國共產黨新聞網》，2010年3月15日，<http://dangshi.people.com.cn/GB/146570/184312/11138778.html>(檢索日期：2018年4月30日)

34　中華人民共和國中央人民政府，〈國務院關於實施西部大開發若干政策措施的通知〉，國發〔2000〕33號，<http://www.gov.cn/gongbao/content/2001/content_60854.htm>(檢索日期：2018年4月30日)

35　〈上海合作組織〉，《中華人民共和國外交部》，2018年3月，< http://www.fmprc.gov.cn/web/wjb_673085/zzjg_673183/dozys_673577/dqz-zoys_673581/shhz_673583/gk_673585/t528036.shtml>(檢索日期：2018年4月30日)

國－東協自由貿易區」（China-ASEAN FTA）生效的經濟戰略目標。[36]以此，從中國經濟發展的歷史軌跡來看，2013年中共所提出「一帶一路」政策與亞投行的成立，有其國家經濟整體發展政策的背景，而非領導人突如其來的經濟發展戰略構想。由此，中共經濟大戰略的發展是有其一致性，且脈絡可循。

2015年9月中共完成巴基斯坦瓜達爾港的租賃，並運用2,000多畝的土地建設首個經濟特區，2015年也開始新建從新疆喀什通往巴基斯坦瓜達爾港的「中巴鐵路」，[37]同年初規劃從雲南昆明到泰國曼谷與馬達普港，並跨越寮國的「中泰鐵路」，2017年1月3日從中國義烏通往倫敦的直達貨運鐵路線通車。[38]這些事件的發生，可以看出這是中國「一帶一路」的跨國經濟合作的發展方向。而中巴鐵路與中泰鐵路的興建，主要在為西部對外貿易的發展提供一個有利出口。

例如：一個設廠在重慶的製造業要將產品輸往東歐內陸國家時，從以往的運輸方式必須將產品透過長江水運或陸運載往上海等海港碼頭，等待船運耗時約2至3天，經過海運運往歐洲臨海國家港口，再透過路運方式送往東歐內陸國家。從這個運輸過程中可以發現，對於設廠於中國西部的製造業者來說，除了時間的耗費外，運輸成本相較於在東南沿海設廠為大，如果中巴鐵路與中泰鐵路完成，且相對應的出口港也完成建設的話，設置在中國西部的製造業，其輸往歐洲、非洲及南亞的貿易產

---

36 〈東協加一〉，《臺灣東南亞國家協會研究中心》，< http://www.aseancen-ter.org.tw/ASEAN1.aspx>(檢索日期：2018年4月30日)

37 陳穎仁，〈中國的海上珍珠瓜達爾港通航〉，《天下雜誌》，2017年1月4日，< https://www.cw.com.tw/article/article.action?id=5080282>(檢索日期：2018年4月30日)

38 〈中國啟動的一條義烏至倫敦直達貨運鐵路線〉，《BBC中文網》，2017年1月3日，< http://www.bbc.com/zhongwen/trad/business-38493764>(檢索日期：2018年4月30日)

品，將由於運輸成本的降低與時間的減少，而增加了西部貿易工廠產品的競爭性，這是中國西部大開發之國家整體經濟政策規劃的必然趨勢。

　　然而，美國2005年國防部提出一份「亞洲的能源未來」的報告，對於中國在緬甸、孟加拉、斯里蘭卡及巴基斯坦所建立的貿易轉運港口，認為是中國朝向印度洋實施海權發展的「珍珠鏈戰略」。[39]這個理論一時「洛陽紙貴」，國內許多學者、專家往往也為之附和，認為中國海軍的海權發展未來必將走向印度洋，主要目的在確保來自中東、非洲的石油能源運輸安全，尤其是當2013年中國提出「一帶一路」建設倡議後，各界就將中國「一帶一路」倡議與「珍珠鏈戰略」產生連結，讓所謂「中國威脅論」更具可信度。[40]但從全球化的海權發展觀點來看，美國對中國在印度洋航道貿然實施海上封鎖的機會不大，主要原因在於海上封鎖所影響的已不再是單一國家，而是全球所有國家。

　　其次是海運航道和陸地道路的不同是，海運航道是有無數條的，要對250海浬範圍內的船隻實施封鎖與監控，即使以美國擁有如此強大與最多數量軍艦的海軍而言，也將是力有未逮。再其次如果中、美發生對抗，美國聯合印度對中國實施海上能源運輸封鎖，對於中國而言，中國對能源的獲得不僅僅有來自於海上的運輸，另來自於中亞與俄羅斯的石油與天然氣管路運輸也是重要來源之一。因此，中、美間短期內的對抗對中國來說，海上能源航道封鎖對其不具備長期的威脅性。另就海軍遠洋海權發展而言，中國海軍要能在印度洋具備影響力，必須在印度洋建立海軍基地作為中國在印度洋海權發展的前進基地，而要成為海軍基

39　陳奕成，〈由珍珠鏈戰略探討中共海軍潛艦未來布局與發展〉，《海軍學術雙月刊》，第50卷，第2期，2016年，頁81。

40　張祺炘，〈習近平訪巴基斯坦：不只是制衡印度，還要用「中巴經濟走廊」彌補一帶一路的缺口〉，《The News Lens關鍵評論》，2015年5月13日，<https://www.thenewslens.com/feature/2016riseasia/16604>(檢索日期：2018年4月30)

地必須要具備後勤整補能力、艦艇維修能力、基地防護力及情報偵蒐能力4種能力，方可對一個進入港口實施整補維修的艦艇，提供執行維護遠洋海權的能力。由此，美國所提出對中國海權發展的「珍珠鏈戰略」是有其國家戰略與利益的需求，主要原因在於美國國防部必須創造一個威脅，才能維護其軍隊存在的正當意義，以利向國會爭取最大的國防預算；而美國國會給予支持的另一原因，在於美國的軍工複合企業也需要一個威脅以維持其存在與發展的必要性。

依據上述問題性質的分析，中國「一帶一路」建設的倡議，主要在於經濟轉型與發展的需求，而這個倡議的提出，除了持續強化原有「西部大開發」計畫對中國西部的開發要能成功外，另為應對2008年美國金融海嘯所引發的全球性經濟大衰退的影響，造成中國國內產能過剩、資本過剩，消費、外貿低迷等問題尋求解決之道。[41]中國西部地區經濟發展可運用鐵路運輸系統連結中亞到歐洲的貿易，而中國西南與東南地區亦可運用鐵路連結南亞與東南亞各國的經濟貿易發展，並以最短方式獲得出海口將產品運往世界各地。這樣不僅可分散對美國出口的過度依賴，亦可調整中國各區域發展不平衡的落差，因此，可以判斷中國新建中巴、中泰鐵路網僅是一個開端。未來與中亞、南亞及東南亞各國，藉由「亞投行」的基礎設施建設促進經濟合作發展，勢必讓美國不論在經濟上、安全上或軍事上，都會逐漸失去對亞洲的影響力。

（二）策略目標建構

中國的「一帶一路」跨國經濟合作倡議，是中國已完成規劃及持續推展執行中的國家戰略計畫，而如此大的戰略計畫，其對世界的影響將

---

41 荏苒，〈中國大戰略：印度洋珍珠鏈成型〉，《多維新聞》，2016年12月17日，<http://culture.dwnews.com/history/big5/news/2016-12-17/59788725.html>(檢索日期：2018年4月30)

是相當廣泛的，故引發中、南美洲拉丁語系的國家對中國發展經濟合作的需求；2017年9月21日中國與拉丁美洲國家的薩爾瓦多、多明尼加、厄瓜多及格瑞那達4國，舉行中國─拉美共體「四駕馬車」外長對話，就拉美和加勒比海國家參與共建「一帶一路」交換意見，[42]拉丁美洲國家認為，就如阿根廷外長瑪律柯拉所強調的，拉丁美洲國家越來越重視「一帶一路」這個開放性的國際合作平臺。中國與拉丁美洲國家可在「一帶一路」框架下，加強基礎設施領域合作，以促進南美洲國家共同體、南方共同市場等地區一體化組織基礎設施聯通。[43]

　　依據上述對中國「一帶一路」建設倡議的問題性質分析，以及後續的發展現況。其戰略目標分析如下：

1. 就合作區域的角度：2017年5月15日在北京召開的第一屆「一帶一路」國際合作高峰論壇圓桌峰會，從與會的30個國家來看，涵蓋了東南亞、北亞、南亞、中亞、東歐、中歐、大洋洲及南美洲等國家，再加上後續於2017年9月21日中美洲國家的加入，中國「一帶一路」建設倡議所涵蓋的區域，已從最早「一帶一路」建設計畫概念的前身，2000年與中亞各國的上海合作組織，以及2001年與東協加1的經濟合作，從區域性的經濟合作走向全球跨區域性的經濟合作。

2. 從合作屬性的角度：在「一帶一路」國際合作高峰論壇圓桌峰會聯合公報中，強調經濟貿易合作、國際環境資源保護及文化

---

42 〈中國─拉共體論壇〉，《中華人民共和國外交部》，2018年2月，<http://www.fmprc.gov.cn/web/wjb_673085/zzjg_673183/ldmzs_673663/dqzz_673667/zglgtlt_685863/gk_685865/>(檢索日期：2018年4月30日)

43 陳寅、朱婉君，〈綜述：從「中國船」到「新海絲」─拉美國家擁抱「一帶一路」倡議〉，《新華網》，2017年5月24日，<http://big5.xinhuanet.com/gate/big5/www.xinhuanet.com/silkroad/2017-05/24/c_1121030198.htm>(檢索日期：2018年4月30)

交流等發展，國防與軍事安全不屬於中國「一帶一路」建設計畫的範疇。

3. 期望解決何種問題：2008年美國的金融海嘯對中國的經濟發展是一個危機，也是一個轉機。以往其仿效臺灣運用代工產業的出口貿易經濟發展模式，雖然短期內可以利用所謂「人口紅利」，在全球化的經濟發展時代，以低工資的勞力成本換取經濟發展的資本，但就長期來說，會受到兩種因素影響經濟的發展，一是市場掌握在西方已開發國家的手中；二是隨著勞工成本增加，以及其他開發中較低或未開發國家更低的成本勞力市場，均會對傳統勞力密集產業產生磁吸效力。例如受到2008年美國金融海嘯的影響，造成全球市場需求減少，使得鋼鐵、煤炭等各類產品有產能過剩的問題，進而發生經濟危機。而「一帶一路」建設倡議與「亞投行」的創設，對沿線區域國家基礎建設的需求，提供一個貸款的管道，不僅解決國內產能過剩的問題，也可藉由交通運輸等基礎設施建設，帶動區域國家與中國經濟合作的發展。另對於傳統勞力密集的產業，受到其他開發中國家更低勞力成本的吸引，造成的傳統產業轉移缺口，亦可藉由「一帶一路」國家基礎建設的需求來補足。

4. 想獲得何種利益：透過「一帶一路」建設倡議所建構的跨國、跨區域經濟合作，可以逐漸擺脫受美國經濟的控制與影響，而對外基礎建設的投資與發展，與「2025中國製造」執行產業轉型政策的結合，其強化核心基礎技術的發展，更可擺脫美國在高精密工業、資訊產業及基礎材料等技術上的掣肘。如美國商務部2018年4月22日對中國發布不准美國企業對中國販售電子元件、軟體和技術的7年禁售令，造成中國中興電訊巨大的損失幾

乎關廠。[44]

5. 誰是競爭者：即使2008年美國的金融海嘯，讓美國的經濟受到
相當大的打擊，但美國仍掌握高科技及高精密技術，居世界金
融體系主導權地位。以中國當前世界第二大經濟體的身分，目
前能挑戰美國的也只有中國，中國任何發展的動向，從美國角
度觀察，都是對美國霸權的挑戰。因此，美國無可避免的是中
國「一帶一路」建設倡議的競爭者。例如美國反對盟國加入由
中國主導創設的「亞投行」。[45]

6. 誰是主要影響者：從「一帶一路」建設的政策規劃路線觀察，
具有區域影響力的國家為「一帶」的俄羅斯，以及「一路」的
印度。「一帶」的區域主要為中亞及東歐，為二戰以來前蘇聯
的附庸國，雖然蘇聯瓦解各附庸國紛紛獨立，但是承接蘇聯體
制的俄羅斯對東歐及中亞小國仍具有一定的影響力，俄羅斯對
「一帶一路」建設倡議的支持與否，影響「一帶」的發展成
效。在「一路」部分，美國曾試圖影響東南亞各國，反對加入
中國的「一帶一路」建設倡議，但沒有成功，而南亞除了印度
外其他都是伊斯蘭教主導的國家，與中國有相當深厚的關係；
但印度是南亞大國，對於印度洋的海上絲路與路上的南方絲
路，都具有一定的影響力，例如印度對斯里蘭卡的內政干預及
中印邊界爭議對陸上交通線的影響。

綜合上述分析並經過第一階段策略分析模式兵棋推演後，認為由於

---

44 高敏鳳，〈中興通訊暴「中國芯」缺點　中科院：限制產品已有部
署〉，《ETtoday新聞雲》，2018年4月22日，< https://www.ettoday.net/
news/20180422/1155102.htm>(檢索日期：2018年4月30日)

45 JANE PERLEZ，〈美國反對盟國加入亞投行適得其反〉，《紐約時報中文
網》，2015年3月20日，< https://cn.nytimes.com/business/20150320/c20asia-
bank/zh-hant/>(檢索日期：2018年4月30日)

北美洲的加拿大、中、南美等拉丁語系國家的加入，以及中國與非洲各國長久以來的經濟合作，使得「一帶一路」建設倡議的主軸，由亞歐大陸區域擴大邁向全球化的世界體系。因此，中國「一帶一路」建設倡議的戰略目標應為：「建構一個開放、公平、尊重及非政治性的全球經濟體系。」目的不在取代當前美國與西方工業國所主導的國際經濟體系，而是提供發展中或低度開發國家，在尋求經濟發展支援過程中的另一個選項。

（三）各種戰略行動方案的制定

假設中國「一帶一路」建設倡議的戰略目標為：「建構一個開放、公平、尊重及非政治性的全球經濟體系。」其達成此戰略目標的可能行動方案，試列舉如下：

1. 行動方案A：以「亞洲基礎設施投資銀行」為基礎建構「集體公共財」，發揮中國領導世界秩序的影響力

以羅伯特‧基歐漢（Robert O. Keohane）的新自由主義的觀點，在無政府體系下，國際社會的秩序通常是由霸權國家來維持，當霸權時代結束後，則由霸權時代所建構的國際制度來延續秩序的維持。換言之，對於秩序這項「公共財」是由霸權國家所建立的，當霸權時代結束之後由國際建制取代執行。[46]而羅伯特‧吉爾平（Robert Gilpin）認為在國際上對於公共財的提供，首先必須藉由一個強權國家來提供。由於國家利益以自我為中心，隨著實力增加若要展現霸權，其不僅要負責國際社會秩序的維持，更要成為集體公共財的負擔者。[47]因此，中國如要建構

---

[46] Robert O. Keohane, After Hegemony: Cooperation and Discord in the World Political Economy(New Jersey: Princeton University Press,1984), pp31-32.

[47] Robert Gilpin著，陳怡仲、張晉閣、孝慈譯，《全球政治經濟：掌握國際經濟秩序》（Global political economy: understanding theinternational economic

一個開放、公平、尊重及非政治性的全球經濟體系，就必須具有維持國際秩序的能力，同樣的也必須擔負「集體公共財」的義務。

2. 行動方案B：以中國為樞紐連結跨區域經濟合作

運用社會建構主義對「集體身分」的「自我」與「他者」的關係，透過邏輯演變形成「認同」的結果。[48]以中國為世界第二大經濟體的身分，使中國參與的區域跨國經濟體，藉由與中國緊密的經貿往來，將各區域的跨國經濟體連結在一起，形成一個以中國為主的全球性經濟體。

3. 行動方案C：將中國式經濟發展經驗成為開發中國家及低度開發中國家的領航者

以互相尊重主權和領土完整、互不侵犯、互不干涉內政、平等互利、和平共處的五項原則，[49]改革創新、發展可持續性和財富平等分配的經濟制度及政策自決和金融主權的「北京共識」，[50]以及實現共贏共用、主權平等、內政不容干涉、溝通協商及經濟全球化的「人類命運共同體」[51]為基礎。透過中國經濟發展經驗以協助的角色，發展多邊經濟合作，進而擴大形成一個有別於美國及西方工業國家所主導的國際經濟體系。

---

order）（臺北：桂冠，2001），頁105。

[48] Alexander Wendt, Social Theory of International Politics, p.229.

[49] 〈在和平共處五項原則的基礎上建立國際新秩序〉，《中華人民共和國外交部》，2000年11月7日，<www.fmprc.gov.cn/web/ziliao_674904/wjs_674919/2159_674923/t8981.shtml>(檢索日期：2018年4月30日)

[50] 〈「北京共識之父」雷默：「中國特色」下一步需要新的思想解放〉，《中國企業家俱樂部》，2015年9月10日，< http://www.daonong.com/html/yuedu/overseas/20091015/11315.html>(檢索日期：2018年4月30日)

[51] 〈習近平主席在聯合過日內瓦總部的演講（全文）〉，《新華網》，2017年1月9日，<http://www.xinhuanet.com/world/2017-01/19/c_1120340081.htm>(檢索日期：2018年5月2日)

（四）最佳或最適合的戰略行動方案選擇

依據戰略目標完成上述3項行動方案的分析後，即開始針對每一個行動方案實施第二階段兵棋推演，以獲得利弊、得失分析結果，假設列舉如下：

1. 行動方案A

- 有利部分：爭取開發中及低度開發國家的支持，改變以美國等西方國家為主的世界經濟體系，建構一個有利於中國走向世界領導地位的經濟發展體制。

- 不利部分：1.可能會引發當今世界強權國家如美國，以及傳統所謂西方強權國家如英國、法國、日本及俄羅斯等區域強權的抗衡；2.以中國當前經濟能力，相較美國等西方強權尚不足以單獨建構「集體公共財」，而美國之所以有此能力，在於美國是第一、二次世界大戰的唯一受惠者。3.中國目前尚未完成經濟發展體制的調整，且整體高精密技術能力仍不足，採取與美國等西方國家對抗戰略，不利於中國當前的發展。

2. 行動方案B

- 有利部分：1.建構中國與世界各區域國家的戰略夥伴關係；2.結合世界開發中及低度開發國家力量，建構由中國所主導的全球性經濟體系。

- 不利部分：1.短期內無法排除美國對中國積極發展霸權的疑慮；2.若區域強權採取敵對戰略，可能引發不正常的經濟合作支出的狀況，例如金援外交等。

3. 行動方案C

- 有利部分：可有效減低西方已開發國家對中國建構全球化經濟體系的阻力。

・不利部分：1.無法排除美國及西方工業國家的掣肘；2.對民主
政體運作尚不健全的國家，政策易受到政黨輪替的影響而改
變；例如菲律賓及拉丁美洲國家等。

經過上述3項行動方案的兵棋推演分析後，所獲得的各個行動方案
利弊、得失分析，藉由中國的現有能力、競爭者（如美國）能力、世界
經濟發展方向（如AI人工智慧、交通運輸及綠能等）及與行動方案有
關的影響因素等分析要項，選擇最佳或最適合的行動方案。依本案例達
成中國「一帶一路」建設倡議戰略目標：「建構一個開放、公平、尊重
及非政治性的全球經濟體系。」的最佳或最適合戰略行動方案應爲行動
方案C。考量因素分析如下：

(1)以當前中國經濟發展重點在於國內經濟體制的調整與改革，現
階段應避免與美國等西方工業國家的對抗。

(2)與開發中國家及低度開發國家的經濟合作意向的主導權在中
國，即使合作的國家因政權更替發生政策改變的狀況，也不會
影響中國既有的跨國經濟合作模式。

(3)在不干涉他國內政的前提下，提供經濟合作國家自主性的選
擇，易爲開發中與低度開發國家所接受。

(4)有利於結合開發中與低度開發國家的力量，共同改變現在由西
方工業國家爲主的經濟體系。

（五）戰略執行計畫的擬定

達成戰略目標的戰略執行計畫分爲戰略計畫指導方針及戰略計畫執
行要項，針對本案例的戰略執行計畫，假設列舉如下：

1. 計畫指導方針

(1)開放已開發國家加入「亞洲基礎設施投資銀行」。

(2)落實「一帶一路」建設倡議進行跨區域經濟合作連結。

(3)建構跨區域經濟開發帶。

(4)加強各區域開發中及低度開發國家基礎建設合作計畫。

2. 計畫執行要項

(1)持續邀請美國等已開發工業國家加入「亞洲基礎設施投資銀行」，並建構一個開放、公開、公平決策機制，排除政治性干擾。

(2)藉由「一帶一路」建設倡議跨區域經濟合作，將「亞洲基礎設施投資銀行」投資區域由亞洲拓展到東歐、非洲及拉丁美洲各國。

(3)加強籌設海外基礎設施工程建設團隊，積極參與各國基礎設施工程計畫。

(4)運用「一帶一路」建設倡議跨區域經濟合作計畫，擴大地方政府與人民經濟及文化交流。

(5)透過學術交流培育各國基礎建設管理及操作人才。

以上為中國「一帶一路」建設的倡議構想，運用策略分析模式兵棋推演的思考邏輯。藉由臺灣的觀點，以中國的立場將其概念構想，試著從問題性質分析、戰略目標的建構、可能行動方案的擬定與分析及行動方案選擇到戰略執行計畫的擬定，提出假設性的分析。若要讓此案例更具有合理性、有效性及可預測性，則需要更多的具體資料當作兵棋推演的依據。

三、美國「印太戰略」（Indo-Pacific Strategy）案例分析

2017年12月18日美國總統川普公布上任以來第一份的〈國家安全戰略〉（National security Strategy）報告書，指出中國正在利用經濟上的誘因與懲罰、影響行動及暗示性的軍事威脅，來說服其他國家遵守其政治和安全議程。中國的基礎設施投資和貿易戰略，加強了中國在地緣政

治上的期望，而在南海建立的軍事基地，已危及自由貿易流通、威脅到其他國家的主權及破壞區域穩定，目的是限制美國進入該地區。中國的主導地位可能會削弱印度—太平洋許多國家的主權，故美國歡迎印度展現出領導全球的力量，成為更強大的戰略及國防夥伴，並尋求增加與日本、澳洲和印度的四邊合作。在軍事及安全行動上，美國將擴大與印度國防和安全合作，支持印度在整個地區日益增長的關係，[52]開啟了有別於歐巴馬政府時代「亞太再平衡」戰略的「印太」戰略。

　　當川普政府提出「印太戰略」的概念時，許多國家都無法具體瞭解美國「印太戰略」的內涵為何？2017年10月8日前任美國國務卿雷克斯・提勒森（Rex W. Tillerson）在美國「戰略與國際研究中心」（Center for Strategic and International Studies, CSIS）的一場座談上，針對「印太戰略」做更進一步說明。指出中國在南海的挑釁行為，直接挑戰了美國和印度所代表的國際法和規範。對印度來說需要充分發揮其在國際安全領域的領先地位，意味著必須建立自我安全能力，美國提出守護者無人機、航空母艦技術、未來垂直起降計畫、F-18和F-16戰鬥機都是成為美、印商業和國防合作的潛在更換項目，這些合作將支持印度的「東方行動」（act east）政策。[53]

　　從美國國務卿提勒森對「印太戰略」更進一步說明，可以看得出，美國真正的戰略目標仍係為因應中國在南海的軍事發展。「印太戰略」也可以說是「亞太再平衡」戰略的擴大版，我們試著以印度的觀點，藉由策略分析模式兵棋推演的思考邏輯，分析印度對美國「印太戰

52　The White House, "National Security Strategy of the United States of America" December 2017, pp-46-47

53　"Defining Our Relationship With India for the Next Century," U.D. Department of State Diplomacy in Action, October 18, 2017, < https://www.state.gov/secretary/20172018tillerson/remarks/2017/10/274913.htm>(檢索日期：2018/5/2)

略」的因應作爲。

（一）問題性質分析

檢視美國總統川普在國家安全戰略報告中的「印太戰略」與美國前國務卿提勒森對「印太戰略」的進一步說明，可以確認「印太戰略」有兩個核心重點。一是針對中國在南海的軍事發展。二是印度在「印太戰略」的成敗中扮演關鍵的角色。因此，在問題分析上，必須從印度的外交戰略、中印關係兩個面向分析。

2014年5月27日新當選的印度總理莫迪（Narendra Damodardas Modi）邀請「南亞區域合作協會」（South Asian Association for Regional Cooperation, SAARC）其他7個成員國政府領導人出席總理宣誓儀式，尤其是印度宿敵巴基斯坦總理的參加，爲印巴的緊張關係開啓一個和解之門。莫迪在就職演說中表明，將致力於帶領印度建立一個強大、發達和具包容性的印度，印度將積極參與國際社會合作，努力推動世界和平與發展。[54]印度的外交戰略主要希望達到兩個目標：一是對幫助印度加速經濟發展的國家建立緊密關係；二是以一個世界大國和亞洲主要角色的身分推動印度外交，不再僅作爲一個地區性的南亞國家。莫迪的外交戰略以「鄰國優先」爲外交政策的基礎，維持南亞及印度洋的影響力；並提出「東進」（Act East）政策，加強拓展與緬甸等東協國家的經貿關係，建立「恆河─湄公河區域經濟走廊」建設，以及印度與澳大利亞、印尼簽署國防合作框架協定。另與日本、蒙古、韓國強化經貿與國防安全關係，以及與越南建立戰略夥伴關係，將經濟外交轉變成對外

---

54 齊瀟涵，〈莫迪出任印度第15任總理　誓建「包容性」印度〉，《環球網》，2014年5月27日，< http://world.huanqiu.com/article/2014-05/5005889. html>(檢索日期：2018年5月3日)

關係的核心任務。[55]

　　印度總理莫迪隨即展開對外關係拓展之旅，2015年1月27日美國總統歐巴馬訪問印度，並簽署聯合聲明，譴責北京在南海控制權問題上挑起與鄰國的衝突。他建議重啟一個包括美國、印度、日本和澳洲在內的鬆散安保網絡。[56]2015年7月訪問中亞5國，2015年10月26日印度主辦與非洲各國的高峰會，籌建國家項目發展公司，[57]同時與英國、法國、俄羅斯及中國等大國發展雙邊關係。[58]以美國「印太戰略」的觀點，印度希望在印太地區爭取主導地位，在作為上除了聯合印度洋小國，建構印度洋監視網外，並邀請日本及澳洲參與印度位於孟加拉灣的安達曼軍事設施建設，成為印太地區戰略前哨基地，企圖借重美、日維持其在印太地區大國競爭中的有利地位。但長期以來，印度一直對其他大國在印度洋的戰略保持警戒和排斥態度，因此，印度的大國戰略的目標是由推動「世界多極化」，轉變成推動「亞洲多極化」，而印度參與構建「印太戰略」其主要目標是制衡中國。[59]

---

55 藍建學，〈新時期印度外交與中印關係〉，《國際問題研究》，第3期，2015年，頁52-55。

56 PETER BAKER, GARDINER HARRIS，〈面對中國，美國與印度發現利益共同點〉，《紐約時報中文版》，2015年1月27日，< https://cn.nytimes.com/world/20150127/c27india/zh-hant/>(檢索日期：2018年5月3日)

57 川江，〈印度板「走進非洲」：籌建國家項目發展公司〉，《BBC中文網》，2015年10月27日，< http://www.bbc.com/zhongwen/trad/business/2015/10/151027_india_africa_summit>(檢索日期：2018年5月3日)

58 王曉文，〈【印度研究】王曉文：印度莫迪政府的大國戰略評析〉，《國關國政外交學人》，2017年7月20日，< http://www.sohu.com/a/158644666_618422>(檢索日期：2018年5月3日)

59 榮鷹，〈「莫迪主義」與中印關係的未來〉，《國際問題研究》，2017年11月24日，< http://www.ciis.org.cn/gyzz/2017-11/24/content_40079873.htm>(檢索日期：2018年5月3日)

作爲美國與印度「印太戰略」敵對競爭者的中國來說，中國對印度的戰略回應，同樣的影響美國與印度的合作關係。印度總理莫迪上臺後，積極的展開與中國的戰略對話，2015年5月14日訪問中國並發表聯合聲明，指出要加強政治對話和戰略溝通，早日解決雙方邊界問題，並構建更加緊密發展夥伴關係。[60]2017年2月22日中國與印度在北京舉辦首屆「中印戰略對話」，其結果雖然沒有共識，但雙方展現積極對話、溝通及協商的誠意，[61]然卻在2017年6月18日印度邊防部隊在無預警下進入洞朗地區，阻撓中國在該地區的道路施工，雙方邊界部隊形成對峙的局面，直到2017年8月28日印度人員及裝備退回於原印方邊界的一側，才結束雙方緊張的對峙狀態。中、印洞朗邊界對峙事件之所以和平落幕，除了中國有即將在廈門召開的2017年金磚5國會議需求，印度處在國內反對改革的壓力下，中、印如果發生戰爭對兩國都是不利。中、印這次洞朗的邊界對峙，也如外界的預期和平落幕。自2017年9月11日印度總理莫迪參加廈門舉辦的金磚5國高峰會，[62]到2018年4月27日莫迪又恢復印度與中國戰略對話，並強調印度堅定奉行獨立的外交政策。[63]

從上訴的事件分析，可獲得以下結論：美國「印太戰略」的戰略目

---

60 〈中華人民共和國與印度共和國聯合聲明〉，《中華人民共和國外交部》，2015年5月15日，< http://www.mfa.gov.cn/chn//gxh/zlb/smgg/t1264174.htm>(檢索日期：2018年5月3日)

61 周良臣，〈印媒：第一輪中印戰略對話舉行　中印國力差距巨大〉，《環球網》，2017年2月23日，< http://oversea.huanqiu.com/article/2017-02/10186240.html>(檢索氣期：2018年5月3日)

62 陳家倫，〈中印對峙落幕　習近平與莫迪金磚首會面〉，《CAN中央通訊社》，2017年9月14日，< http://www.cna.com.tw/news/acn/201709040052-1.aspx>(檢索日期：2018年5月3日)

63 鞠鵬，〈習近平同印度總理莫迪在武漢舉行非正式會晤〉，《新華網》，2018年4月28日，< http://www.xinhuanet.com/2018-04/28/c_1122759716_2.htm>(檢索日期：2018年5月3日)

標是希望拉攏印度，建構日本、澳洲、印度及美國4國同盟，以因應中國在南海的軍事擴張；中國的「一帶一路」建設倡議的戰略目標，則是透過多邊經濟合作以建構區域政治影響力。對於印度而言，與巴基斯坦的喀什米爾衝突，以及與中國在邊界的爭議，始終是印度國家安全的核心重點。另於印度計畫投資5億美元（約33億人民幣，約163億新臺幣）發展靠近伊朗與巴基斯坦邊界的策略性重要港口恰巴哈爾港（Chabahar port），除有利於印度將中亞的天然氣藉由伊朗的港口送往印度外，也可抗衡中國投資在巴基斯坦瓜達爾港（Gwadar port）的影響力。[64]而伊朗受到中國在巴基斯坦打造的經濟走廊效益影響，伊朗外交部長於2018年3月15日訪問巴基斯坦時，主動邀請中國及巴基斯坦參與恰巴哈爾港的建設，並與瓜達爾港連接，[65]因此，印度首要的戰略目標應是化解中國在北方陸地邊界的威脅。

（二）戰略目標建構

　　經問題性質分析的結果，可以得出美國與印度的共同競爭對手雖然是中國，但美國的「印太戰略」的戰略目標是南海，而印度的國家安全戰略目標是北方的陸地邊界威脅。假設以印度的立場，面對美國「印太戰略」的邀請，印度的國家安全戰略的選擇為何？以當前印度仍奉行獨立外交政策的傳統，並評估中國與印度在綜合國力之間，仍存有相當的差距，可知冷戰結束後，能夠幫助印度抗衡中國的就僅剩下美國。然美國的「印太戰略」所設定的戰略目標在南海，與印度所關注的北部陸

64　劉子維，〈印度與伊朗簽訂「歷史性」港口合作協議〉，《BBC中文網》，2016年5月24日，< http://www.bbc.com/zhongwen/trad/world/2016/05/160524_iran_india_port_deal>(檢索日期：2018年5月3日)

65　丁雪貞，〈伊朗邀中巴共建恰巴哈爾港，印度緊張〉，《環球網》，2018年3月15日，< http://world.huanqiu.com/exclusive/2018-03/11666392.html>(檢索日期：2018年5月3日)

地邊界問題相左，由此，印度因應美國的「印太戰略」，其戰略目標應為：「不參與中、美對抗保持等距外交。」

（三）各種戰略行動方案擬定

印度要達成「不參與中、美對抗保持等距外交。」的戰略目標，其可能的行動方案如下：

1. 行動方案A：保持與中國及美國的友好關係，強化跨區域的雙邊經濟合作，藉由經濟發展提升印度國際影響力。

此行動方案的核心重點是不介入中國與美國的競爭或對抗，與中國著重於降低緊張關係，與美國則旨在加強中亞的反恐行動作為，不涉及南海區域的軍事合作。並將國家戰略重心放在經濟發展，以提升印度的國際影響力。

2. 行動方案B：參與中國「一帶一路」建設倡議，以及與美國在印度洋的反海盜軍事合作。

印度透過與中國「一帶一路」建設倡議的經濟合作，降低中國邊界的威脅及與巴基斯坦獲得和解。與美國在印度洋的反海盜軍事合作目的，在保持與美國的軍事緊密合作關係，以因應與中國關係的轉變。

3. 行動方案C：加強與中國雙邊貿易與軍艦互訪活動，並持續強化美印軍事交流。

除加強與中國的雙邊貿易外，另藉由兩國軍艦互訪的機會進入南海訪問越南，加強與越南軍事合作，另強化與美國的軍事交流以獲取先進武器裝備。

（四）最佳或最適合的戰略行動方案選擇

依據上述三項行動方案利弊、得失分析，選擇最佳或最適合的行動

方案如下：

1. **行動方案A：保持與中國及美國的友好關係，強化跨區域的雙邊經濟合作，藉由經濟發展提升印度國際影響力。**

(1)有利部分：印度可將國家發展重心全力放在內政改革與經濟發展，以提升印度綜合國力，並建構成爲中、美戰略的支點，以利同時獲取中、美提供的利益。

(2)不利部分：①當中國南海問題獲得解決，以及中國與巴基斯坦、伊朗的經濟走廊建構完成，印度有可能失去中、美戰略需求的價值。②印度的軍事安全與經濟發展仍需美國與中國的協助。

2. **行動方案B：參與中國「一帶一路」建設倡議，以及與美國在印度洋的反海盜軍事合作。**

(1)有利部分：①可透過中國「一帶一路」建設倡議，加強印、中及印、巴北部邊界地區貿易往來，降低邊界爭議的緊張關係；②印、美軍事合作因僅限於印度洋，不會介入中、美南海的爭端，進而引發中、印陸地邊界緊張情勢。

(2)不利部分：①未來將被迫接受中、印邊界線現況；②無法滿足與美國軍事合作的要求，進而降低軍事及經濟雙方關係。

3. **行動方案C：加強與中國雙邊貿易與軍艦互訪活動，並持續強化美印軍事交流。**

(1)有利部分：印度在經濟上與中國加強緊密的經濟關係，在軍事上與美國強化緊密的軍事合作關係，可有效因應與中國關係可能的轉變。

(2)不利部分：美國可能以出售先進武器裝備，作爲要求印度參與南海軍事行動的條件。

依據上述3項行動方案利弊、得失分析，以印度目前的國力與內、

外部環境考量，中國在地緣上對印度有直接的影響力。中、巴經濟走廊的開發，與未來中、緬及中、泰經濟走廊的發展規劃，另伊朗也希望參與中、巴經濟走廊發展計畫的情勢發展，若印度仍排斥加入中國「一帶一路」建設倡議，在南亞可能會受到中國與伊斯蘭國家的圍堵。而美國於地緣上屬於域外國家，在全球化時代傳統海權的砲艦外交對陸地大國來說已衰微，海洋合作才能確保海上交通線的安全，且南海區域沒有印度的戰略利益，即使是東進政策之經濟貿易合作所需的海上交通線，南海交通線未必是必經的航線。因此，綜合上述分析，印度達成戰略目標的最佳行動方案應為B方案。有關可能的不利因素，在中印邊界爭議部分：只要中、印雙方不貿然改變現狀是不會引發中國與印度衝突；在印美軍事合作部分，原則上是美國對印度的軍事合作需求大於印度對美國的軍事合作需求。

（五）戰略執行計畫的擬定

針對印度「不參與中、美對抗保持等距外交」的戰略目標，以及達成戰略目標最適合的行動方案B：「參與中國『一帶一路』建設倡議，以及與美國在印度洋的反海盜軍事合作。」確立後，其戰略執行計畫假設如下：

1. 計畫指導方針

參與中國「一帶一路」建設倡議並強化與美國在印度洋的反海盜行動。

2. 計畫行動要項

(1)表達參與2019年第二屆中國「一帶一路」建設倡議高峰論壇。

(2)參與中、巴經濟走廊建設。

(3)與中國發展邊境貿易。

(4)開放美軍艦隊使用印度東岸的卡達姆巴（Kadamba）海軍基地。

(5)邀請日本及澳洲共同新建印度東岸孟加拉灣海外屬地，即安達
　　曼群島海軍基地。

　　以上係以印度的立場角度，藉由策略分析模式兵棋推演思考邏輯方
式，試圖建構印度因應美國「印太戰略」的合理戰略目標，以及研擬有
效達成戰略目標的戰略執行計畫。從分析的過程中，可以瞭解印度的期
望與困境，以及發展與限制。美國「印太戰略」是以美國的利益為主的
戰略規劃，但對於印度來說是一種選擇，而作為「印太戰略」的抗衡目
標國中國，採取忽視美國「權力平衡」戰略。美國的「印太戰略」是否
如之前的「亞太再平衡」戰略一樣無疾而終，都可運用兵棋推演的方式
從三個國家的角度分析。例如美國在南海可提供何種戰略利益，吸引或
轉變印度加入美國同盟對抗中國，都是未來可運用策略分析模式兵棋推
演操作的想定假設議題。

四、臺灣「新南向政策」案例分析

　　2016年5月20日民進黨執政，為減少臺灣對中國的經濟依賴及兌現
競選承諾，於2016年6月15日在總統府內成立「新南向辦公室」，研議
新南向政策相關策略與方法。[66]2016年9月5日行政院正式提出「新南向
政策推動計畫」，其政策主軸如下：[67]

(1)經貿合作：改變過去以東協及南亞為出口代工基地的型態，擴
　　大與夥伴國產業供應鏈整合、內需市場連結及基建工程合作，
　　建立新經貿夥伴關係。

---

66 鍾麗華，〈新南向政策辦公室成立　黃志芳兼任主任〉，《自由時報》，
　　2016年6月15日，<http://news.ltn.com.tw/news/politics/breakingnews/1730668>
　　(檢索日期：2018年5月4日)

67 〈「新南向政策推動計畫」正式啟動〉，《行政院》，2016年9月5日，
　　<https://www.ey.gov.tw/Page/9277F759E41CCD91/87570745-3460-441d-a6d5-
　　486278efbfa1>(檢索日期：2018年5月4日)

(2)人才交流：強調以「人」爲核心，深化雙邊青年學者、學生、產業人力的交流與培育，促進與夥伴國人才資源的互補與共享。

(3)資源共享：運用文化、觀光、醫療、科技、農業、中小企業等軟實力，爭取雙邊及多邊合作機會，提升夥伴國生活品質，並拓展我國經貿發展縱深。

(4)區域連結：擴大與夥伴國的多邊與雙邊制度化合作，加強協商及對話，並改變過去單打獨鬥模式，善用民間團體、僑民網絡及第三國力量，共同促進區域的安定與繁榮。

政府的「新南向政策」在經過1年多的積極推動後，2018年2月5日行政院提出政策執行成效報告，指出臺灣與東協、南亞及紐澳18個新南向國家的貿易額增加，渠等國家人民來臺數量也增加。其中經濟合作部分，略述計有：

(1)擴大雙邊產業合作：爲促進我國與亞太國家產業合作，經濟部已盤點臺灣強項產業，於2017年3月在高雄辦理「臺灣印尼產業連結高峰論壇」，爲臺灣與印尼產業合作奠立基礎。未來將持續推動與泰國、馬來西亞、印度、菲律賓及越南等國之產業交流。

(2)協助業者進入市場：協助我國系統整合業者爭取新南向目標國的海外商機、新增馬來西亞及印尼臺灣商品行銷中心、新設越南、澳洲及孟加拉商務中心、協助中小企業運用跨境電商拓銷市場，並透過臺灣經貿網加強與新南向國家合作，提升產品能見度，以及成立新南向國家企業家廠商聯誼會，進行市場資訊與拓銷經驗分享。

(3)提供金融支援：透過三大信用保證基金（中小企業信用保證基金20億元、海外信用保證基金20億元、農業信用保證基金10億元），總計匡列50億元保證專款，預計可提供企業海外發展所

需融資金額500億元，有助於企業布局海外據點及增加國際競爭力。

(4)建立基礎建設工程合作模式：補助工程業者策略聯盟赴海外拓點及取得標案，2016年於新南向區域共設立4處據點，得標9標案，約62億元；2017年預計可新設5個據點，得標10件標案。

(5)加強農產輸出：臺農發公司於產地供應鏈建置完備後，將鎖定新南向國家等國外市場，以國家品牌與國外大型通路接洽全年不間斷的供貨訂單，擴大農產貿易量。

(6)國營企業投資：國營企業已積極在新南向國家布局，其中中油、臺糖、臺鹽、臺船、中華電信、臺肥及中鋼等國營事業在東協國家累計布局已達31案。

對於政府「新南向政策」的執行成效，立法院預算中心的107年度中央政府總預算整體評估報告，指出今年「新南向政策」預算執行效果不甚理想，截至2017年7月底，僅有少數機關執行率過半，而內政部、總統府與工程會執行率最為低落，僅分別達0.51%、3.49%、4.27%。依據「新南向政策」，自2017年開始推動經貿合作、人才交流、資源共享及區域連結4大面向計畫，明年編列新臺幣71.9億元，較今年增加27.4億元，增幅高達61.6%。報告指出，截至今年7月底，新南向政策編列的近45億元預算中，共執行25.53億餘元，占整體預算的56.3%。[68]

監察院對於行政院的「新南向政策」執行成效提出檢討，從經濟合作與發展的角度來看，認為政府新南向政策在全球與兩岸的互動格局定位不清，戰略目標多次游移。根據經濟部投審會資料顯示，新南向指標國家來臺投資不增反減，2016年來臺投資僅9國，且金額未達2.3億元創

---

68 彭琬馨，〈立院預算中心：新南向預算執行率欠佳〉，《自由時報》，2017年10月2日，< http://news.ltn.com.tw/news/politics/paper/1140179>(檢索日期：2018年5月4日)

近5年新低，相較2014年衰退67.6%。[69]

在政府積極推動新南向政策時，2016年5月8日臺塑在越南投資的河靜鋼鐵廠，被越南民眾指控排放污水致魚群大量死亡。[70]經越南政府調查後，臺塑坦承外包商在鋼廠試營運階段排放廢水，導致大量魚群死亡，遭越南政府求償5億美元。[71]外界認為，該事件是政府推行新南向政策的警訊，而外交部則表示純屬獨立事件。

綜合以上事件報導，2016年5月20日民進黨執政的臺灣政府積極推動「新南向政策」，經過將近2年的執行成效檢討，可以看得出政府的認知與實際數據的顯示有很大差距。對於政府「新南向政策」的目的是強調與東南亞、南亞國家建立廣泛連結、創造共同利益，[72]究竟該如何因應中國「一帶一路」建設倡議的挑戰呢？以下將運用策略分析模式兵棋推演的思考邏輯，試著為臺灣政府「新南向政策」提供一個合理性、有效性及預測性的戰略執行計畫。

69　許家瑜、程嘉文，〈監察院開炮：新南向政策定位不清〉，《聯合新聞網》，2017年12月27日，< https://udn.com/news/story/11311/2897016>(檢索日期：2018年5月4日)

70　劉子維，〈越南警方逮捕抗議臺灣企業污染海洋示威者〉，《BBC中文網》，2016年5月8日，< http://www.bbc.com/zhongwen/trad/world/2016/05/160508_vietnam_taiwan_pollution_demo>(檢索日期：2018年5月4日)

71　羅倩宜、陳永吉，〈臺塑越鋼廢水毒魚　被罰162億〉，《自由時報》，2016年7月1日，< http://news.ltn.com.tw/news/focus/paper/1006275>(檢索日期：2018年5月4日)

72　陶本和，〈新南向政策到底是什麼？蔡英文親自說明〉，《ETtoday新聞雲》，2016年9月22日，<https://www.ettoday.net/news/20160922/779976.htm>(檢索日期：2018年5月4日)

（一）問題性質分析

2016年8月16日臺灣政府提出「新南向政策」政策綱領，其總體目標及長期目標爲促進臺灣和東協、南亞及紐澳等國家建立「經濟共同體意識」。中、短期目標爲結合國家意志、政策誘因及企業商機，促進並擴大貿易、投資、觀光、文化及人才等雙向交流；配合經濟發展新模式，推動產業新南向戰略布局；充實並培育新南向人才，突破發展瓶頸；擴大多邊和雙邊協商及對話，加強經濟合作，並化解爭議和分歧。[73]

依據2017年臺灣進出口貿易統計，臺灣進出口貿易總額3,173.8億美元，其中進口2,595億美元，出口578.8億美元；而臺灣對中國（含香港）出口貿易量占總額41%，東南亞國協爲18.5%；臺灣自中國進口貿易量占總額爲19.9%，東南亞國協爲12%。[74]從數據來看，兩岸經貿關係隨著中國經濟改革開放後的磁吸效應，即使臺灣政府採取各種阻擋的手段，仍無法阻擋臺商到中國發展。自民進黨政府上臺後，中國對民進黨政府所表明「九二共識」的態度不滿，因而採取斷絕官方接觸、強化民間往來的方式因應，對民進黨政府而言，如何減少中國政治、軍事以外的經濟壓力，成爲民進黨政府能否繼續執政的關鍵。因此，「新南向政策」核心目的，主要還是在減低臺灣經濟過度依賴中國的影響。

---

73 〈新南向政策綱領〉，《新南向政策專網》，2016年8月16日，<https://www.newsouthboundpolicy.tw/PageDetail.aspx?id=9d38cb45-4dfc-41eb-96dd-536cf6085f31&pageType=SouthPolicy&AspxAutoDetectCookieSupport=1>(檢索日期：2018年5月4日)

74 〈中華民國國情簡介　對外貿易與投資〉，《行政院》，2018年3月30日，<https://www.ey.gov.tw/state/News_Content3.aspx?n=1DA8EDDD65ECB8D4&sms=474D9346A19A4989&s=8A1DCA5A3BFAD09C>(檢索日期：2018年5月4日)

　　臺塑與中鋼、日本JEF合作投資河靜煉鋼廠，其中臺塑及中鋼分別持70%及25%的股權，是越南最大的外國直接投資（FDI），河靜煉鋼廠是臺塑主導在越南的民間企業投資案，2008年7月開始建造。[75]這項投資案是由親美的越南前總理阮晉勇政府核准的投資案，2016年4月7日阮晉勇下臺，由親中的阮春福當選新總理，[76]同年5月8日就爆發大規模的抗議事件與對臺塑裁罰5億美金。可以看得出越南政府以政治力介入臺灣民間企業對越南的投資，而臺灣政府無法與越南政府進行交涉。

　　臺灣對東南亞的投資可追朔到1980年代開始，因臺灣面臨勞工不足、薪資水準上漲及經濟轉型的問題，傳統產業轉向大陸及東南亞地區投資，直到1990年臺灣開放中國的投資，才使臺灣對中國的投資超越東南亞。[77]2012年開始由於中國的投資環境改變，勞工薪資的增加及環保的要求提高等因素，許多在中國投資的臺商開始轉往東南亞國家投資，以越南、印尼最為普遍。[78]對於臺灣民間企業而言，商人與企業的敏銳度一向走在政府的政策之前，即使再無邦交的國家，亦無須政府擔憂，企業會比政府更有效率地尋找適合的投資地點，政府僅需做好企業的後

75　許家禎，〈觀察／王永慶鋼鐵夢好事多磨　臺塑越鋼超衰、命運多舛！〉，《今日新聞》，2016年7月1日，< https://www.nownews.com/news/20160701/2153707>(檢索日期：2018年5月4日)

76　〈越南選出新總理　阮春福當選〉，《CAN中央通訊社》，2016年4月7日，< http://www.cna.com.tw/news/aopl/201604070120-1.aspx>(檢索日期：2018年5月4日)

77　朱雲鵬、王旬，〈推行新南向政策應積極面對東南亞投資障礙〉，《財團法人國家政策研究基金會》，2016年7月12日，< https://www.npf.org.tw/3/15968>(檢索日期：2018年5月4日)

78　湯慧芸，〈臺灣持續減少投資中國　大批臺商計畫遷往越南〉，《美國之音》，2016年2月27日，< https://www.voacantonese.com/a/it-hk-taiwan-outward-investment-to-china-decrease-in-2015/3210824.html>(檢索日期：2018年5月4日)

盾，管理好經商投資環境。而企業配合政府決策做出違反市場經濟法則的投資後，倒楣的恐怕不只是臺商，也影響到臺灣的經濟。政府應先改善國內投資環境、解決嚴重的人才、產業外移與資本連續淨流出的狀況，而不是耗擲不必要的資源在「新南向政策」上，這也使得民間企業產生對政府「新南向政策」的負面批評。[79]

臺灣中華經濟研究院對於政府的「新南向政策」所做的研究，從國家安全的角度觀察，認為新南向的政策目標尚未完全明確；政策的本質已超越對外經濟政策的內涵，而是實踐「自我改造」的國家發展戰略；以「人」為本政策企圖培養「親臺派」，其效果如何仍是未知數。另從貿易預期理論及移轉依賴角度分析，執政當局認為「新南向政策」能為臺灣帶來國家安全，但在實踐過程中有可能是提升臺灣的國家不安全（特別是讓臺海陷入高風險的軍事衝突狀態）。蔡英文總統曾多次表示，臺灣要力抗來自中國大陸的壓力，發展與其他國家的關係，擺脫對中國大陸的過度依賴，形塑一個健康的經濟關係，但若政府在沒有充分的準備下，就積極推動「新南向政策」，進而形成僵持或負面的經濟效應，其政策將無法有效推展以確保國家安全。[80]

以上分析民進黨政府的「新南向政策」，以國家安全及經濟發展的政治面與經濟面角度來看，在理論上與現實上是一個正確的政策方向。但是如何在中國對東南亞及南亞國家具有相當大的影響力下，建構一個合理、有效及可預測的策略目標，是政府「新南向政策」的成功關鍵。

---

79 吳明彥，〈民進黨新南向政策的矛盾〉，《財團法人國家政策研究基金會》，2016年9月5日，< https://www.npf.org.tw/3/16124?County=%25E5%2598%2589%25E7%25BE%25A9%25E7%25B8%25A3&site=>(檢索日期：2018年5月4日)

80 郭家謹、譚偉恩，〈「新南向政策」的挑戰：以臺灣國家安全為切入點分析〉，《中華經濟研究院WTO及RTA中心》，2017年5月4日，<http://web.wtocenter.org.tw/Page.aspx?nid=126&pid=292920>(檢索日期：2018年5月4日)

（二）戰略目標建構

　　1987年12月越南政府頒布「外國投資法」，以最優惠條件吸引外國投資，在越南的革新開放政策之下，臺灣自1991年起即成為越南最大的投資國，臺灣與越南自1990年代初到2011年共簽署了36項經濟貿易協定。[81]但臺灣與越南的往來始終處於非官方式的經濟合作，對於越南的投資以製造業為主，[82]這是臺灣與非邦交國家交往中典型的「先經後政」的案例。而越南與中國在南海主權議題上雖有實質的衝突爭議，但在政治上仍全力配合中國「一個中國」的政策，僅維持與臺灣的非官方關係，在經濟上截至2017年止，中國連續13年成為越南最大貿易國。2017年兩國貿易總額將突破1,000億美元，越南成為中國第九大貿易夥伴和東盟內最大貿易夥伴。[83]

　　南韓則於2017年上半年已超越中國大陸（越南與中國大陸該期貿易逆差金額為130億美元），成為越南第1大貿易入超國，主要原因與在越南投資的南韓三星（Samsung）、LG及其他大型廠商有所關聯，該等企業在越南投資已帶動南韓貨品大量輸入越南。此外，越南與南韓簽署雙邊自由貿易協定（FTA）已自2017年起生效，其中輸往越南的南韓產製零組件及原物料可享受零關稅優惠，較越南自中國大陸進口類似貨品享受ACFTA（東協與中國大陸簽署之多邊自由貿易協定）關稅更優惠。[84]

---

81 許文堂，〈臺灣與越南雙邊關係的回顧與分析〉，《臺灣國際研究季刊》，第10卷，第三期，2014年／秋季號，頁77。

82 阮玉清，〈越臺貿易與就業狀況之關係〉，《中華勞動與就業關係協會》第4卷、第2期2014年11月，頁139-140。

83 潘金娥，〈觀點：中越關係究竟有怎樣的特殊性？，《BBC中文網》，2017年11月14日，< http://www.bbc.com/zhongwen/trad/chinese-news-41985813>(檢索日期：2018年5月4日)

84 〈2017年上半年南韓為越南的1大貿易逆差國〉，《胡志明市臺北經濟

自2016年底南韓對越南的投資累計金額逾500億美元，成為越南最大的投資國，臺灣對越南投資累計金額達318億美元則排名第4。2017年12月28日越南政府發布的數據顯示，2017年外商的直接投資（FDI），日本占整體的25%，時隔4年再次位居榜首，主要由於綜合商社丸紅在越南北部清化省建設煤炭火力發電站等大型項目眾多，使得南韓下滑至第2位，而臺灣為第6位。[85]

依據臺灣經濟部投資業務處對臺灣在東協主要國家的投資統計資料，截至2018年3月9日第一名是越南，第二名是印尼；在出口貿易部分，第一名為新加坡，第二名為越南；另東南亞國協主要國家中，與中國具有爭議的國家僅有越南。因此，對於臺灣「新南向政策」就以和越南的經濟合作發展為假設想定，其戰略目標應為「以臺灣經濟發展經驗，協助越南提升產業技術能力。」作為未來與東協其他國家經濟合作的範例。

（三）各種戰略行動方案的擬定

臺灣「新南向政策」對越南的戰略目標假設為「以臺灣經濟發展經驗，協助越南提升產業技術能力。」依此達成戰略目標的行動方案構想，原則上是以出口為導向的經濟發展。所涵蓋的層面包括產業發展規劃、產業投資、基礎建設、技職訓練及具備越南語的專業貿易人才培養等，這些都是臺灣「新南向政策」可操作的行動方案。列舉如下：

文化辦事處》，2017年8月10日，< https://roc-taiwan.org/vnsgn/post/12085.html>(檢索日期：2018年5月4日)

85 富山篤，〈日本對越南投資時隔4年超南韓居首位〉，《日經中文網》，2017年12月28日，< https://zh.cn.nikkei.com/politicsaeconomy/invest-trade/28564-2017-12-28-09-11-20.html>(檢索日期：2018年5月4日)

1. 行動方案A：培育越南經貿專業人才

目的係藉由培育臺灣企業對越南法律、會計、金融及技術管理等專業人員，透過派駐越南臺北經濟文化辦事處臺商經貿諮詢服務小組執行。除解決越南臺商在當地法律、會計、金融及技術管理等諮詢需求外，並透過對越南臺商的各項諮詢服務整合臺商力量，提升政府對越南經貿談判的籌碼。

2. 行動方案B：成立越南專業技術人才培育中心

參考臺灣職業訓練中心的勞工技能培訓制度，分別於臺灣及越南成立專業技術人才培訓中心。提供越南各產業工廠管理及技術作業人員訓練，以提高越南臺商及本地企業人才需求。

3. 行動方案C：由政府主導越南設立專屬工業區

目的係由政府主導整合某項產業或產業鏈（如電路板業、五金業），將製造工廠設置在越南專屬工業區，臺灣則轉型為某產業貿易及研發中心。

（四）最佳或最適合的戰略行動方案選擇

1. 行動方案A：培育越南經貿專業人才

(1) 有利部分：①在越南臺商既有的基礎上，增強臺灣在越南經貿發展的能力；②提供臺灣青年人才另一個選擇機會，轉移臺灣青年人赴外發展的方向。

(2) 不利部分：①短時間無法看見成效；②政策的延續性無法預期；③需要投資大量的駐外人力。

2. 行動方案B：成立越南專業技術人才培育中心

(1) 有利部分：在短期內獲得臺越經濟合作的成效，充分發揮臺灣技術實力，解決越南臺商與越南本地產業人才的需求。

(2) 不利部分：①越南本地技術能力增加，可能影響越南臺商的競爭力；②短時間無助臺越經貿的增長。

3. 行動方案C：由政府主導在越南設立專屬工業區

(1) 有利部分：可藉由緊密的經濟合作關係，提升臺越政府官員交往的層級，以及增加政府與越南談判的籌碼。

(2) 不利部分：①產業整合無法在短時間內完成；②越南臺商的投資效益，存有政府政策轉移造成投資損失的巨大風險；③中國的干擾及日本與南韓的競爭，使得此行動方案具有相當大的不確定性。

上述三項行動方案，看似各個不同的戰略行動，若以期程的角度來看，則可分為長期、中期及短期的戰略目標。基本上行動方案A屬於長期性的目標；行動方案B屬於短期性的目標；行動方案C則為中期性的目標。這3項行動方案亦可同時執行，然在經費及戰略目標達成需求的考量下，假設政府的「新南向政策」需要在短時間內達成效果，作為執政黨競選連任的執政成績，應將政府的資金及人力優先投注在行動方案B：「成立越南專業技術人才培育中心。」的選擇上，以期在短時間內獲得越南臺商及越南政府的正面回應。執政中期則將資金及人力優先投注在行動方案C：「由政府主導在越南設立專屬工業區。」的選擇上，以期獲得臺越經貿關係的實質成效，轉移對大陸市場的依賴。當獲得連任後則選擇行動方案A：「培育越南經貿專業人才」，為未來的臺越經貿發展提供一個可長可久的發展基礎。

（五）戰略執行計畫的擬定

以政府「新南向政策」1年多的執行成果來看，成效應未達預期目標，對於2年後即將面臨總統選舉的時間壓力，要使「新南向政策」的成效，能成為執政黨執政績效之戰略目標的壓力下，行動方案B應為最

適合的行動方案。為達成「以臺灣經濟發展經驗，協助越南提升產業技術能力。」的戰略目標，其戰略執行計畫列舉如下：

1. 計畫指導方針

針對越南臺商及本地企業技術人員需求，分別在臺灣及越南成立「技術人員培訓中心」。

2. 計畫行動要項

(1)由勞動部以現有職業訓練為基礎增開越南各類技術人員操作課程。

(2)依越南臺商需求，針對臺灣青年開設技術管理人才培訓課程，以提供越南臺商所需管理人才。

(3)依越南臺商及本地企業技術操作人員需求，實施技術操作人員職前訓練，以減少企業技術操作人員的適應期。

(4)定期舉辦臺越兩地實作觀摩與教學，強化雙方經濟合作成效。

以上為以臺灣政府「新南向政策」的越南經濟合作為想定假設案例，運用策略分析模式兵棋推演的思考邏輯，試圖為「新南向政策」提供一個合理、有效及可預測性的戰略目標，以及達成戰略目標的執行計畫。然經過兵棋推演思考邏輯分析所建構的戰略目標及研擬的執行計畫，是否真的能達到合理、有效及可預測性的要求，則必須進一步的透過實際兵棋推演程序的策略行動提出、推演評估、成效分析及策略行動修訂，反覆的驗證、修訂、再驗證直到獲得的結果可被大家接受為止，如此方能使「目標」與「行動」相互配合，提升目標的達成率與計畫的有效性。

第七章

結　語

一、成功「兵棋推演」的要件

二、事後「兵棋推演」的檢討：報告的撰寫

三、未來「兵棋推演」的變化：未來的變化

「兵棋推演」屬於「科學」的範疇,更是一種「藝術」的體現。

「兵棋推演」充滿人性「思辨」與「理則」的挑戰過程,故必須掌握「歷史」脈動。

因此,「兵棋推演」是一種「我思」故「他在」之「交互論證」的循環過程。

透過前面各章的分析,我們瞭解兵棋推演的靜態層面:定義、概念、內涵與發展。兵棋的設計與想定的建構之後,從三種兵棋推演的模式:教育訓練、模式模擬與策略分析等,動態性描述與案例的分析,顯示出兵棋推演基本上就是在一種多重「想定」刺激下,產生各種多元困境,如何進行最適合的決策挑選過程。在本章中,嘗試從兵棋推演可以產生的功能,以及如何進行效益的評估(成效評分表如附錄7),繼而分析「兵棋推演」結束之後,關鍵的「總結報告」內涵。最後,淺析兩岸有關兵棋推演的現況,從而提出對臺灣兵棋推演未來發展與政策建議之道。

一、成功「兵棋推演」的要件

(一)效益的思考

一般傳統意涵的「兵棋推演」的「效益」在於協助人類「調查」(investigate)軍事戰鬥的「過程」,而非協助他們計算戰鬥過程的「結果」。兵棋推演設計者、推演者、分析者,以及批判與決策者,在於評判兵棋推演的「有效性」(effectiveness),或是確認兵棋推演的「結果」(consequence);重點在於知道「發生什麼」事情?而不是「為什麼」發生?換言之,「兵棋推演」提供一種「經驗學習」(lessons learned)的用語,而非「議題提出」(issues raised)。[1]主要在於

---

[1] Perla, Peter P., The art of wargaming: a guide for professionals and hobbyists (Annapolis, Maryland: United States Naval Institute, 1990), pp.179-180.

戰爭結果是一個既定的事實，無法加以改變，除非可以「回到過去」，又有可能「改變現在」，是以，「記取教訓」不要「重蹈覆轍」才是「經驗學習」的要旨。

實際上，「戰史」之於「戰略研究」、「國際關係史」或「外交史」之於「國際戰略」研究有「異曲同工」之道。例如：如果不瞭解1972年美國前國務卿季辛吉（Henry Kissinger）半夜稱病，連夜從巴基斯坦直奔北京，與周恩來總理會面。之後，促成尼克森總統（Richard Nixon）與毛澤東在北京會面，簽署「上海公報」並互設辦事處，達成美中關係正常化，從而打開中國大門，牽動美蘇冷戰對抗格局，形成美國「聯中制俄」戰略布局。中國因而走出蘇聯核武威脅陰影，漸漸從1966年以來因為「文化大革命」動亂，自我受到國際外交孤立的約制，走向後續1978年經濟改革開放的和緩外在安全情勢。

是以，純粹從「軍事戰略」角度言，「兵棋推演」的功能在於協助發掘「戰略的問題」（questions of strategy）、「人類決策過程」（human decision-making），以及「作戰趨勢」（war-fighting trends）。如果將「兵棋推演」視為一種「教育工具」（educational devices）：兵棋推演迫使推演者開始轉化所學的戰略、戰術，或是行政能量，讓推演者可以運用來實踐其任務，或者瞭解現實狀況。[2]

如以南北韓於2018年9月18-20日，雙方領導人文在寅與金正恩舉行第三次高峰會的第三次會晤，共同簽署「平壤共同宣言」，除了致力於北韓去核化的進程之外，也簽署「關於落實板門店宣言中軍事領域共識的協議」，如果不清楚同年6月12日，金正恩與美國總統川普新加坡會晤，以及金正恩與文在寅第三次高峰會議第一次會晤簽訂「板門店宣言」的歷史過程，就無從理解整體南北韓實際上已經簽署結束1950年爆

2　Perla, Peter P., The art of wargaming: a guide for professionals and hobbyists (Annapolis, Maryland: United States Naval Institute, 1990), p.180.

發韓戰至今，始終未簽署的「停戰協定」。同時，從金正恩過去兩年不斷透過核武測試、飛彈試射引發東北亞戰略危機，聯合國安理會多次決議制裁北韓，華盛頓也不排除採取「以武阻核」策略，整體戰略態勢似乎熱戰「一觸即發」情況下，金正恩於2018年開年元旦的祝詞，持續強調不放棄核武與飛彈，也有能發射核彈至美國領土的能量。但是，其後峰迴路轉願意與美國溝通，同時預祝四月的平昌冬季奧運成功，願意與南韓共同組隊參加，以及跟首爾再次舉行第三次高峰會議，討論南北韓合作與朝鮮半島非核化問題。以上，金正恩的戰略運用相當純熟，一定程度係透過兵棋推演獲得的戰略經驗與安排，才能在美中之間操控具有北韓特色的外交戰略。

基本上，「兵棋推演」具有以下三種功效：[3]

第一、被視為一種「組織工具」（organizing tool）的功效：兵棋推演協助「設計者」與「推演者」緊緊連結其思維，讓他們能夠更聚焦於具體行動上。設計一個「兵棋推演」需要全面地、一致性的研究與模型的安排，藉以整合中介相關不同種類的武力部署，以及基於不同理念下的任務安排。一個成功的質化與量化策略性分析，轉化進入可操作與有意義的兵棋推演過程，需要完全理解各種可能的兵力互動，如何與何時可能發生，何種因素可能影響整體結果。其次，透過兵棋推演設計所設定的各種途徑與問題，理解「推演者」之間如何互動的過程，從而可以觀察他們的互動所造成的影響。最後，需要一種能力來轉化理解整體的情報性與實務性的過程，使得推演者得以聚焦於務實的決策，而非集中於記憶既有人工式的規則。[4]

---

[3] Perla, Peter P., The art of wargaming: a guide for professionals and hobbyists (Annapolis, Maryland: United States Naval Institute, 1990), pp.180-182.

[4] Perla, Peter P., The art of wargaming: a guide for professionals and hobbyists (Annapolis, Maryland: United States Naval Institute, 1990), p.180.

　　舉例而言，美國「海軍水面作戰軍官學院」（Surface Warfare Officers School）教導學員地對空飛彈的發射速率與可性度，以及船艦上的對空雷達的搜索與導引系統。一般學員很可能學習瞭解敵方的潛射巡弋飛彈的速度與方位，以及此種飛彈所帶來的潛在威脅，同時他們也必須思考面對此種態勢下，在相當有限的反應時間，有可能僅有一分鐘的時間必須做出決策思考。上述所有狀況，學員無法透過抽象的講學，得以感受與理解，但是，透過「兵棋推演」可讓學員置身於一個船艦的指揮室（戰情中心），面對飛彈攻擊的模擬，授課老師不僅可以讓學員瞭解事實，也可以讓學員具體呈現實際所受到的戰場衝擊。[5]

　　基本上，透過模擬類似面臨生死存亡之際的臨戰經驗，如一般軍事指揮管制中心當其面臨敵對勢力的短程、中長程彈道飛彈，以及中程巡弋飛彈的攻擊，如何透過平時訓練，及已經內化的「標準作業程序」（SOP），才有辦法讓推演者理解情勢的險惡，直接轉化為相關的制式反應，來減少不必要的時間浪費。因為，面臨類似人員武器的可能傷亡，已經沒有太多時間考慮何者為最佳方案。

　　第二、「發掘工具」（exploratory tool）的功效：兵棋推演可以讓推演者、分析者、其他觀察者與參加者，一起共同激發衍生出新的觀點，並讓他們更進一步的理解群體間關於共同信念的觀點。此外，兵棋推演可以讓「推演者」以不同角度思考現實情況，亦可以讓「推演者」學習如何看待現實上的基本轉變。假如兵棋推演過程設計與現實情況，影響模式與過程的因素差異過大時，藉由推演過程與問題的顯示，可以引導設計者理解，有那些沒有考慮與評估的因素。例如面對中國對臺灣進行的三光策略：邦交國拉光、國際空間榨光、對等談判籌碼擠光，矮化與虛化臺灣的主權，臺灣方面不能只是「見招拆招」，不斷強調臺灣

5　Perla, Peter P., The art of wargaming: a guide for professionals and hobbyists (Annapolis, Maryland: United States Naval Institute, 1990), pp.180-181.

「正人君子」，而中國則是「金錢外交」，臺灣絕對不會出此收買策略，而是如何進行有創意的「突圍」？如何透過「不對稱」途徑，製造有利臺灣的國際生存空間，讓北京對臺的國際圍堵，成為破壞臺海穩定的源頭製造者？在此種兵棋推演的目標下，扮演「紅方」可以無所不用其極的「出招」，扮演「藍方」的一方，或許可以從中找到「紅方」的疏漏之處，進而提出一些「洞見」，有利於破解臺灣外交推動的困境所在。

第三、「解釋工具」（explanatory device）的功效：針對遊戲與戰略社群的專業兵棋推演，可以有效的連結溝通歷史的、操作性的分析觀點（analytical insights）。上述情報資訊分析可以提供來理解：那些是影響操作準則與決策觀點，提供給決策領導人新的問題與挑戰，以尋求可見的解決之道。一般先進武器系統的操作影響力，可以趨使「推演者」理解目前的機會與問題，而非僅僅是簡單的提供決策者一些數據評估，或是一些有限度的技術參考。「推演者」（Participants）在兵棋推演過程中，並非一種被動的觀眾，他們必須主動與「情節」、「系統」相互結合。同時，他們在推演過程中相互激發出新的觀點，這些可以刺激產生更多歷史性、操作性、量化性與科學性的分析，並導引出下一場兵棋推演的進行。[6]

例如：面對中國人民解放軍日益增加的臺海制空、制海能量，已經超越第一島鏈到臺灣的東部太平洋海域，南下繞過臺灣南部，穿越巴士海峽，再北上臺灣海峽，形成一個U字型圍堵，不僅威脅臺灣對外航道：「海上運輸線」（Sea lane of communication, SLOC）的「能動性」；實際上，解放軍海軍也突穿琉球群島所屬的宮古島海域，又圍繞釣魚臺列嶼附近的東海海域，造成日本海上自衛隊新的海上安全威脅。

---

[6] Perla, Peter P., The art of wargaming: a guide for professionals and hobbyists (Annapolis, Maryland: United States Naval Institute, 1990), pp.181-182.

從臺灣角度言，未來強化潛艦能量配合反潛機隊，以及岸置飛彈系統建置，有助於反制解放軍於此地區的能量，但是，如果臺日兩方建構一定程度默契，「分進『合作』與『合擊』」，可以激發出一些新的合作能量，自然能夠形成解放軍海軍在此地區運作的一些困難度考量，從而遲滯其戰術的能動性。

（二）功能的思考

「兵棋推演」基本上是一種「溝通工具」（a communications device），在一般業餘兵棋遊戲（War game）中，溝通過程屬於單一流動方式，即從設計者到遊戲玩家；在專業兵棋推演中，溝通動向從贊助者，經由設計者到玩家，從「推演者」（player）透過「分析者」，又再度回饋到贊助者。一言之，溝通過程需要存在「傳遞者」（the sender），想要嘗試表達一些「目標」話語（the objective），俾以傳達給某些人「接收者」（the receiver）。為了達成此一目標，他必須要有一些「媒介」（medium），來攜帶這些訊息，以及一些必要程序（the process），以適當形式來轉換這些訊息，亦即來配合上述的媒介，如果需要進一步反應，整體傳送體系必須呈現雙向式溝通。因此，在一場專業兵棋推演進行中，兵棋推演設計者、贊助者透過兵棋推演的推動，可以達成研究或是教育的目標。在一個專業兵棋推演中，參與者不僅包括：參演者、觀察者、分析者、以及其他專業印證者（expert witness），還包含兵棋推演中協助控制團隊，藉由有意義的、不經意的（incidentally）協助推演者盡可能的學習。相關訊息流動過程包括，在整體兵棋推演狀況與數據資料的提供，以及推演者的決策與其回饋的提供。[7]（參見下表：表7-1：視為溝通系統的兵棋一覽表）

---

[7] Perla, Peter P., The art of wargaming: a guide for professionals and hobbyists (Annapolis, Maryland: United States Naval Institute, 1990), pp.191-192.

表 7-1　視爲溝通系統的兵棋一覽表（Games as Communication Systems）

系統成分	專業兵推	遊戲兵推
提供者	贊助者、設計者	設計者
目　標	教育、研究	休閒、告知
接收者	參演者、觀察者	參演者、觀賞者
訊　息	情報、決策	情報、決策
中　介	模式、程序、形式	模式、程序、形式
過　程	推演、分析	推演、檢查

資料來源：Perla, Peter P., The art of wargaming: a guide for professionals and hobbyists (Annapolis, Maryland: United States Naval Institute, 1990), p.193.

其實，兵棋推演一定程度希望能夠藉由整體「互動過程」，達成「推演者」之間的「默契」，透過不同階層角色的「扮演」，體會彼此之間的陌生與隔閡。例如：「次階者」扮演高階決策者，在面對一些危機處理狀況下，一定程度可以體諒所謂「高處不勝寒」情境，在「兵臨城下」緊急危難時刻，所有焦點都會集中在「決策者」身上，究竟要不要有所反應？還是因爲「不決策」下，造成「貽誤軍機」？例如面對中國對於梵蒂岡的拉攏與談判，有可能達成「主教任命協議」最後談判時刻，外交部主管司處如何出手？秉持立場又爲何？再再都成爲高階決策者的兩難，當然，低階決策者雖然承受的壓力較小，但是，他也必須思考如何能夠提供更多訊息與資料，有助於高階決策者的參考。

（三）兵棋推演：「危險性」（Dangers of Wargaming）

不過，「兵棋推演」如果設定不當，也會帶來一些潛在盲點。一般「兵棋推演」的效力在於「聯絡」與「確認」，換言之，也可能是潛在「危險」的來源。雖然「兵棋推演」可以有效的在「推演者」之間，一致共同達成重要「關鍵點」（turning point）的共識建立。事實上，一般「兵棋推演」也嘗試建構一種「事實的虛擬」或「虛擬事實」？

（illusion of reality），而在一場成功的兵棋推演過程中，這種「虛擬事實」有可能建立在有限操作經驗上，形成一種有力的、與不知不覺的影響力。[8]例如一個「虛弱」不完備的兵棋推演設計，會讓「推演者」基於一個非現實的質化與量化資訊，獲得一個針對某一種武器系統的錯誤印象。亦即，在一場兵棋推演中，可能存在蓄意或非蓄意的擁護某些特殊的意見或計畫，讓相關事件與決策染上錯誤色彩，導向一個「自我實現預言」（self-fulfilling prophecies）的結果。是以，兵棋推演設計者有「能力」來告知「推演者」或是「操控」推演過程，而「推演者」與其他相關者、分析者等必須理解此種「危險性」的存在可能性。[9]

基本上，一個成功的兵棋推演是要讓各方參與者，能夠各取所需，以達到各自不同的目的，如果只是為了作秀效果，為了表演目的而進行的兵棋推演，並無法達到發掘問題、解決問題的導向。例如：以往針對中國人民解放軍對臺的「年度演習」，事先透過電腦兵棋推演過程，再進行實兵演練，期間或許會產生不一致的結果，在此狀況下，是否會修正輸入電腦兵棋推演的參數，或是改變作戰計畫，或是透過「裁判」改變戰場態勢，從而得到一個滿意的報告結論，應該是「兵棋推演」所可能帶來的「危險性」，亦是應該加以避免的作為。

二、事後「兵棋推演」的檢討：報告的撰寫

（一）兵棋推演前的具體準備工作：「開始推演」（preparing to play）

在一個專業兵棋推演中，贊助者、設計者、研發者等，所有相

8　Perla, Peter P., The art of wargaming: a guide for professionals and hobbyists (Annapolis, Maryland: United States Naval Institute, 1990), p.182.

9　Perla, Peter P., The art of wargaming: a guide for professionals and hobbyists (Annapolis, Maryland: United States Naval Institute, 1990), p.182.

關「參與者」都聚焦於一個兵棋推演體系的完成。事實上，往往被大部分人所忽略的事項在於：成功的關鍵在於「推演者」及其「決策過程」。爲了要達成此一兵棋推演研究的關鍵，「推演者」必須本身做好準備，某種程度包括兵棋推演「管制組」成員也必須隨時應戰（for the job at hand）。[10]換言之，如果推演的目標在於「世界衛生大會」（World Health Assembly, WHA）的「觀察員」（Observer）身分爭取，除了瞭解整體大會的議事規則，以及相關盟邦的支持發言之外，掌握主要大國的「立場」，例如理解美國與歐盟一貫支持臺灣「有意義參與」（meaningful participation）的意涵，而非一直強調要成爲「觀察員」！因爲，當中國衛生部不斷強調所謂「臺灣是中國的一部分」，臺北可以藉由北京獲得相關「世界衛生組織」（World Health Organization, WHO）的信息，故臺灣成爲「世界衛生大會」的「觀察員」就是一個假議題，難以說服其他會員國支持臺灣入會。是以，兵棋推演的「管制組」就是適時提醒「推演者」如何朝「有意義參與」途徑思考，當然相關世界衛生議題，亦需要深入探討，包括：臺灣何以能貢獻世界衛生發展？如何協助全球各區域疾病預防與治療，發揮「獨一無二」的功能？如何開發防治醫療衛生的實體「藥物」與軟體「技術」的研發能力！

　　一般兵棋推演前的具體準備事項中，不同成員的具體準備工作有以下四點：[11]首先，兵棋推演「贊助者」或是「機構」指導兵棋推演進行的單位，自然會提供關鍵性的兵棋推演目標與資料，包括：想定、軍力、以及其他一切可提供的相關訊息。推演者必須閱讀提供的資料，或是詢問兵棋推演幕僚進一步詳細資料，或是釐清重要的、不清楚的範

10　Perla, Peter P., The art of wargaming: a guide for professionals and hobbyists (Annapolis, Maryland: United States Naval Institute, 1990), p.253.

11　Perla, Peter P., The art of wargaming: a guide for professionals and hobbyists (Annapolis, Maryland: United States Naval Institute, 1990), p.254.

圍。例如進行中國「一帶一路」倡議發展，[12]對我國「新南向政策」的戰略與戰術影響，自然需要瞭解中國國務院商務部所提出的「推動共建絲綢之路經濟帶和21世紀海上絲綢之路的願景與行動」，[13]相關配套所成立的「亞洲基礎建設投資銀行」（Asia Infrastructure Investment Bank, AIIB）與「絲綢之路基金」（Silk road Foundation）相關資訊。當然，理解各國對「一帶一路」的態度，目前所產生的一些疑慮，有助於我方突顯出「新南向政策」對於東協、南亞與澳洲、紐西蘭產生的多元利基性。

第二、等到兵棋推演日期到來，被賦予「指揮官」角色身分者，必須提交計畫指導組一份針對第一動次的行動概念與計畫，計畫指導組利用此一初步的行動概念與計畫，執行「兵棋推演系統」測試，並準備真正兵棋推演的啟動工作。所謂「指揮官」角色身分者其實就是未來推演小組的最高「決策者」，她（他）必須針對兵棋推演的「目標」做明確的定義。例如如何強化「臺日關係」，促進雙方實質關係的推動，進行日本版的「臺日關係法」立法游說工作，就必須瞭解整體日本國會（Diet）的組成與運作方式，主要政黨之間的關係，以及日本傳統外交政策與外務省官僚體系的實際運作。當然，相關推動此項法案構想的友臺機構與組織的觀點，也應深入理解。

第三、推演者的工作：「推演者」應被提醒需要那些協助課題，以完成推演角色的扮演，如果可能的狀況下，應該告知兵棋推演幕僚，

---

12 〈『一帶一路』倡議的提出〉，《商務歷史》，<http://history.mofcom.gov. cn/?newchina=%E4%B8%80%E5%B8%A6%E4%B8%80%E8%B7%AF%E5% 80%A1%E8%AE%AE%E7%9A%84%E6%8F%90%E5%87%BA>(檢索日期：2018年9月23)

13 〈推動共建絲綢之路經濟帶和21世紀海上絲綢之路的願景與行動〉，《中國共產黨新聞網》，<http://cpc.people.com.cn/BIG5/n/2015/0328/c64387-26764810.html>(檢索日期：2018年9月23日)

他們所需要的層級與人力、資訊及透過何種途徑獲得資料，並在兵棋推演之前與當中階段都負有保密的責任。舉例而言，一個推演者想要收到每日情資簡報，或者想要得到特殊參考讀物，應該先確認是否在兵棋推演地點可以獲得，或者自己必須要事先安排。如果由政府機構所辦理的「兵棋推演」還涉及到國家安全與業務機密問題，或針對敏感性現實議題，參與人員之間的保密更是必要手段；如果是一般「商業性質」的兵棋推演，例如跨國企業新產品開發問題，為了其本身的商業利益，還是有其保密需求。

第四、針對兵棋推演管制組人員的協調事項：如果推演者能夠事先確認可能的決策型態，或是委託給管制組來設定可能的決策型態，如果協調不佳，往往會產生一些衝突：推演者的期待，以及管制組做法無法配合的事項，如果不事先加以處理，後續衝突會因而發生。一般政府單位的「兵棋推演」會按照組織階層規劃相關推演者的角色身分，也會聘請一些較為資深、已退休人員來擔任「裁判組」，一方面比較熟悉相關事務，可以提出爭議事項的裁判，再者，也因為已經不在其位，可以比較中立客觀的評斷。（請參見下表7-2：兵棋推演事前推演準備表）

表 7-2　兵推事前推演準備表

項次	項　目	內　容
1	贊助與指導單位	下達兵棋目標與相關資料提供
2	主要指揮官角色扮演者	提出第一動次作戰與執行概念
3	推演者工作準備	提出資訊與資料的獲得需求
4	控制組的協調工作	決策形態與運作方式的溝通

資料來源：Perla, Peter P., The art of wargaming: a guide for professionals and hobbyists (Annapolis, Maryland: United States Naval Institute, 1990), p.254. 筆者加以整理。

（二）事後「兵棋推演」（Post-game commentar）的檢討

一般所有的「兵棋推演」在推演的最終階段，都會進行「事後總結」（hot wash-up）：[14]所有推演者都被要求針對兵棋推演進行一般性的評估，或是針對特殊事件或是兵棋推演觀點的分享。某些兵棋推演過程中，允許此種系列活動的設計安排，此時推演者可以利用此一機會，直接針對兵棋推演結果產出，提出個別貢獻。此種「事後總結」（hot wash-up）簡報，以及其他管制組與裁判組的評論，都能提供推演者重要的機會，來跟其他推演者與行動後分析組，共同討論為何產生此種決策的根源，此種簡報也讓推演者有機會直接討論，是否有達成贊助者的兵棋推演目標。此種事後總結類似「行動後分析」（after action review），[15]都是一種結構性的「檢視」（debriefing），除了進行初步的事件檢討之外，並能夠提出立即改進之道。

例如我國國安局為了因應中國對臺進行三戰：「輿論戰、心理戰、法律戰」，通令與協調相關情治等調查單位，加強蒐集「詆毀元首」、「扭曲政策」的「爭議訊息」，而且蒐集的對象包含社群媒體、新聞媒體等。[16]如果舉行以此為目標的「兵棋推演」，在結束不同「動

---

14 "A hotwash is the immediate "after-action" discussions and evaluations of an agency's (or multiple agencies') performance following an exercise, training session, or major event, such as Hurricane Katrina. ... These events are used to create the After Action Review." See, "Hotwash", Wikipedia, accessed at: https://en.wikipedia.org/wiki/Hotwash.(2018/09/15)

15 "An after action review (AAR) is a structured review or de-brief (debriefing) process for analyzing what happened, why it happened, and how it can be done better by the participants and those responsible for the project or event." See "After Action Review", Wikipedia, https://en.wikipedia.org/wiki/After-action_review.(2018/09/15)

16 基本上，相關「爭議訊息」分為「影響國家安全」、「詆毀國家元首」、

次」推演之後，應該立即召開「事後評估」，來總結相關單位經驗，從而提出未來因應之道。

因此，針對在兵棋推演進行中的「關鍵時刻」後的行動細節（after the heat of the action），「推演者」應該準備筆記來簡報，此種「戰場日記」（battle diary）可以協助「推演者」於此種「後事件分析」（post-event analysis）與「最終觀察」（hind sighting）上，提出關於兵棋推演想定中其真正的想法與理性的想法。[17]其實，由於現代電子科技的進步，免費與方便的通訊工具，提供更多即時通訊與溝通能量，例如：「臉書」（Facebook）與「Line」可以運用在兵棋推演過程中，不管是「動次」的展開，各種臨時特定的「想定狀況」設定，推演各方的決策下達，以及成員之間的溝通，召開各種形式的記者會或是說明會，都可以透過「臉書」直播功能加以運用。事實上，在兵棋推演過程中，面對緊急狀況下的決策產出，必須要當場記錄討論過程與爭議焦點所在，為何選擇某項「決定」，都有其原始考量。

此外，針對「機制」與「程序」的評論，也應該是「推演者」於「事後兵推評論」（post-game commentary）的重要成分。一方面，透過此種場合提供公開討論機會，此種評論或許成為「事後總結」（hot wash-up）的重要根據。例如關於「模式」或「程序」的運用，產生何種「適應」問題？應該如何進行「參數」的調整，才能配合此一「兵棋推演」設計所需？或者，關於爭議事件的「仲裁」基準，與雙方各自陳

「擾亂社會安定」、「扭曲政府政策」4項，主要是指對政府不實的報導或評論。而且，鎖定蒐報對象包括社群媒體臉書、通訊軟體Line、新聞媒體三大類。請參見：〈國安局為防止中國「輿論戰」下令監控社群、新聞媒體和通訊軟體〉，《關鍵新聞網》，<https://www.thenewslens.com/article/104191>(檢索日期：2018年9月15日)

[17] Perla, Peter P., The art of wargaming: a guide for professionals and hobbyists (Annapolis, Maryland: United States Naval Institute, 1990), p.259.

述，都會激發更多的想像空間。總之，上述所有不同型態的評論方式，目的在於提供兵棋推演設計與系統更為完備與改進之道。[18]在兵棋推演中，最有用的評論在於討論特殊的兵棋推演想定與情勢，並顯示出兵棋推演程序過程可以提供產生兵棋推演洞見的主要成分。總之，大部分兵棋推演的回饋在於直接、非正式的存在於兵棋推演設計者與推演者之間的對話。

（三）事後分析兵棋推演的途徑

在兵棋推演結束之後，存在兩個主要重要分析議題：兵棋推演設計內涵與兵棋推演推動過程，亦即，兵棋推演的設計與結構、模式的工具及人為決策的發掘等等：第一、聚焦於推演者為何做出此種特定的決策？這些決策影響整體特殊的兵棋推演想定的發展過程。在此種途徑下，分析者必須著重於推動「想定」的重要變項，每一推演方面的合理化行動，以及哪些替代性選擇方案，有可能改變事件的結果。此種分析途徑聚焦於「決策過程」，基本上是一個相當適合專業兵棋推演的解析。[19]

第二種途徑，根據每一個兵棋推演事件當作一個研究興趣的科學性驗證來源，例如戰術引進新的技術平臺與武器系統，一般組織性或是操作的概念。[20]此種途徑將每一個兵棋推演結果視為一種在一個科學實驗

---

18 Perla, Peter P., The art of wargaming: a guide for professionals and hobbyists (Annapolis, Maryland: United States Naval Institute, 1990), p.259.

19 Perla, Peter P., The art of wargaming: a guide for professionals and hobbyists (Annapolis, Maryland: United States Naval Institute, 1990), pp.261-262.

20 Frederick D. Thompson, "Beyond the War Game Mystique", U.S. Naval Institute Proceedings, October 1983, p.95, 轉引自Perla, Peter P., The art of wargaming: a guide for professionals and hobbyists (Annapolis, Maryland: United States Naval Institute, 1990), p.262.

下所產生的單一數據點，透過蒐集不同兵棋推演結果的上述數據點，從
而形成一個單一證據本身，聚焦於決策過程的分析進而引介分析歷史的
技術，相當適合於兵棋推演的分析課題。分析決策結果經常是一種量化
的分析導向，更需要科學化的工具運用。不過，分析者從一系列兵棋推
演中整理出有價值的洞見，必須要在質化途徑上才可以獲得。[21]

　例如：中國所發展的東風系列反艦導彈「東風21-D」，被譽為美
國航母的殺手，是中國解放軍在西太平洋第一島鏈「反介入與區域拒
止」（Anti-access and Area Denial, A2AD）的利器，面對美國正規航母
戰鬥支隊的作戰半徑約400海浬，解放軍海軍是否有此機會來進行襲
擊？一定程度必須要透過相關武器諸元的參數輸入，才能得出一個應然
面的打擊成功率計算結果，否則只是一種民粹主義的愛國行徑的體現。

（四）事後「兵棋推演效度」（Wargame validity）問題

　如何評估「兵棋推演效度」，就是一個挑戰與模糊的概念。每一
個兵棋推演的參與者都很難去評估兵棋推演的「效度」（validity）為
何，通常問題在於如何界定評量「效度」的指標。兵棋推演的效度或許
可以被「界定」為，它的「過程」與「結果」可以真實反應真正的問題
與事件，而非透過人為方式所創造出來的結果。根據上述的定義來討論
「效度」，就必須回答下列七個問題：[22]

　第一、兵棋推演參與者如何界定兵棋推演的結果？或是透過哪些
可獲得的兵棋推演紀錄？第二、那些界定戰爭模式的結果？或是定量這
些結果？如何獲得這些定量數據？第三、如何定義強力進行中的假定驅

[21] Perla, Peter P., The art of wargaming: a guide for professionals and hobbyists (Annapolis, Maryland: United States Naval Institute, 1990), p.262.

[22] Perla, Peter P., The art of wargaming: a guide for professionals and hobbyists (Annapolis, Maryland: United States Naval Institute, 1990), p.267.

動結果與解釋結果？尤其是那些是想定的可能影響？以及沒有註明的潛意識想定？第四、如何界定或信賴多少於可接受的關於敵人反應行動的解讀？驅動既有兵棋推演的主要課題？第五、兵棋推演體系機制如何？尤其在行動與再行動能力部分？影響兵棋推演過程與結果？及其解讀部分？第六、相關數學模型與分析，以及媒介變數的價值，如何影響兵棋推演的結果與洞見的產生？第七、低度可能性事件的產生，如何能夠驅動推演者的觀點於兵棋推演過程中，以及關於結語中兵棋推演的報告！

其實，一般公開學術活動、特定議題的講習會，或是訓練營隊，為了瞭解參與者的學習心得與學習成效，以作為未來後續活動舉辦的修正參考，包括：講題、講師人選、課程內容等等，都會舉行「問卷調查」，除了一般量化問題設定之外，也會提出一些「質化」問題。

（五）事後兵推的總結報告

除了上述兵棋推演「效度」問題之外，通常一場兵棋推演依照「贊助者」的需求，都需要一個完整的「兵棋推演報告」，總體性地將「兵棋推演」推動的前、中、後三個階段，加以完整載明。一般而言，直接、率直的報告比較有意義，因此，「兵棋推演報告」的內涵應該相對地顯示出事件與影響原因結果的說明，而非學術性的討論「應然性」，而是「實際性」的結果呈現。

首先，在「摘要」部分，直接說明兵棋推演的目標與結構，並突出主要事件與洞見所在，或者更進一步點出，因為兵棋推演過程引發那些區塊或是議題，需要爾後進一步更加細緻化的研究。其次，兵棋推演報告也需要有「附錄」，其載明重要的「兵棋推演模型」如何支撐兵棋推演的進行，必須討論與解釋相關角色扮演的重要性，以及相對重要的模型，描述輸入的需求為何？確認那些是驅動的主要因素？有可能的話，也必須討論模型的輸出與輸入部分的變數，至少討論主要的安排或是有

關安排變數。最後，假如「模型」已經被記錄下來，在「附錄」中應該載明相關參考書目，讓讀者有機會進一步思考此一模型更加精確的運算過程。[23]以下請參見表7-3：專業兵棋推演報告大綱一覽表。[24]

表 7-3 專業兵推報告大綱一覽表

項次	項目	內涵
1	摘要	
2	前言	兵棋推演緣起 兵棋推演目標 兵棋推演設計與目標
3	兵推主體	想定 角色身分 主要事件與決策、整合個別理性思考
4	洞見或是議題	主要驅動因素 特殊觀點、主要影響兵棋推演決策與事件的關鍵因素
5	結語	針對主要因素的寬廣洞見 更進一步研究課題
6	附錄	模型的角色及其重要性 輸入、輸出、仲裁的修正 紀錄的來源資料

資料來源：Perla, Peter P., The art of wargaming: a guide for professionals and hobbyists (Annapolis, Maryland: United States Naval Institute, 1990), p.269.

　　基本上，上述專業兵棋推演報告的前三個報告項目，主要在於呈現歷史發展過程與結果的分析，在結語部分，「確認」更進一步的因素，

---

[23] Perla, Peter P., The art of wargaming: a guide for professionals and hobbyists (Annapolis, Maryland: United States Naval Institute, 1990), p.268.

[24] Perla, Peter P., The art of wargaming: a guide for professionals and hobbyists (Annapolis, Maryland: United States Naval Institute, 1990), p.269.

有可能埋藏相關重要、多元或是個別的觀點與議題，有時候上述事項不容易被發現，但是，這些基本上都是為了完成兵棋推演目標所帶來的巨大貢獻。最後，也必須確認兵棋推演所引發的相關議題，成為具有建構性的未來繼續研究的課題，透過此種方式，可以讓其他國防分析者注意，存在那些高度優先性的研究課題。[25]

例如2018年9月14日，我國國家安全會議首度提出一份「資安戰略報告」，蔡英文總統於核定該「戰略報告」序中勉勵：「今年國家安全會議提出了我國首部資安戰略報告，跨出複雜工程的初步，期盼報告的推出能強化全民資安意識、凝聚各界共識，為數位國家、創新經濟奠定堅實基礎。」[26]該份報告書也揭露重要國家資安課題，以及具體籌劃事項。[27]基本上，在推出此份「資安戰略報告」過程中，應該舉辦因應國家資安系列兵棋推演，主要兵棋推演目標在於整合國家與民間的「資源」，要從國家安全戰略的高度著手，政府與民間企業部門，相互協調、互為運用，才能真正保障臺灣的關鍵基礎建設能量。

25　Perla, Peter P., The art of wargaming: a guide for professionals and hobbyists (Annapolis, Maryland: United States Naval Institute, 1990), p.269.

26　〈國家安全會議提出首份資安戰略報告〉，《科技新報》，<https://technews.tw/2018/09/14/security-strategy-report-taiwan/>(檢索日期：2018年9月15日)

27　基本上，「臺灣「3×3×3國家級資安戰略」的執行細節。政府今年也會如期完成下列規畫，例如：建置八大關鍵基礎設施的「資安情資分享與分析中心」（ISAC），並且成立「國家層級電腦緊急應變小組」（N-CERT），預計在2019年，完成國家級的「資安監控中心」（NSOC），並且會制定「關鍵資訊基礎設施」（CII）的防護基準。接下來，政府也將陸續完成其他部分的防護措施，例如：針對各個關鍵基礎設施領域的資訊資產盤點，以及風險評估。」請參見：〈2018臺灣資安力爆發〉，《ITHome》，<https://www.ithome.com.tw/news/121999>(檢索日期：2018年9月15日)

三、未來「兵棋推演」的變化：未來的變化

（一）兵棋推演面臨的未來挑戰問題

由於全球局勢變遷與科技發展快速走向，「兵棋推演」的「設計」、「模式」、「程序」與「想定」也受到很大的挑戰。如同美國「海軍戰院兵棋推演部」（The Naval War College Wargaming Department）[28]所強調的「兵棋推演」必須理解：「面貌的改變」（The Changing face of wargaming）。成立於1986年的美國「海軍戰院兵棋推演部」是領導全美國地區有關「兵棋推演」的翹楚。爲了因應21世紀新形勢下「新操作實際」（new operational realities）環境的挑戰，其「推演部」商請智庫「海軍分析中心」（Center for Naval Analyst, CNA）針對「兵棋推演」協助制定新的研究途徑，包括「結構性」與「紀律性」科技（structured and disciplined techniques），借以配合「第四代戰爭」議題。[29]

基本上，人類社會有史以來的衝突型態，從早期農業時代，以「人力」對抗「獸力」、「人力」與「人力」之間的對抗，進展到工業時代，蒸汽機的發明，人類社會進步到以「化學能」推動「機械能」，

---

28 根據其網頁所敘述其功能在於：「支援海軍戰院的教育使命，兵棋推演學院指導高質量、運用性兵棋、研究、分析與教育事項。模擬複合式戰爭想定，建構解析、決策與危機管理技巧。」（In support of Naval War College's academic mission, the Wargaming Department conducts high-quality applied gaming, research, analysis, and education. Simulating these complex war scenarios builds analytical, decision-making, and risk assessment skills.），請參見："Wargaming Department", US Naval War College, https://usnwc.edu/Faculty-and-Departments/Academic-Departments/Wargaming-Department (2018/09/15)

29 Peter P. Perla, Albert A. Nofi, Michael C. Markowitz, Wargaming Fourth-Generation Warfare (U) (Alexandria, Virginia: CNA, 2006), p. 5.

產生大規模破壞力量的戰爭，以及第三波資訊時代，以無形的資訊與電子能量所導引的多維度空間的衝突。目前人類進入第四波生物基因時代，亦即所謂第四代戰爭性質，反制戰爭的最高層次，就是運用軍事、經濟、以及資訊的力量，從而降低伴隨世界舞臺變動而出現的暴力結果。[30]

事實上，人類雖屬第四波時代的戰爭形態，[31]「不對稱因素」卻深深影響第四代戰爭的本質。因為，其他三類戰爭形態並沒有因而消失，而是基於國家不同發展形態，不均衡的存在於全球各地。1979年至1989年的蘇聯入侵阿富汗戰爭，雖然有配備精良的裝甲機具與戰鬥直昇機，卻敗在傳統山地游擊戰法的阿富汗民兵。同樣的2001年「911事件」之後，美國長驅直入阿富汗掃蕩「蓋達基地組織」（Al Quaeda），直到2014年決定全面撤軍，但是對壘的神學士民兵依舊存在，反而讓美國與北約盟國飽受損失。換言之，面對非正規、非國家軍隊屬性的戰鬥團體，運用傳統個人攜型式單兵武器，就可以創造非對稱的巨大力量。

面對此種環境下的衝突情景，「兵棋推演」設計必須考慮「不對稱本質」（asymmetry of means）為何？「不對稱性」如何「驅動」兵棋推演設計（How asymmetries drive wargame design?）？基本上，在「第四代戰爭」（4GW）下必須結合「西洋棋」與「圍棋」兩種不同性質的「遊戲」來設計「兵棋推演」。[32]上述兩類遊戲雖然屬於「對稱性」

---

30 艾文托佛勒（Alvin Toffler），海蒂托佛勒（Heidi Toffler）原著，《新戰爭論》（War and Anti-War: Survival at the Dawn of the 21st Century）（臺北市：時報文化，1994），引言，頁4。

31 William S. Lind, "Understanding Fourth Generation War", MILITARY REVIEW, September -October 2004, pp. 12-16, here pp. 12-13, accessed at: http://www.au.af.mil/au/awc/awcgate/milreview/lind.pdf. (2018/09/16)

32 Peter P. Perla, Albert A. Nofi, Michael C. Markowitz, Wargaming Fourth-Generation Warfare (U) (Alexandria, Virginia: CNA, 2006), p. 27.

遊戲，兩方都運用一定「遊戲單元」（maneuver elements）、運用同樣的規則進行「前進」或是「攻擊」能量（combat capabilities），都希望達到同樣的「戰略性目標」（strategic objectives），但是，兩種遊戲思考性質不同，屬於「對立世界觀」（contrasting worldviews），如何能夠同時整合兩種遊戲性質於一體，這就是「第四代戰爭」（4GW）時代設計兵棋推演的主要理念所在。[33]

　　換言之，「西洋棋」聚焦於對手的領導人（國王），以「正規作戰形態」（in stylized combat），運用不同「棋子」的能量來爭取領土，打擊對手棋子；反觀「圍棋」則是運用功能相同的「棋子」（stones），透過「棋子」來爭奪「圍棋」棋盤的空間，並阻止敵對一方直接運用「棋子」來擊敗我方。

　　整體而言，推動一項具有一定目標的「兵棋推演」，必須考量四個議題：第一、兵棋推演準備階段：屬於資訊與資料的提供階段，讓「推演者」瞭解相關推演「目標」，及其相關的背景資料，類似「一般狀況」的提供，讓「推演者」可以迅速進入擬定的場景；第二、兵棋推演結構與形式：主要確認「推演者」之間的角色扮演分配，與「計畫指導組」之間的協調安排，確認決策「分析者」的工作內涵、運作方式，以及建立決策程序流程；第三、兵棋推演階段：提供何種數據與資料，如何安排動次與想定，如何進行戰場評估與決策報告；第四、兵棋推演參與者心態：那些是推演者「感覺」關於他們的角色與能力藉以影響「事件」？那些是「控制」的基本態度？其他上述四項議題以下的細部要項，請參見：附錄8：兵棋分析的相關問題一覽表。

---

[33] Peter P. Perla, Albert A. Nofi, Michael C. Markowitz, *Wargaming Fourth-Generation Warfare (U)* (Alexandria, Virginia: CNA, 2006), p. 27.

（二）「兵棋」與兩岸關係

從國內與國外兩個方面加以敘述，在國內方面，「兵棋推演」此一門「藝術」，基本上歸屬於國防與軍事專業的課程，對於國防大學與其下屬的各軍事院校，這是一個再熟悉不過的課程，尤其在各指揮與參謀學院，都將「兵棋推演」列為一個相當重要的課程。[34]目前臺灣相關戰略研究學府方面，包括大學部與研究所方面，偶有戰略性質的課程安排，通常開設有關「決策理論」與「危機處理」的科目，卻欠缺實際「兵棋推演」的課程。

基本上，國內歷史最悠久的淡江大學國際事務與戰略研究所，長期以來注重國際關係與戰略的結合，開設相關「兵棋推演」、「決策模擬」等課程，並且與國防大學戰略與國際事務研究所合作，每一年輪流主辦「全國文武交織政軍兵棋推演」，並廣邀國內相關大專院校參與，建立國內大專院校兵棋推演的能量。[35]此外，2014年11月16日，我國外交部委託文藻外語大學國際事務系進行「中國劃設南海防空別區－兵棋推演研討會」，除由文藻外語大學承辦外，也由中山大學中國與亞太區域研究所協辦，[36]其他相關國際政治系所也成立類似研究中心。[37]

---

34 例如：國防大學日前舉行「軍事學院106年班期末兵推檢討會」預報，主軸係針對軍事深造教育兵棋推演各項準備計畫及作為，通盤檢討，俾利相關教案的調整與編修，以符合部隊實需。」請參見：〈國防大學舉行期末兵推預報〉，《青年日報》，<https://www.ydn.com.tw/News/248265>(檢索日期：2018年9月23日)

35 〈社論：文武交織政軍兵推　強化高階決策思維〉，《青年日報》，<https://www.ydn.com.tw/News/187789>(檢索日期：2018年9月23日)

36 〈憂中國劃設南海識別區　外交部將辦兵推研討對策〉，《自由時報電子報》，<http://news.ltn.com.tw/news/politics/breakingnews/1153750>(檢索日期：2018年9月23日)

37 〈例如臺中國立中興大學成立「政經兵棋推演研究中心」進行兵棋推演的研究課題〉，《國立中興大學法政學院》，<https://www.nchu.edu.tw/aca-

其他一般坊間涉及國際事務與公共政策研習的社團或協會，通常在其研習科目中會增添「兵棋推演」科目，來引發學員參與的意願。例如政府各級公務人員高階訓練課程中，[38]往往安排書報討論、心得分享，進行各類型決策兵棋推演。行政院人事總處公務人力發展學院南投院區於105年5月20日舉辦「政經兵棋推演教師工作坊」，研習課程包括：「兵棋推演之想定、撰寫原則與考量要素」、「兵棋推演實作、介面與程序演練」等等，顯示出此一課程需要全面理論與實務深入的探討。[39]我國外交部所屬外交學院鑑於臺灣所處外交環境的險惡、多變，定期於年度舉辦涉外事務決策「兵棋推演」，[40]假想中國對臺進行外交牆角

---

demic/mid/215>(檢索日期：2018年9月23日)

38 王長河，〈兵棋推演的想定設計〉，《游於藝電子報，行政院人事總處公務人力發展學院》，<http://epaper.hrd.gov.tw/188/EDM188-0501.htm>(檢索日期：2018年9月23日)

39 例如：「為擴大教學師資，透過團隊學習與經驗分享，促進教學團隊對於政經兵棋推演採雲端演練方式之共識，有效實驗及改良於教學，建立政經兵棋推演教學師資團隊互聯網絡，本中心訂於105年5月20日(星期五)舉辦「政經兵棋推演教師工作坊」，研習課程包括：「兵棋推演之想定、撰寫原則與考量要素」、「兵棋推演實作、介面與程序演練」，並召開兵棋推演教學法諮商會議，邀請對本教學方法有興趣及本中心策略聯盟學校之專家學者參加。」請參見：〈辦理『政經兵棋推演教師工作坊』〉，《行政院人事總處公務人力發展學院（南投院區）》，<https://www.rad.gov.tw/wSite/ct?xItem=62475&ctNode=1113&mp=rad>(檢索日期：2018年9月23日)

40 關於我國外交部在職人員專業講習部分，每年定期舉辦：「外交決策與運作」的兵棋推演：「外交部為強化動態訓練，提升戰鬥能力，自民國95年起與中華歐亞基金會合作創辦「外交決策與運作」兵棋推演，訓練中、高階層外交人員在時間壓力下，針對預先設定之外交突發事件及臨場狀況，擬定劇本進行腦力激盪，模擬作外交決策、交涉談判及外交行政等演練，嗣於民國96年10月27日及12月8、9日分別以「外交決策與危機管理」、「涉外事務運作與狀況管理」為主題舉辦兩梯次外交兵棋推演，由人事處薦選外交部資深同仁30人參加訓練。鑑於黃部長志芳於民國95年視導時指

戰，我方涉外單位如何評估情勢，緊急狀況處理，以及後續政策說明。
基本上，透過多層次外交決策的角色扮演，不僅達成未來狀況預判，更
能夠從中得到許多「洞見」，思考相關政策鋪陳，更重要者是可以讓平
時專業的演練結合現實情況。其實，國防部與外交部以往也有類似的聯
合研究小組，許多涉外事務並非純粹國際外交議題，而是具有軍事因
素，例如如果在我國周邊海域發生其他國籍軍艦事故，就不會是單純一
個部會事物，需要平時透過「兵棋推演」建立默契與協調機制。

在中國大陸方面，2017年9月25-27日，中國國防大學聯合作戰學院
舉行第一屆中國全國兵棋推演大賽，[41]並同時辦理「2017首屆全國人工
智能與兵棋推演論壇」。[42]此次大賽主題為：「聚焦新時代國防教育，

示將此項兵推計畫列爲外講所年度常態訓練，故該所計畫每年兵推內容將
以次年國際外交情勢可能面臨之挑戰設定推演狀況，並將推演結果送相關
單位參考。」，請參見：〈第二節　外交人員之培訓及改制外交學院　第
一項　外交人員之培訓〉，《中華民國外交部》，<http://multilingual.mofa.
gov.tw/web/web_UTF-8/almanac/almanac2007/html/10-2-1.htm>(檢索日期：
2018年9月23日)

41 根據「中國軍網」的報導：「兵棋是以對抗方式進行作戰過程推演的工
具，通常由地圖（棋盤）、推演棋子（算子）和裁決規則（推演規則）3個
部分組成。推演雙方通過排兵布陣，對作戰力量、作戰環境、作戰行動和
結果進行全過程仿真模擬再現，從而爲製定作戰方案、應對突發事件、論
證武器裝備、教育訓練等提供參考。」，請參見：〈兵棋推演大賽升溫高
校國防教育〉，《中國軍網　國防部網》，<http://www.81.cn/gfbmap/con-
tent/2017-09/28/content_188969.htm>(檢索日期：2018年9月23日)

42 第一屆兵棋大賽按照「分賽區比賽與全國比賽兩個階段，透過運用網際
網路（互聯網）設置多臺雲端服務器，以進行全中國各分區選手在網際
網路上的異地遠程比賽方式。其中包括40餘所地方高校、20餘所軍隊院
校，10餘個科研院所與企業。近300個單位的1,600餘名個人賽選手、1000
餘組編隊賽選手、累計近5000人報名參賽。」請參見：〈2017首屆全國兵
棋推演大賽全國總結賽將於九月底舉行〉，《中國日報中文網》，<http://
cn.chinadaily.com.cn/2017-08/26/content_31136182.htm>(檢索日期：2018年9

樹立科學理性國防觀」，口號是「智謀方寸棋盤，運籌萬里疆場」，而其目標是：提高全民的國防意識，培育青少年尙武愛國的民族精神，推動兵棋推演技術在C5ISR領域的應用。[43]2018年中國舉辦「第二屆全國兵棋推演大賽」，以北京賽區比賽爲例，是由「中國指揮與控制學會」主辦，北京理工大學、陸軍裝甲兵學院承辦，軍民28個高等院校、科研院所的545名個人、92個編隊報名參賽。經過近50天初選賽、多輪淘汰賽和晉級賽，共計1,100多場次的角逐，方能進入總決賽。[44]基本上，中國大陸思考兵棋推演屬於軍事戰略性質，除了提倡「全民國防」意識之外，某種程度也在透過民間能量，改進既有的軍事模擬系統的驗證需求。

（三）兵推未來發展研究建議

　　總之，「兵棋推演」的概念開端，雖然起源軍事作戰的需求，但其思考邏輯與操作程序，卻可以廣泛運用於社會科學各領域。例如早期美國海軍爲解決海軍艦艇物料配件的管理需求，透過民間大學爲其研究並建立一套物料管理制度，進而形成現今一種「管理學」的專業學門。事實上，此種涉及決策思考、模擬想定、政策規劃的「管理學」也是民

月23日)

[43] 此外尚有以下目標：「挖掘發現具有運籌謀略潛質的人才，提升高校國防教育水平、創新國防教育方法、培育大學生理性國防思維」，請參見：〈2017首屆全國兵棋推演大賽全國總結賽將於九月底舉行〉，《中國日報中文網》，<https://translate.google.com.tw/translate?hl=zh-TW&sl=zh-CN&u=http://cn.chinadaily.com.cn/2017-08/26/content_31136182.htm&prev=search>(檢索日期：2018年9月23日)

[44] 〈「北京賽區」圓滿的結束‧全新的起點——2018第二屆全國兵棋推演大賽北京賽區圓滿落幕，《北京理工大學新聞網》，<http://www.bit.edu.cn/xww/zhxw/157646.htm>(檢索日期：2018年9月23日)

間企業界的決策者與專業經理人必備的知識。是以，除了在此開端首本「兵棋推演」專書出版，未來尚需要持續針對下列九個議題深入研究，包括：情報蒐集、分析與評估；通信系統整備與編組架構；想定思考與建構；角色扮演準備與操作；教育訓練實戰手冊；模式模擬實戰手冊；未來策略分析實戰手冊；結果成效分析；理論工具的使用，方能有助於完備一個「兵棋推演學」體系。

附　　錄

附錄1：教育訓練模式兵棋推演（決策領導人培訓與發掘）操作準備事項標準作業程序

推演階段	項次	準備事項	負責單位	標記
推演前	1	檢視參演學員或課程教需求	計畫指導分組	
	2	完成想定假設	計畫指導分組	
	3	依參演學員人數及推演想定假設，編組推演分組（若推演指導組人數不足，可依學員能力納入推演計畫組內的計畫指導分組及推演管制分組。）	計畫指導分組	
	4	指導各推演分組完成所扮演角色的策略指導原則及執行計畫	各推演分組 行動後分析分組	
	5	規劃兵棋推演場地	推演管制分組	
	6	布設通信網路及資訊顯示系統	推演管制分組	
推演中	7	完成推演前準備檢查	計畫指導分組	
	8	發布推演開始時間前 10 分鐘	計畫指導分組	
	9	發布各分組人員就定位，試通電話及資訊顯示系統狀況，以及各推演分組紀錄組人員就定位	推演管制分組	
	10	發布推演開始	推演管制分組	
	11	發布特別狀況 1	計畫指導分組	
	12	發布特別狀況因應策略行動計畫	主推演分組	
	13	因應主推演分組策略行動計畫，發布策略行動	次推演分組	
	14	相關推演分組發布因應的策略行動	相關推演分組	
	15	當各推演分組之間的策略行動發生爭議時	統合裁判分組	
	16	發布特別狀況 2，以此類推重複項次 11-14	計畫指導分組	
推演後	17	綜整及報告兵棋推演結果	行動後分析分組	
	18	各推演分組綜合檢討報告	行動後分析分組	
	19	各推演分組推演成效評比報告	行動後分析分組	
	20	各推演分組心得報告	各推演分組組長	
		發布兵棋推演結束，開始整收場地	推演管制分組	

附錄2：教育訓練模式兵棋推演（標準作業程序）操作準備事項標準作業程序

推演階段	項次	準備事項	負責單位	標記
推演前	1	風險評估	風險評估小組	
	2	想定假設	計畫指導分組	
	3	標準作業程序擬定	業務主管	
	4	規劃兵棋推演場地	推演管制分組	
	5	布設通信網路及資訊顯示系統	推演管制分組	
推演中	6	完成推演前準備檢查	計畫指導分組	
	7	發布推演開始時間前 10 分鐘	計畫指導分組	
	8	發布各分組人員就定位，試通電話及資訊顯示系統狀況，以及各推演分組紀錄組人員就定位	推演管制分組	
	9	發布推演開始	推演管制分組	
	10	發布特別狀況	計畫指導分組	
	11	各業管分組依標準計畫程序執行狀況回應	各推演分組	
	12	當各推演分組之間策略行動發生爭議時	統合裁判分組	
	13	綜整及報告兵棋推演結果及成效分析	行動後分析分組	
	14	修訂標準作業程序	業務主管	
	15	重複 11-14 項	推演管制分組	
推演後	16	完成標準作業程序有效性分析	行動後分析分組	
	17	各推演分組綜合檢討報告	行動後分析分組	
	18	各推演分組分析報告	各推演分組組長	
	19	發布兵棋推演結束，開始整收場地	推演管制分組	

附錄3：「分析型」模式模擬兵棋推演操作準備事項標準作業程序

推演階段	項次	準備事項	負責單位	標記
推演前	1	完成策略執行計畫	主推演分組	
	2	整備模式模擬系統	計畫指導分組	
	3	策略執行計畫參數資料輸入	主推演分組	
	4	回應單位參數資料輸入	回應推演分組	
	5	規劃兵棋推演場地	推演管制分組	
	6	布設通信網路及資訊顯示系統	推演管制分組	
推演中	7	完成推演前準備檢查	計畫指導分組	
	8	發布推演開始時間前 10 分鐘	計畫指導分組	
	9	發布各分組人員就定位，試通電話及資訊顯示系統狀況，以及各推演分組紀錄組人員就定位	推演管制分組	
	10	發布推演開始	推演管制分組	
	11	啟動策略執行計畫	主推演分組	
	12	綜整推演結果及成效分析	行動後分析分組	
	13	檢視主推演分組參數資料	行動後分析分組	
	14	檢視回應推演分組參數資料	行動後分析分組	
	15	修訂參數資料	主推演分組 回應推演分組	
	16	修訂策略執行計畫	主推演分組	
	17	以此類推重複項次 10-16	推演管制分組	
推演後	18	綜整及報告兵棋推演結果	行動後分析分組	
	19	各推演分組綜合檢討報告	行動後分析分組	
	20	各推演分組分析報告	各推演分組組長	
	21	發布兵棋推演結束，開始整收場地	推演管制分組	

附錄4：「訓練型」模式模擬兵棋推演操作準備事項標準作業程序

推演階段	項次	準備事項	負責單位	標記
推演前	1	完成策略執行計畫	主推演分組	
	2	整備模式模擬系統	計畫指導分組	
	3	策略執行計畫參數資料輸入	主推演分組	
	4	回應單位參數資料輸入	回應推演分組	
	5	規劃兵棋推演場地	推演管制分組	
	6	布設通信網路及資訊顯示系統	推演管制分組	
推演中	7	完成推演前準備檢查	計畫指導分組	
	8	發布推演開始時間前 10 分鐘	計畫指導分組	
	9	發布各分組人員就定位，試通電話及資訊顯示系統狀況，以及各推演分組紀錄組人員就定位	推演管制分組	
	10	發布推演開始	推演管制分組	
	11	啟動策略執行計畫	主推演分組	
	12	依兵棋推演程序執行管制策略執行計畫的行動	主推演分組 回應推演分組	
推演後	13	綜整及報告兵棋推演結果	行動後分析分組	
	14	各推演分組綜合檢討報告	行動後分析分組	
	15	各推演分組分析報告	各推演分組組長	
	16	各推演分組訓練成效評比	行動後分析分組	
	17	若需提供人員訓練成效，可重複 8-16 的程序	計畫指導分組	
	18	發布兵棋推演結束，開始整收場地	推演管制分組	

附錄5：策略分析模式第一階段因應策略目標兵棋推演操作準備事項標準作業程序

推演階段	項次	準備事項	負責單位	標記
推演前	1	完成想定假設	計畫指導分組	
	2	事件問題性質分析	各推演分組 相關推演分組	
	3	因應策略目標擬定	主推演分組	
	4	完成相關單位因應策略	次推演分組 因應推演分組	
	5	規劃兵棋推演場地	推演管制分組	
	6	布設通信網路及資訊顯示系統	推演管制分組	
推演中	7	完成推演前準備檢查	計畫指導分組	
	8	發布推演開始時間前 10 分鐘	推演管制分組	
	9	發布各分組人員就定位，試通電話及資訊顯示系統狀況，以及各推演分組紀錄組人員就定位	推演管制分組	
	10	發布事件想定發布	推演管制分組	
	11	提出策略目標	主推演分組	
	12	提出因應策略	次推演分組 因應推演分組	
	13	當各推演分組之間的策略行動發生爭議時	統合裁判分組	
	14	策略目標成效分析	行動後分析分組	
	15	回顧與檢視事件想定、問題性質	行動後分析分組	
	16	修訂策略目標	主推演分組	
	17	以此類推重複項次 11-16	推演管制分組	
推演後	18	綜整及報告兵棋推演結果	行動後分析分組	
	19	各推演分組綜合檢討報告	行動後分析分組	
	20	完成事件想定的因應策略目標	主推演分組	

附錄6：策略分析模式第二階段行動方案分析兵棋推演操作準備事項標準作業程序

推演階段	項次	準備事項	負責單位	標記
推演前	1	依據因應策略目標擬定各種策略行動方案（如方案A、B、C，以此類推）	主推演分組	
	2	編組與策略目標有關的次推演分組及回應推演分組	計畫指導組	
	3	次推演分組及回應推演分組完成所扮演角色的基本政策的擬定	次推演分組 因應推演分組	
	4	規劃兵棋推演場地	計畫指導分組	
推演中	5	完成推演前準備檢查	計畫指導分組	
	6	發布推演開始時間前 10 分鐘	推演管制分組	
	7	發布各分組人員就定位，試通電話及資訊顯示系統狀況，以及各推演分組紀錄組人員就定位	推演管制分組	
	8	發布推演開始	推演管制分組	
	9	執行策略行動方案	主推演分組	
	10	依據主推演分組的策略行動方案，採取因應策略行動	次推演分組 因應推演分組	
	11	當各推演分組之間的策略行動發生爭議時	統合裁判組	
	12	針對各推演分組的策略行動方案提出評論	行動後分析分組	
	13	提出策略行動方案利弊、得失分析	主推演分組	
	14	完成每一個策略行動方案（如A、B、C）的推演，以此類推重複項次 11-14	計畫指導組	
推演後	15	綜整及報告兵棋推演結果	行動後分析分組	
	16	各推演分組綜合檢討報告	行動後分析分組	
	17	總整所有各個策略行動方案的利弊、得失分析	主推演分組	
	18	發布兵棋推演結束，開始整收場地	推演管制分組	

附錄7：兵棋推演成效評分表

項次	評分項目	配分	得分
1	所扮演角色的策略行動計畫內容	20	
2	推演分組組織運作能力與成效	10	
3	對各項情報資料的掌握與分析能力	10	
4	推演分組對問題的分析能力	10	
5	與其他推演分組的協調能力	10	
6	推演分組的策略決策能力	10	
7	各項行動作為是否符合策略指導原則及執行計畫要求	20	
8	兵棋推演中的理論運用能力	10	
總得分			

附錄8：兵棋分析的相關問題一覽表

問題性質	問題內容	備註
準備階段 （preparation）	1. 哪些訊息在推演者抵達前就必須要提供？ 2. 在首次簡報時如何確認兵棋推演的目標？ 3. 在推演前那些資訊要透過簡報提供給推演者？ 4. 如何以及那些詳細層級的情節描述？有那些內容？	
兵棋推演結構與型式 （structure and style）	1. 哪些一般性兵棋推演與結構？ 2. 誰是「推演者」？ 3. 哪些是控制的角色？ 4. 哪些是正式分析計畫？	2.1. 是否存在一個團隊結構？ 2.2. 團隊的成員與領導者如何形成指揮關係？ 2.3. 主要推演者的稱謂與真實世界職務為何？ 2.4. 在兵棋推演中有多少方？一方、兩方或是多方？ 2.5. 推演者的決策層級如何？他們之間如何相互溝通？ 2.6. 推演者的責任與義務為何？上述這些如何與其扮演的角色吻合？ 3.1. 推演者之間的指揮層級，與上、下間關係如何？ 3.2. 推演者、管控者與裁判者之間如何聯繫？ 3.3. 什麼是管制與裁判的責任、權力、限制？ 4.1. 存在多少分析人員？如何被指定？ 4.2. 分析者應該注意的地方為何？ 4.3. 還有哪些分析者的其他指示？ 4.4. 何人擔負一般性分析的責任？ 4.5. 分析者會面的頻率如何？ 4.6. 分析者會面時的主要討論議題？ 4.7. 相關分析如何、何時、何處被誰加以「整合」？

問題性質	問題內容	備註
推演階段 （play）	1.提供推演者何種數據、展示與陳列？ 2.在推演的階段中，哪些推演者的決策？又從何提供給他者（管制者、裁判者，等等）？ 3.如何界定「推演事件」（game events）？ 4.如何「系列安排」推演事件？ 5.戰場損耗評估與事件決定如何進行？	1.1.提供哪些資訊？ 1.2.提供哪些展示的型式：書籍、圖表、電腦 1.3.這些資訊的來源？ 1.4.是否存在數據真偽的問題？ 1.5.這些數據可以依據推演者角色扮演的指揮層級，順利取得嗎？ 1.6.數據的詳細程度與其重要性一致如何，或只是提供一般性參考資料？ 1.7.推演者可以重複運用的數據與展示的機會？並根據哪些理由？ 2.1.提供何種詳細關於武力部署的細節資料？ 2.2.在戰鬥態勢下，推演者具有何種控制能量？ 2.3.推演者如何能夠控制：識別與情資的能量？ 2.4.推演者的問題是否應該聚焦於：他們應該做什麼？他們可以做什麼？他們必須做什麼？他們教做什麼？或是他們如何能做？ 3.1.兵棋推演中的事件如何界定？ 3.2.哪些事件屬於控制組與仲裁組不會透漏給推演者知道？ 4.1.相關事件的動次如何序列安排？ 4.2.如何管制推演的時間與實際時間的配置？（動次或者鐘錶速度） 4.3.推演者的決策如何構成影響事件的推演順序？ 4.4.推演者的層級間的互動與反應如何影響事件的進行？ 5.1.何謂「戰場耗損評估」？何時進行？ 5.2.需要與如何運用哪些技術、模型與數據？ 5.3.他們如何接受關於事件的解決：何種指示、相關訊息？從何人得到？何時得到？ 5.4.哪些是關鍵性因素從而影響個別決策或團體行動？

問題性質	問題內容	備註
		5.5.統裁結果與戰場損耗評估如何轉換推演者的決定，從而進入火力行動、交戰過程等等？
		5.6.推演者如何提供戰場損耗評估結果？以何種頻率？如果時間延遲，報告的正確性如何？
		5.7.「戰爭之霧」是否能夠恰當引入推演者的決策層級之中？
		5.8.「戰場耗損評估」如何影響後續的決策？
心態（attitudes）	1.哪些是推演者的「感覺」：關於他們的角色與能力藉以影響「事件」發展？ 2.哪些是「管制」的基本態度？	1.1.這些感覺的來源如何？
		1.2.哪些是推演者認為屬於決策過程中的關鍵要點？
		1.3.推演者如何看待這些問題？
		1.4.推演者做了哪些關鍵性決策？推演者為何會如此決定？
		1.5.哪些是重要決定性因素、理解、「先見」等等，從而影響決策下達？
		1.6.哪些是推演者在推演過程中提出的：特殊觀點、見解？以及在推演過程中如何影響其產出？
		2.1.兵棋推演活動的贊助者如何感受課程與推演的價值？
		2.2.如何感受改變？什麼影響此種改變？
		2.3.管制者與統裁者如何認知其角色？他們如何能夠貫徹實施？
		2.4.贊助者與管制者關於兵棋推演過程的心態，比較那些處於順境與價值，相對於在困境中（壕溝者）的觀點有何差異？在此種態度下，哪些顯示出針對任何歧見的來源為何？

資料來源：Perla, Peter P., The art of wargaming: a guide for professionals and hobbyists (Annapolis, Maryland: United States Naval Institute, 1990), pp.323-326.

參考書目

第一章

中文部分

一、專書

于汝波，2006。《三十六計的智慧》。臺北：大地出版社。

二、專書譯著

馬修・巴洛斯（Mathew Burrows）原著，洪慧芳譯，2015。《2016-2030全球趨勢大解密：與白宮同步，找到失序世界的最佳解答》。臺北：先覺出版。

魏汝霖，1984。《孫子今註今譯》。臺北：臺灣商務。

三、網際網路

2018/01/05。〈中國啟用『M503』北上航路　恐衝擊我國飛安、空防〉，《自由電子報》，<http://news.ltn.com.tw/news/politics/breakingnews/2302392>。

2018/01/05。〈中國啟用M503新航路　國安會：嚴重衝擊東亞區域和平〉，《自由電子報》，<http://news.ltn.com.tw/news/politics/breakingnews/2303410>。

2018/01/05。〈中國單方面啟用M503航路　蔡英文：無助區域穩定〉，《自由電子報》，<http://news.ltn.com.tw/news/politics/breakingnews/2303276>。

2018/01/05。〈臺海M503航路爭議　蔡英文寫Twitter訴諸國際〉，《HiNet新聞》，<https://times.hinet.net/news/21215410>。

2018/01/05。〈國臺辦：新航路避金馬無需再溝通〉，《中時電子報》，<http://www.chinatimes.com/newspapers/20180105000090-260301>。

2018/01/05。〈陸單方面開通M503航線　陸委會：陸方須承擔影響兩岸嚴重後果〉，《中時電子報》，<http://www.chinatimes.com/realtime-news/20180104004167-260409>。

2018/01/06。〈反制中國啟用臺海新航路IDF擬全年駐防澎湖〉，《自由電子報》，<http://news.ltn.com.tw/news/focus/paper/1166355>。

2018/01/06。〈美方挺臺　批中單一改變現狀〉，《蘋果日報》，<https://tw.appledaily.com/forum/daily/20180106/37895541/>。

2018/01/06。〈遼寧艦編隊跨區演訓　國軍監控稱無異常活動〉，《HiNet新聞》，<https://times.hinet.net/news/21217832>。

2018/01/06。〈遼寧艦編隊21:00駛離我防空識別區〉，《自由電子報》，<http://

news.ltn.com.tw/news/politics/breakingnews/2303884>。

2018/01/07。〈中國啟用M503 總統開國安會議籲兩岸盡速協商〉，《蘋果日報》，<https://tw.news.appledaily.com/politics/realtime/20180107/1273895/>。

2018/02/09。〈蔡英文『狀況室』曝光 花蓮地震首練兵〉，《中時電子報》，<http://www.chinatimes.com/realtimenews/20180209001508-260407>。

2018/02/10。〈《關鍵報告》情節成真！日本警方導入AI預測犯罪〉，《自由電子報》，<http://news.ltn.com.tw/news/world/breakingnews/2338946>

2018/02/10。〈沒看過《CSI犯罪現場》別說你看過熱門影集〉，《痞客邦》，<http://pocato.pixnet.net/blog/post/29390779-%E6%B2%92%E7%9C%8B%E9%81%8E%E3%80%8Acsi%E7%8A%AF%E7%BD%AA%E7%8F%BE%E5%A0%B4%E3%80%8B%E5%88%A5%E8%AA%AA%E4%BD%A0%E7%9C%8B%E9%81%8E%E7%86%B1%E9%96%80%E5%BD%B1%E9%9B%86>。

2018/02/10。〈餘震不斷！他記取日本經驗自製地震包〉，《Nownews今日新聞》，<https://www.nownews.com/news/20180208/2699144>。

2018/02/10。〈關於CSI犯罪現場〉，《AXN》，<https://www.axn-taiwan.com/programs/csi-fan-zui-xian-chang>。

2018/02/10。〈關鍵報告（Minority Report）：全面監控的未來科技好可怕〉，《SOS Reader》，<https://sosreader.com/minority-report/>。

2018/02/10。〈蘋論：圍棋電腦痛宰人類天才〉，《蘋果日報》，<https://tw.appledaily.com/headline/daily/20170529/37665787>。

2018/02/11〈保命必備，「地震避難包」清單大公開！地震無法預測，你能做的是事先準備好〉，《商周月刊》，<https://www.businessweekly.com.tw/article.aspx?id=21881&type=Blog>。

2018/02/11。〈惠臺措施 陸落實操之在我〉，《中時電子報》，<http://www.chinatimes.com/newspapers/20180129000510-260108>。

2018/02/11。〈劉結一：加大力度推出惠臺措施〉，《中央通訊社》，<http://www.cna.com.tw/news/acn/201801250033-1.aspx>。

2018/02/12。〈究竟圖靈是怎樣破解德軍的密碼系統Enigma?〉，《JustdoevilStudio》，<https://www.justdoevil.info/movies/youtubeshare/item/322-how-alan-turing-decode-enigma.html>。

2018/02/12。〈特別報導 電影裡的真實英雄 模仿遊戲背後的真實情報戰：關於Enigma密碼機的那些電影與歷史故事〉，《The News Lens關鍵新聞》，<https://www.thenewslens.com/feature/hacksawridge/14984>。

2018/02/12。〈圖靈機正式面世80年：一個與現實毫不相干的問題為人類帶來了電腦〉，《關鍵評論》，<https://www.thenewslens.com/article/55863>。

2018/02/12。〈圖靈機到人工智慧，誰讓電腦強大？是數學！〉，《Inside》，

<https://www.inside.com.tw/2017/12/22/turing-test-ai-to-math>。

2018/04/06。〈「事務學習」,「雙語詞彙、學術名詞暨辭書資訊網」〉,《國家教育研究院》,<http://terms.naer.edu.tw/detail/578019/>。

2018/04/06。〈試誤(法)trial and error〉,《經理人》,<https://www.managertoday.com.tw/dictionary/word/465>。

2018/09/03。〈(軍事)模擬飛行設備商:加拿大航空電子設備公司CAE Inc. (CAE)〉,《美股之家》,<https://www.mg21.com/cae.html>。

2018/09/03。〈《史記》中「彼可取而代之」和「大丈夫當如是也」,司馬遷是怎麼知道的?〉,《一點新知網》,<https://www.getit01.com/p20171222064822758/>

2018/09/03。〈川金會落幕 傳金正恩飛北京會習近平〉,《中時電子報》,<http://www.chinatimes.com/newspapers/20180613000280-260202>。

2018/09/03。〈加拿大CAE公司提供仿眞訓練設施以解決美軍飛行員短缺問題〉,《國防科技訊息網》,<http://www.dsti.net/Information/News/107856>。

2018/09/03。〈加拿大飛機模擬器製造商CAE瞄準中國及印度市場〉,《臺灣經貿網》,<https://info.taiwantrade.com/biznews/%E5%8A%A0%E6%8B%BF%E5%A4%A7%E9%A3%9B%E6%A9%9F%E6%A8%A1%E6%93%AC%E5%99%A8%E8%A3%BD%E9%80%A0%E5%95%86cae%E7%9E%84%E6%BA%96%E4%B8%AD%E5%9C%8B%E5%8F%8A%E5%8D%B0%E5%BA%A6%E5%B8%82%E5%A0%B4-867806.html>。

2018/09/03。〈司馬遷(漢朝),「卷六十五孫子吳起列傳第五」〉,《國學網》,<http://www.guoxue.com/book/shiji/0065.htm>。

2018/09/03。〈平時備妥「緊急避難包」,以備不時之需!〉,《內政部消防署》,http://www.nfa.gov.tw/pro/index.php?code=list&flag=detail&ids=21&article_id=588。

2018/09/03。〈民粹主義如何席捲全球:讓民眾相信它不會成爲體制〉,《國際時事》,<http://www.ir-basilica.com/%E6%B0%91%E7%B2%B9%E4%B8%BB%E7%BE%A9%E5%A6%82%E4%BD%95%E5%B8%AD%E6%8D%B2%E5%85%A8%E7%90%83%EF%BC%9A%E8%AE%93%E6%B0%91%E7%9C%BE%E7%9B%B8%E4%BF%A1%E5%AE%83%E4%B8%8D%E6%9C%83%E6%88%90%E7%82%BA%E9%AB%94/>。

2018/09/03。〈民粹主義的興起與大眾社會—人本來性的追求〉,《民報》,<http://www.peoplenews.tw/news/11ee1795-f19e-4829-a074-00446d36be04>。

2018/09/03。〈金正恩元旦演說:啟動核武的按鈕「就在我桌上!」〉,《ETtoday新聞雲》,<https://www.ettoday.net/news/20180101/1083742.htm>。

2018/09/03。〈南沙8島礁 不沉航母環伺太平島〉,《中時電子報》,<http://

www.chinatimes.com/newspapers/20180805000426-260102>。

2018/09/03。〈習近平上午完成海上大閱兵　中共官方晚間才宣布〉，《聯合新聞網》，<https://udn.com/news/story/10930/3083759>。

2018/09/03。〈德媒分析　德國另類選擇黨暴增的三百萬選民哪來的？〉，《中時電子報》，<http://www.chinatimes.com/realtimenews/20170927005396-260408>。

2018/09/17。〈鑑識科學小知識2／從血跡破案　重建犯罪現場〉，《聯合新聞網》，<https://udn.com/news/story/6904/2462590>。

2018/09/18。〈中國各省市不斷加碼惠臺政策細則〉，《世界民報》，<http://www.worldpeoplenews.com/content/news/310776>。

2018/09/18。〈陸委會：民眾申請中國大陸居住證　仍有一定風險應注意〉，《中華民國大陸委員會》，<https://www.mac.gov.tw/News_Content.aspx?n=05B73310C5C3A632&sms=1A40B00E4C745211&s=D39B197D1CE1C406>。

2018/09/18。〈等同身分證　陸推18碼臺灣居民居住證〉，《中央通訊社》，< http://www.cna.com.tw/news/firstnews/201808160054.aspx>。

2018/09/18。〈福州推惠臺68條　臺商子女享市民待遇〉，《奇摩新聞》，<https://tw.news.yahoo.com/%E7%A6%8F%E5%B7%9E%E6%8E%A8%E6%83%A0%E5%8F%B068%E6%A2%9D-%E5%8F%B0%E5%95%86%E5%AD%90%E5%A5%B3%E4%BA%AB%E5%B8%82%E6%B0%91%E5%BE%85%E9%81%87-215009159--finance.html>。

外文部分

一、網際網路

Mark F, Cancian, 2018/02/25. "Avoiding Coping with Surprise in Great Power Conflicts", A Report of the CSIS International Security Program, CSIS, Accessed at <https://csis-prod.s3.amazonaws.com/s3fs-public/publication/180215_Cancian_CopingWithSurprise_Web.pdf?Rqyg1b2BKKcR.Jv3b8oy7RKYE_i2HEwY>

第二章

中文部分

一、專書

國防大學軍事學院編修2004。《國軍軍語辭典（九十二年修訂本）》。臺北：國防部。

丁樂義，2006。《捍衛行動：1996臺海飛彈危機風雲錄》。臺北：黎明文化。

二、網際網路

2018/09/02。〈中國的北極政策白皮書（全文）〉，《中國國務院新聞辦公室》，
　　<http://www.scio.gov.cn/zfbps/32832/Document/1618203/1618203.htm>。

2018/09/02。〈中華民國圍棋協會比賽規則〉，<http://kcs.kcjh.ptc.edu.tw/~lslian/
　　studwww/s102/s20058/a.pdf>。

2018/09/02。〈年度演習〉，《行政院中央災害防救會報》，<https://www.cdprc.
　　ey.gov.tw/News.aspx?n=7CF4B27CFA2D957B>。

2018/09/02。〈中部萬安演習首增飛彈空襲警報　小學生嚴肅面對〉，《自由電子
　　報》，<http://news.ltn.com.tw/news/life/breakingnews/2450862>。

2018/09/04。〈總統召開『對外經貿戰略會談』通過『新南向政策』政策綱
　　領〉，《新南向政策專網》，<https://www.newsouthboundpolicy.tw/PageDetail.
　　aspx?id=9d38cb45-4dfc-41eb-96dd-536cf6085f31&pageType=SouthPolicy&AspxAu
　　toDetectCookieSupport=1>。

2018/09/05。〈世紀帝國系列〉，《維基百科》，<https://zh.wikipedia.org/
　　wiki/%E4%B8%96%E7%B4%80%E5%B8%9D%E5%9C%8B%E7%B3%BB
　　%E5%88%97>。

2018/09/05。〈外交遊戲〉，《維基百科》，<https://zh.wikipedia.org/
　　wiki/%E5%A4%96%E4%BA%A4_(%E9%81%8A%E6%88%B2)>。

2018/09/14。〈定義：隨機過程〉，《1995-2018 Dassault Systèmes》，<http://help.
　　solidworks.com/2011/chinese/SolidWorks/cworks/LegacyHelp/Simulation/Analysis-
　　Background/Dynamic_Analysis/Definitions.htm?format=P&value>。

2018/09/14。「籃球比賽規則(FIBA)」，<https://www.nwcss.edu.hk/subject/
　　pe/04_0405.files/04_0405.htm>。

潘振強，2018/09/14。〈中國不首先使用核武器問題研究〉，《空天力量
　　雜誌（北京）》，<http://www.au.af.mil/au/afri/aspj/apjinternational/apj-
　　c/2015/2015-1/2015_1_03_pan.pdf>。

2018/09/14。〈陸片面啟用M503航線　蔡總統呼籲北京採取彌補措施〉，《聯合
　　新聞網》，<https://udn.com/news/story/6656/2939691>。

2018/09/17。〈雷伊泰灣海戰〉，《維基百科》，<https://zh.wikipedia.org/wiki/%
　　E9%9B%B7%E4%BC%8A%E6%B3%B0%E7%81%A3%E6%B5%B7%E6%88
　　%B0>。

2018/09/18。〈萬安41號演習　明天起至7日實施〉，《聯合新聞網》，<https://
　　udn.com/news/story/10930/3177524>。

2018/09/19。〈「獨家」臺海大戰5天打不完！驗證國軍新戰略　漢光兵推首度延
　　為4周」〉，《風傳媒》，<https://www.storm.mg/article/239315>。

2018/09/19。〈兵棋推演，軍校學員帶你走入『戰爭大片』〉，《每日頭條》，

<https://kknews.cc/military/8mmno3g.html>。

2018/09/19。〈假想大屯火山群噴發　兵棋推演月底登場〉，《聯合新聞網》，<https://udn.com/news/story/11322/3031581>。

2018/09/19。〈日本防災日　百萬人參加大地震演練〉，《中時電子報》，<http://www.chinatimes.com/realtimenews/20160901004600-260408>。

2018/09/20。〈國防部推『兵棋桌遊』28種武器進攻敵軍〉，《TVBS》，<https://news.tvbs.com.tw/politics/623180>。

2018/09/20。〈軍事威懾、封鎖作戰、火力打擊、登島作戰〉，《自由電子報》，<http://news.ltn.com.tw/news/politics/paper/1228864>。

2018/09/ 21。〈921國家防災日　蔡英文：一年內完成災害預警機制〉，《中時電子報》，<https://www.chinatimes.com/realtimenews/20180921002507-260407>。

2018/09/21。〈電玩產業為何暢旺？經濟學人：因為年輕人找不到好工作〉，《科技新報》，<https://technews.tw/2017/06/03/why-video-games-boost/>。

2018/09/21。〈有圖為證!？大陸開造第4艘航母〉，《中時電子報》，<http://www.chinatimes.com/realtimenews/20170523003300-260417>。

2018/09/21。〈大陸突關停遼寧號艦載機殲-15A生產線〉，《中時電子報》，<http://www.chinatimes.com/realtimenews/20170831005936-260417>。

2018/09/21。「【2018世足賽】一日球迷又怎樣？「足球規則大解析」讓你搞懂世足究竟在踢什麼！」，《Man's Fashion》，<https://mf.techbang.com/posts/5848-2018-world-cup-football-match>。

2018/09/21。〈美國軍事專家：中國最遲2030年武力犯臺，美國嚇阻中國擴張要從臺灣開始〉，《風傳媒》，<https://www.storm.mg/article/439973>。

外文部分

一、專書

Perla, Peter P., 1990. The art of wargaming: a guide for professionals and hobbyists. Annapolis, Maryland: United States Naval Institute.

二、網際網路

2018/09/18. "War Game", Definition of "war game" from the Cambridge Advanced Learner's Dictionary & Thesaurus © Cambridge University Press, Cambridge Dictionary, accessed at: <https://dictionary.cambridge.org/dictionary/english/war-game>.

2018/09/19. "Definition of War Game", Merriam-Webster, accessed at: <https://www.merriam-webster.com/dictionary/war-game>.

Helena Legarda, 2018/09/16. "China Global Security Tracker", Mercator Institute for China Studies (MERICS), No. 3, January – June 2018,accessed at: <https://www.

merics.org/sites/default/files/2018-09/MERICS_China_Global_Security_Tracker_No_3_1.pdf>.

2018/09/14. "Wargaming", US Naval War College, accessed at: <https://usnwc.edu/Research-and-Wargaming/Wargaming.

2018/09/14. "Definition of scenario", Merriam Webster, accessed at: <https://www.merriam-webster.com/dictionary/scenario>.

2018/09/15 "Chaturanga", Wikipedia, <https://en.wikipedia.org/wiki/Chaturanga>.

2018/09/20. "Otto Karl Lorenz von Pirch", Wikipedia, accessed at: <https://en.wikipedia.org/wiki/Otto_Karl_Lorenz_von_Pirch>.

2018/09/20. "Erich Wilhelm Ludwig von Tschischwitz (* 17. Mai 1870 in Kulm; † 26. September 1958 in Berlin) war ein deutscher Offizier, zuletzt General der Infanterie der Reichswehr.", "Erich von Tschischwitz", Wikipedia, accessed at: <https://de.wikipedia.org/wiki/Erich_von_Tschischwitz>.

2018/09/21. Section 1 – Wargaming in recent history, in: Ministry of Defence, Wargaming Handbook (UK: Development, Concepts and Doctrine Centre,), pp. 2-3. pp.2-3. <https://assets.publishing.service.gov.uk/government/uploads/system/uploads/attachment_data/file/641040/doctrine_uk_wargaming_handbook.pdf.>.

2018/09/20. "Little Wars", BoardGameGeek, accessed at: <https://boardgamegeek.com/boardgame/12067/little-wars>.

2018/09/20. "Carriers at War", Wikipedia, accessed at: <https://en.wikipedia.org/wiki/Carriers_at_War>.

第三章

中文部分

一、專書

周明，2007。《韓戰：抗美援朝》。臺北：知兵堂出版社。

鈕先鍾，1997。《孫子三論》。臺北：麥田出版。

鈕先鍾，1998。《戰略研究入門》。臺北：麥田出版。

蔣緯國，1988。《五經七書：陽明先生手批》。臺北：國防大學戰爭學院。

二、專書譯著

小約瑟夫・奈(Joseph S. Nye Jr.)、戴維・韋爾奇(David A. Welch)著，張小明譯，2014。《理解全球衝突與合作：理論與歷史》(Understanding Global Conflict and Cooperation: An Introduction to Theory and History)。上海：上海人民出版社。

約米尼(Antoine Henri Jomini)著，鈕先鍾譯，1999。《戰爭藝術》(The Art of

War)。臺北：麥田出版。

羅伯特・基歐漢(Robert O. Keohane)、約瑟夫・奈(Joseph S. Nye)，門洪華譯，
2002。《權力與相互依賴》(Power and interdependence)。北京：北京大學出
版。

外文部分

一、專書

1967. War Gaming. Kansas: U.S. Army command and general staff college.

Alexander Wendt, 2001. Social Theory of International Politics. Cambridge: Cambridge University Press.

Alfred D. Chandler, Jr, 1990. Strategy and Structure: Chapters in the History of the American industrial Enterprise. Cambridge, Mass.: MIT Press.

Andre Beaufre, 1967. An introduction to strategy. London: Faber and Faber.

B.H. Liddell Hart, 1991. Strategy. New York: Henry Holt & Company.

Charles McClelland, 1996. Theory and International System. New York: macmillan.

J. F. C. Fuller, 1992. The Conduct of War 1789-1961. New Brunswick, N.J.: Da Capo Press.

James E. Dougherty, Robert L. Pfaltzgraff,1981. Contending Theories of International Relations: a comprehensive survey. New York: Longman.

Kenneth N. Waltz, 2010. Theory of International Politics. Long Grove Il: Waveland Press.

Mark Herman, Mark Frost, Robert Kurz, 2009. Wargaming for Leaders: Strategic Decision Making form the Battlefield to the Boardroom. New York: McGraw-Hill.

Peter P. Perla, 1990. The Art of Wargaming. Maryland: Naval Institute Press.

Philip Sabin, 2012. Simulating War: Studying conflict through simulation games. New York: Continuum International Publishing Group.

Rober J. Lieber, 1972.Theory and World Politics. Cambridge, Mass.: Winthrop.

第四章

中文部分

一、專書

毛治國，2013。《決策》。臺北：天下雜誌。
王寶玲，2004。《紫牛學危機處理》。臺北：創建文化。
朱延智，2000。《危機處理的理論與實務》。臺北：幼獅文化。

朱延智，2014。《企業危機管理》。臺北：五南出版。

何坤龍、鄭芬姬，2005。《溝通與協商：理論與實務》。臺北：福懋出版。

何道全，2004。《決策—企業經營的心臟》。臺北：大拓文化。

宋明哲，2001。《現代風險管理》。臺北：五南圖書。

明智，2001。《談判22天規》。臺北：好讀出版。

林基源，1999。《決策與人生》。臺北：遠流出版。

翁振益、周瑛琦，2007。《決策分析：方法與應用》。臺北：華泰文化。

張德銳，2001。《教育行政研究》。臺北：五南文化。

梁陶，2017。《構建以假設為核心的戰略預測評估方法》。北京：時事出版。

陳耀南，1996。《中國人的溝通藝術》。香港：中華書局。

黃丙喜、馮志能、劉遠忠，2009。《動態危機管理》。臺北：商周文化。

趙升奎，2005。《溝通學思想引論》。上海：上海三聯書店。

劉必榮，2000。《劉必榮談談判藝術》。臺北：希代書版。

劉必榮，2005。《談判兵法孫子兵學的謀略智慧》。臺北：先覺出版。

鄧家駒，2005。《風險管理》。臺北：華泰文化。

戴照煜，1999。《談判、談判》。中壢：成長國際文化。

簡禎富，2015。《決策分析與管理：紫式決策分析以全面提升決策品質》。臺北：雙葉書廊。

二、專書譯著

Joseph A. DeVito著，張珍瑋、鄭英傑譯，2016。《新時代的人際溝通》(essential of Human Communication)。臺北：學富文化。

Michael R. Carrell, Christina Heavrin著，黃丹力譯，2010。《談判新時代：談判要領之理論、技巧與實踐》(Negotiating essentials: Theory, Skills and Practices)。臺北：臺灣培生教育出版。

Ronald B. Adler, Neil Towne著，劉曉嵐、陳雅萍、杜永泰、楊佳芬、盧依欣、黃素微、陳彥君、江盈瑤、許皓宜、何冠瑩譯，2004。《人際溝通》(Looking out Looking in)。臺北：洪葉文化。

Roy j. Lewicki, David M. Saunders, Bruce Barry著，陳彥豪，張琦雅譯，2009。《談判學》(Negotiation)。臺北：華泰文化。

Stephen J. Hoch, Howard C. Kunreuther, Robert E. Gunther編，李紹廷譯，2004。《華頓商學院—決策聖經》(Wharton on Making Decisions)。臺北：商周出版。

Teri Kwal Gamble, Michael W. Gamble著，林裕欽譯，2015。《人際溝通與技巧》(Interpersonal Communication: building connections together)。臺北：雙葉書廊。

史蒂芬‧柯恩(Steven P. Cohen)，袁世珮譯，2003。《談判協商：立即著手》(Negotiation Skills for Managers)。臺北，美商麥格羅‧希爾公司。

朱利安尼(Rudolph W. Giuliani)著，韓文正譯，2003。《決策時刻》(Leadership)。

臺北：大塊文化。

法蘭克・葉慈(J. Frank Yates)著，蔡宏明譯，2005。《決策管理：如何確保貴公司能做出更好地決策》(Decision Management: How to Assure Better Decisions in you Company)。臺北：梅林文化。

密特史戴德(Robert E. Mittelstaedt)著，葉思迪譯，2006。《關鍵決策》(Will Your Next Mistake BE FATAL?)。臺北：臺灣培生教育出版。

奧古斯丁(Norman R. Augustine)著，吳佩玲譯，2001。《危機管理》(Havard Business Review on Crisis Management)。臺北：天下遠見出版。

道格拉斯・史東(Douglas Stone)，布魯斯・巴頓(Bruce Patton)，席拉・西恩(Sheila Heen)著，歐陽鳳譯，2014。《再也沒有難談的事：哈佛法學院教你如何開口，解決切身的大小事》(Difficult Conversations: How to Discuss What Matters Most)。臺北，遠流出版。

達倫道夫(R. Dahrendorf)著，詹火生譯，1990。《達倫道夫：衝突理論》。臺北：風雲論壇出版社。

羅伊・李奇威(Roy j. Lewicki)，亞歷山大・希安(Alexander Hiam)著，陳郁文、溫蒂雅譯，2000。《談判策略快易通》(The Fast Forward MBA in Negotiating and Deal Making)。臺北：商業周刊。

外文部分

Deborah Borisoff, David A. Victor,1969. Conflict Management: A communication Skills Approach. New Jersey: Prentice-Hall, Inc.

Douglas P. Fry, Kaj Bjorkqvist, 2009. Cultural variation in conflict resolution: altermatives to violence. New Jersey: Lawrence Erlbaum publishers.

Fred E. Jandt, Paul B. Pedersen, 1996. Constructive conflict management: Asia-Pacific cases. California: SAGE publications.

Ho-Won Jeong, 2011. Understanding Conflict and Conflict Analysis.California: SAGE Publications.

Huber M. Blalock, Jr, 1989. Power and Conflict: Toward a General Theory. SAGE Publications, Inc.: California.

Joy L. Hocker, Willian W. Wilmot, 1995. Interpersonal Conflict. Madison, Wis.: Brown & Benchmark Publishers.

Kenneth E. Boulding., 1962. Conflict and defense: A General Theory. New York: Harper & brothers.

Roy W. Pneuman, Margaret E. Bruehl, 1982. Managing Conflict: A Complete Process-Centered Handbook. New Jersey: Prentice-Hall, Inc.

第五章

中文部分

一、專書

王小川、史峰、郁磊、李洋，2013。《MATLAB神經網路43個案例分析》北京：北京航空航天大學出版社。

李允中、王小潘、蘇木春，2008。《模糊理論及其應用》。臺北：全華圖書。

國防部《國防報告書》編纂小組，1992。〈中華民國81年國防報告書〉。

國防部《國防報告書》編纂小組，1993。〈中華民國82-83年國防報告書〉臺北：黎民文化。

國防部《國防報告書》編纂小組，1996。〈中華民國85年國防報告書〉。臺北：黎民文化。

國防部《國防報告書》編纂小組，1998。〈中華民國87年國防報告書〉。臺北：黎民文化。

國防部《國防報告書》編纂小組，2000。〈中華民國89年國防報告書〉。臺北：國防部。

國防部《國防報告書》編纂小組，2002。〈中華民國91年國防報告書〉。臺北：國防部。

國防部《國防報告書》編纂小組，2004。〈中華民國93年國防報告書〉。臺北：國防部。

國防部《國防報告書》編纂小組，2006。〈中華民國95年國防報告書〉。臺北：國防部。

國防部《國防報告書》編纂小組，2008。〈中華民國97年國防報告書〉。臺北：國防部。

國防部《國防報告書》編纂小組，2009。〈中華民國98年國防報告書〉。臺北：國防部。

國防部《國防報告書》編纂小組，2011。〈中華民國100年國防報告書〉。臺北：國防部。

國防部《國防報告書》編纂小組，2015。〈中華民國104年國防報告書〉。臺北：國防部。

國防部《國防報告書》編纂小組，2017。〈中華民國106年國防報告書〉。臺北：國防部。

溫坤禮、趙忠賢、張宏志、陳曉瑩、溫惠筑，2009。《灰色理論與應用》。臺北：五南圖書。

聞新、李新、張興旺，2015。《應用MATLAB實現神經網路》。北京：國防工業

出版社。

二、專書譯著

巴特・柯斯可（Bart Kosko）著，陳雅雲譯，2005。《模糊的未來：從社會、科學到晶片的天堂》（The Fuzzy Future: From society and science to heaven in a chip）。臺北：究竟出版社。

波特（E. B. Potter），伊斯曼譯，1995。《海上悍將海爾賽》(Bull Halsey)。臺北：麥田出版。

三、期刊論文

余尚武、劉憶瑩、王雅玲，2013/2。〈應用灰色系統理論於臺灣上市公司財務比率變數之預測—以電子業爲例〉，《中華管理評論國際學報》，第16卷，第1期，頁1-4。

林桶法，2016/5。〈淞滬會戰期間的決策與指揮權的問題〉，《國立政治大學歷史學報》，第45期，頁177。

畢威寧、劉亮成，2007年。〈灰預測在臺灣地區電力需求上之應用研究〉，《科學與工程技術期刊》，第3卷，第2期，頁13-17。

劉金梅、高輝、汪軍，2000/6。〈利用蘭徹斯特方程估算飛機戰損率〉，《工科數學》，第16卷，第3期，頁14。

潘世勇、廖麒林，2012/6。〈中共兩棲登陸作戰之研析〉，《海軍學術雙月刊》，第46卷第3期，頁75-77。

蘇慧倚，2012/6。〈運用灰關聯分析於營造業重大職災不安全行爲致因之研究〉，《勞工安全衛生研究季刊》，第20卷第2期，頁231-239。

四、網際網路

黃敬平，2005/8/18。〈登陸艇不搶灘演半套〉，《蘋果日報》，<https://tw.appledaily.com/forum/daily/20050818/21985270>。

林奕呈，2009/4/28。〈以小博大，以寡擊眾的祕訣〉，《經理人》，<https://www.managertoday.com.tw/articles/view/1831>。

2016/9/30。〈韓政府宣布薩德駐地改爲星洲高球場〉，《Sina新浪軍事》，<http://mil.news.sina.com.cn/china/2016-09-30/doc-ifxwkzyk0699473.shtml>。

鄭仲嵐，2017/1/12。〈臺灣將於2025年前告別核電？專家稱不可能〉，《BBC中文網》，<http://www.bbc.com/zhongwen/trad/chinese-news-38603919>。

江飛宇，2017/2/27。〈南韓將在六月完成部署薩德系統〉，《中時電子報》，<www.chinatimes.com/realtimenews/20170227000866-260417>

吳明杰，2017/5/22，〈《獨家》M1A2戰車不買了？美軍評估地形難發揮　國軍「等有錢再考慮」，《風傳媒》，<http://www.storm.mg/article/269966>。

2017/6/21。〈爲何郭董沒有追到東芝？其實2月就有跡象了〉，《蘋果即時》，

<https://tw.appledaily.com/new/realtime/20170621/1144907/>

張語羚、陳鷺人，2017/8/8。〈重啟核一、二廠2機組　政院未考慮〉，《中時電子報》，<http://www.chinatimes.com/newspapers/20170808000032-260202>。

楊熾興，2017/8/15。〈一座電廠釀「全臺停電」正常嗎？大潭電廠等於1.5倍核四〉，《ETtoday新聞雲》，<https://www.ettoday.net/news/20170815/989712.htm>

2017/9/21。〈鴻海沒買到東芝　臺廠「蛙跳」突圍〉，《經濟日報》，<https://money.udn.com/money/story/5628/2713578>。

彭琬馨，2018/1/28。〈臺灣全募兵　美方直言錯誤政策〉，《自由時報》，<http://news.ltn.com.tw/news/focus/paper/1172560>。

張語羚、陳鷺人，2018/2/7。〈非核家園目標不變　賴揆：核一1號機不再運轉〉，《中時電子報》，<http://www.chinatimes.com/newspapers/20180207000336-260202>。

2018/3/14。〈綠色和平針對「深澳電廠更新擴建計畫」環評案之聲明〉，《綠掃和平》，<https://www.greenpeace.org/taiwan/zh/press/releases/climate-energy/2018/ShenAo-Statement/>。

中華民國國防部，2018/4/18。〈中華民國107年度中央政府總預算國防部所屬單位預算〉，上冊，頁763，《中華民國國防部》，<https://www.mnd.gov.tw/NewUpload/201803/107年度國防部所屬單位法定預算書表_115897.PDF>。

2018/4/19。〈蒙地卡羅模擬課程〉(Monte Carlo Simulation Training)，《優美管理顧問》，<http://www.musigmagroup.com/tw/showser-261.html>。

2018/4/19。〈「2018臺灣民主價值」民意調查記者會新聞稿〉，《臺灣民主基金會》，<http://www.tfd.org.tw/export/sites/tfd/files/news/pressRelease/0419_press-release_pdf.pdf>。

洪哲政，2018/4/19。〈軍方認證共軍新戰法攻臺林口是首選　我反應時間只3小時〉，《聯合新聞網》，<https://udn.com/news/story/10930/3095227>。

外文部分

一、專書

James F Dunnigan, 2000. Wargames Handbook, Third Edition: How to play and commercial and Professional Wargames. New York: Writers Club Press.

James Markley, 2015. Strategic Wargame Series: Handbook. Carlisle, PA: US Army War College.

Jon curry, Tim Price, 2017. Modern Crises Scenarios for Matrix Wargames. London: The History of Wargaming Project.

Reuven Y. Rubinstein, Dirk P. Kroese, 2017. Simulation and the Monte Carlo Method.

New Jersey: John Wiley & Sons.

Roger D. Smith, December 13 – 16, 1998 "Essential Techniques for Military Modeling & Simulation," Proceedings of the 30th conference on Winter simulation. Washington, D.C.: The Proceedings of the IEEE, pp.805-806.

William L. Dunn, J Kenneth Shultis, 2012. Exploring Monte Carlo methods. Amsterdam: Elsevier/Academic Press.

二、期刊論文

Philip Chan, "The Lanchester Square Law: Its Implications for Force Structure and Force Preparation of Singapore's Operationally-Ready Soldiers," Pointer, Journal of the Singapore Armed Forces, Vol.42, No.2. p.47.

三、網際網路

"THAAD Theatre High Altitude Area Defense – Missile System," Army Technology, <https://www.army-technology.com/projects/thaad/>.

2017/12/7. "Terminal High Altitude Area Defense(THAAD)," MDAA: Missile Defense Advocacy Alliance,. <http://missiledefenseadvocacy.org/missile-defense-systems-2/missile-defense-systems/u-s-deployed-intercept-systems/terminal-high-altitude-area-defense-thaad/>.

第六章

中文部分

一、專書譯著

Robert Gilpin著，陳怡仲、張晉閣、孝慈譯，2001。《全球政治經濟：掌握國際經濟秩序》(Global political economy: understanding theinternational economic order)。臺北：桂冠。

二、期刊論文

何奇松，2007。〈冷戰後的法國軍事轉型〉，《軍事歷史研究》，第3期，頁138。

阮玉清，2014/11。〈越臺貿易與就業狀況之關係〉，《中華勞動與就業關係協》第4卷、第2期，頁139-140。

許文堂，2014。〈臺灣與越南雙邊關係的回顧與分析〉，《臺灣國際研究季刊》，第10卷，第三期，秋季號，頁77。

陳奕成，2016。〈由珍珠鏈戰略探討中共海軍潛艦未來布局與發展〉，《海軍學術雙月刊》，第50卷，第2期，頁81。

藍建學，2015。〈新時期印度外交與中印關係〉，《國際問題研究》，第3期，頁52-55。

三、網際網路

〈東協加一〉，《臺灣東南亞國家協會研究中心》，<http://www.aseancenter.org.tw/ASEAN1.aspx>。

中華人民共和國中央人民政府，〈國務院關於實施西部大開發若干政策措施的通知〉，國發〔2000〕33號，<http://www.gov.cn/gongbao/content/2001/content_60854.htm>。

行政院環境保護署，〈節能減碳探政策〉，《行政院環境保護署》，<https://www.epa.gov.tw/ct.asp?xItem=9958&ctNode=31350&mp=epa>。

2000/11/7。〈在和平共處五項原則的基礎上建立國際新秩序〉，《中華人民共和國外交部》，< www.fmprc.gov.cn/web/ziliao_674904/wjs_674919/2159_674923/t8981.shtml>。

2009/2/17。〈允許一部分人，一部分地區先富起來〉，《中國共產黨新聞網》，<http://cpc.people.com.cn/BIG5/64162/82819/143371/8818525.html>。

胡亞汝，2010/3/15。〈三、國務院成立西部地區開發領導小組〉，《中國共產黨新聞網》，<http://dangshi.people.com.cn/GB/146570/184312/11138778.html>。

躍生，2013/9/3。〈習近平出訪中亞四國推動能源戰略〉，《BBC中文網》，<http://www.bbc.com/zhongwen/trad/china/2013/09/130903_china_central_asia>。

齊瀟涵，2014/5/27。〈莫迪出任印度第15任總理　誓建「包容性」印度〉，《環球網》，< http://world.huanqiu.com/article/2014-05/5005889.html>。

2014/10/5。〈美國與阿拉伯盟國轟炸IS〉，《亞洲週刊》，<https://www.yzzk.com/cfm/content_archive.cfm?id=1411617836331&docissue=2014-39>。

PETER BAKER, GARDINER HARRIS，2015/1/27。〈面對中國，美國與印度發現利益共同點〉，《紐約時報中文版》，< https://cn.nytimes.com/world/20150127/c27india/zh-hant/>。

JANE PERLEZ，2015/3/20。〈美國反對盟國加入亞投行適得其反〉，《紐約時報中文網》，< https://cn.nytimes.com/business/20150320/c20asiabank/zh-hant/>。

張祺炘，2015/5/13。〈習近平訪巴基斯坦：不只是制衡印度，還要用「中巴經濟走廊」彌補一帶一路的缺口〉，《The News Lens關鍵評論》，<https://www.thenewslens.com/feature/2016riseasia/16604>。

2015/5/15。〈中華人民共和國與印度共和國聯合聲明〉，《中華人民共和國外交部》，/，< http://www.mfa.gov.cn/chn//gxh/zlb/smgg/t1264174.htm>。

2015/9/10。〈「北京共識之父」雷默：「中國特色」下一步需要新的思想解放〉，《中國企業家俱樂部》，< http://www.daonong.com/html/yuedu/overseas/20091015/11315.html>。

凱露，2015/10/1。〈敘利亞衝突：俄羅斯發起新一輪攻擊〉，《BBC中文網》，
　　<http://www.bbc.com/zhongwen/trad/world/2015/10/151001_russia_strike_syria>。
陳俐穎，2015/10/9。〈俄羅斯空襲敘利亞〉美俄為打擊恐怖主義再度隔空交
　　火〉，《風傳媒》，<http://www.storm.mg/article/68732>。
川江，2015/10/27。〈印度板「走進非洲」：籌建國家項目發展公司〉，《BBC
　　中文網》，< http://www.bbc.com/zhongwen/trad/business/2015/10/151027_india_
　　africa_summit>。
2016/1/16。〈習近平在亞洲基礎設施投資銀行開業儀式上的致辭（全文）〉，
　　《中華人民共和國外交部》，< http://www.fmprc.gov.cn/web/zyxw/t1332258.
　　shtml>。
2016/1/26。〈推動共建絲綢之路經濟帶和21世紀海上絲綢之路的願景與行
　　動〉，《中華人民共和國商務部》，<http://www.mofcom.gov.cn/article/i/dxfw/
　　jlyd/201601/20160101243342.shtml>。
2016/2/12。〈習近平「一帶一路」倡議的重要論述回顧〉，《國務院新聞辦公
　　室》，< http://www.scio.gov.cn/ztk/wh/slxy/gcyll/Document/1468602/1468602.
　　htm>。
湯慧芸，2016/2/27。〈臺灣持續減少投資中國　大批臺商計畫遷往越南〉，《美
　　國之音》，< https://www.voacantonese.com/a/it-hk-taiwan-outward-investment-to-
　　china-decrease-in-2015/3210824.html>。
Andrew Higgins，2016/3/15。〈普丁下令從敘利亞撤軍〉，《紐約時報中文
　　網》，< https://cn.nytimes.com/world/20160315/c15russia/zh-hant/>。
2016/4/7。〈越南選出新總理　阮春福當選〉，《CAN中央通訊社》，< http://
　　www.cna.com.tw/news/aopl/201604070120-1.aspx>。
劉子維，2016/5/8。〈越南警方逮捕抗議臺灣企業污染海洋示威者〉，《BBC中
　　文網》，< http://www.bbc.com/zhongwen/trad/world/2016/05/160508_vietnam_tai-
　　wan_pollution_demo>。
劉子維，2016/5/24。〈印度與伊朗簽訂「歷史性」港口合作協議〉，《BBC中
　　文網》，< http://www.bbc.com/zhongwen/trad/world/2016/05/160524_iran_india_
　　port_deal>。
鍾麗華，2016/6/15〈新南向政策辦公室成立　黃志芳兼任主任〉，《自由時
　　報》，<http://news.ltn.com.tw/news/politics/breakingnews/1730668>。
許家禎，2016/7/1。〈觀察／王永慶鋼鐵夢好事多磨　臺塑越鋼超衰、命運
　　多舛！〉，《今日新聞》，< https://www.nownews.com/news/20160701/
　　2153707>。
羅倩宜、陳永吉，2016/7/1。〈臺塑越鋼廢水毒魚　被罰162億〉，《自由時
　　報》，< http://news.ltn.com.tw/news/focus/paper/1006275>。

朱雲鵬、王旬，2016/7/12。〈推行新南向政策應積極面對東南亞投資障礙〉，《財團法人國家政策研究基金會》，< https://www.npf.org.tw/3/15968>。

2016/8/16。〈新南向政策綱領〉，《新南向政策專網》，< https://www.newsouth-boundpolicy.tw/PageDetail.aspx?id=9d38cb45-4dfc-41eb-96dd-536cf6085f31&pageType=SouthPolicy&AspxAutoDetectCookieSupport=1>。

2016/9/5。〈「新南向政策推動計畫」正式啟動〉，《行政院》，<https://www.ey.gov.tw/Page/9277F759E41CCD91/87570745-3460-441d-a6d5-486278efbfa1>。

吳明彥，2016/9/5。〈民進黨新南向政策的矛盾〉，《財團法人國家政策研究基金會》，< https://www.npf.org.tw/3/16124?County=%25E5%2598%2589%25E7%25BE%25A9%25E7%25B8%25A3&site>。

陶本和，2016/9/22。〈新南向政策到底是什麼？蔡英文親自說明〉，《ETtoday新聞雲》，< https://www.ettoday.net/news/20160922/779976.htm>。

2016/10/10。〈俄國防部副部長：俄將在敘利亞塔爾圖斯建立常設海軍基地〉，《俄羅斯衛星通訊社》，<http://sputniknews.cn/military/201610101020923411/>。

荏苒，2016/12/17。〈中國大戰略：印度洋珍珠鏈成型〉，《多維新聞》，<http://culture.dwnews.com/history/big5/news/2016-12-17/59788725.html>。

2017/1/3。〈中國啟動的一條義烏至倫敦直達貨運鐵路線〉，《BBC中文網》，/，< http://www.bbc.com/zhongwen/trad/business-38493764>。

陳顥仁，2017/1/4。〈中國的海上珍珠瓜德爾港通航〉，《天下雜誌》，< https://www.cw.com.tw/article/article.action?id=5080282>。

2017/1/9。〈習近平主席在聯合國日內瓦總部的演講(全文)〉，《新華網》，<http://www.xinhuanet.com/world/2017-01/19/c_1120340081.htm>。

周良臣，〈印媒：第一輪中印戰略對話舉行　中印國力差距巨大〉，《環球網》，2017年2月23日，<http://oversea.huanqiu.com/article/2017-02/10186240.html>。

陳江生、田苗，2017/3/31。〈「一帶一路」戰略的形成、實施與影響〉，《中國共產黨歷史網》，< http://www.zgdsw.org.cn/BIG5/n1/2017/0331/c218998-29182692.html>。

郭家謹、譚偉恩，2017/5/4。〈「新南向政策」的挑戰：以臺灣國家安全為切入點分析〉，《中華經濟研究院WTO及RTA中心》，< http://web.wtocenter.org.tw/Page.aspx?nid=126&pid=292920>。

2017/5/15。〈「一帶一路」國際合作高峰論壇圓桌峰會聯合公報〉，《外交部》，< http://www.fmprc.gov.cn/web/zyxw/t1461817.shtml>。

2017/5/15。〈「一帶一路」國際合作高峰論壇圓桌峰會聯合公報〉，《外交部》，< http://www.fmprc.gov.cn/web/zyxw/t1461817.shtml>。

2017/5/17。〈韓新總統反核　核能出口有憂〉，《聯合新聞網》，<https://udn.com/news/story/6811/2467260>。

陳寅、朱婉君，2017/5/24。〈綜述：從「中國船」到「新海絲」─拉美國家擁抱「一帶一路」倡議〉，《新華網》，<http://big5.xinhuanet.com/gate/big5/www.xinhuanet.com/silkroad/2017-05-24/c_1121030198.htm>。

王曉文，2017/7/20。〈【印度研究】王曉文：印度莫迪政府的大國戰略評析〉，《國關國政外交學人》，< http://www.sohu.com/a/158644666_618422>。

2017/8/10。〈2017年上半年南韓為越南的1大貿易逆差國〉，《胡志明市臺北經濟文化辦事處》，< https://roc-taiwan.org/vnsgn/post/12085.html>。

2017/8/21。〈暗助！俄羅斯輸往北韓石油倍增〉，《自由時報》，<http://news.ltn.com.tw/news/world/breakingnews/2169281>。

陳家倫，2017/9/14。〈中印對峙落幕　習近平與莫迪金磚首會面〉，《CAN中央通訊社》，< http://www.cna.com.tw/news/acn/201709040052-1.aspx>。

彭琬馨，2017/10/2。〈立院預算中心：新南向預算執行率欠佳〉，《自由時報》，< http://news.ltn.com.tw/news/politics/paper/1140179>。

潘金娥，2017/11/14。〈觀點：中越關係究竟有怎樣的特殊性？〉，《BBC中文網》，< http://www.bbc.com/zhongwen/trad/chinese-news-41985813>。

榮鷹，2017/11/24。〈「莫迪主義」與中印關係的未來〉，《國際問題研究》，< http://www.ciis.org.cn/gyzz/2017-11/24/content_40079873.htm>。

姜遠珍，〈北韓宣布　成功試射火星-15型洲際飛彈〉，《CAN中央社》，2017年11月29日，<http://www.cna.com.tw/news/aopl/201711290185-1.aspx>。

2017/11/30。〈金正恩滿意火星-15試射擬攻美　專家：「還要1年」〉，《自由時報》，<http://news.ltn.com.tw/news/world/breakingnews/2269100>。

2017/12/21。〈俄國家杜馬將審議俄駐續塔爾圖斯海軍基地擴建協議〉，《俄羅斯衛星通訊社》，< http://sputniknews.cn/politics/201712211024328734/>。

許家瑜、程嘉文，2017/12/27。〈監察院開炮：新南向政策定位不清〉，《聯合新聞網》，< https://udn.com/news/story/11311/2897016>。

富山篤，2017/12/28。〈日本對越南投資時隔4年超南韓居首位〉，《日經中文網》，< https://zh.cn.nikkei.com/politicsaeconomy/invest-trade/28564-2017-12-28-09-11-20.html>。

2018/1/1。〈金正恩新年廣播講話傳遞複雜信號「朝鮮核武已成事實」〉，《BBC中文網》，<http://www.bbc.com/zhongwen/simp/world-42532106>。

陳政一，2018/1/10。〈北韓參加平昌冬奧IOC：往前跨出一大步〉，《CNA中央通訊社》，<http://www.cna.com.tw/news/firstnews/201801100006-1.aspx>。

2018/2。〈中國─拉共體論壇〉，《中華人民共和國外交部》，<http://www.fmprc.gov.cn/web/wjb_673085/zzjg_673183/ldmzs_673663/dqzz_673667/zgl-

gtlt_685863/gk_685865/>。

2018/2/19。〈今年繼續？金正恩嗆完成核武大業2017北韓「射彈」逾20次〉，《ETtoday新聞雲》，< https://www.ettoday.net/news/20180219/1108933.htm>。

2018/3。〈上海合作組織〉，《中華人民共和國外交部》，< http://www.fmprc.gov.cn/web/wjb_673085/zzjg_673183/dozys_673577/dqzzoys_673581/shhz_673583/gk_673585/t528036.shtml>。

陳政一，2018/3/9。〈川普提前會南韓特使　促成與金正恩歷史峰會〉，《CNA中央通訊社》，<http://www.cna.com.tw/news/aopl/201803090378-1.aspx>。

丁雪貞，2018/3/15。〈伊朗邀中巴共建恰巴哈爾港，印度緊張〉，《環球網》，<http://world.huanqiu.com/exclusive/2018-03/11666392.html>。

2018/3/30。〈中華民國國情簡介　對外貿易與投資〉，《行政院》，< https://www.ey.gov.tw/state/News_Content3.aspx?n=1DA8EDDD65ECB8D4&sms=474D9346A19A4989&s=8A1DCA5A3BFAD09C>。

陳振凱，2018/3/30。〈「習金會」驚了世界　暖了春天〉，《人民網》，<http://politics.pcople.com.cn/BIG5/n1/2018/0330/c1001-29897589.html>。

陳正健，2018/4/9。〈化武攻擊　敘國平民40死〉，《自由時報》，<http://news.ltn.com.tw/news/world/paper/1190917>。

羅法、王凡、夏立民，2018/4/10。〈美俄爲敘利亞「尚未確定的」化武案針鋒相對〉，《德國之聲DW》，<http://www.dw.com/zh/美俄爲敘利亞尚未確認的化武案針鋒相對/a-43316074?&zhongwen=simp>。

田思怡，2018/4/14。〈川普宣布美、英、法聯軍已攻擊敘利亞〉，《聯合新聞網》，<https://udn.com/news/story/6813/3086096>。

黃名璽，2018/4/17。〈安倍啟程訪美　將與川普討論北韓問題〉，《CAN中央通信社》，<http://www.cna.com.tw/news/aopl/201804170139-1.aspx>。

高敏鳳，2018/4/22。〈中興通訊暴「中國芯」缺點　中科院：限制產品已有部署〉，《ETtoday新聞雲》，< https://www.ettoday.net/news/20180422/1155102.htm>。

鉅亨網新聞中心，2018/4/23〈證據證人都有了　敘利亞化武攻擊　全是反政府武裝自導自演〉，《EBC東森財經新聞》，<https://fnc.ebc.net.tw/FncNews/world/34818>。

2018/4/27。〈最新：文金會板門店共同發表宣言〉，《東森新聞CH51》，<https://www.youtube.com/watch?v=irNdJZNAr9E>。

郭中翰，〈南北韓峰會板門店宣言全文〉，《CAN中因通訊社》，2018年4月27日，<http://www.cna.com.tw/news/firstnews/201804270357-1.aspx>。

鞠鵬，2018/4/28。〈習近平同印度總理莫迪在武漢舉行非正式會晤〉，《新華網》，< http://www.xinhuanet.com/2018-04/28/c_1122759716_2.htm>。

外文部分

一、專書

Alexander Wendt, 2001. Social Theory of International Politics. Cambridge: Cambridge University Press.

Robert O. Keohane, 1984. After Hegemony: Cooperation and Discord in the World Political Economy. New Jersey: Princeton University Press.

二、政府文件

The White House,2017/12. National Security Strategy of the United States of America.

三、網際網路

2017/10/18. "Defining Our Relationship With India for the Next Century," U.D. Department of State Diplomacy in Action, <https://www.state.gov/secretary/20172018tillerson/remarks/2017/10/274913.htm>.

第七章

中文部分

一、專書

二、專書譯著

艾文托佛勒（Alvin Toffler），海蒂托佛勒（Heidi Toffler）原著，1994。《新戰爭論》（War and Anti-War: Survival at the Dawn of the 21st Century）。臺北：時報文化

三、網際網路

2018/08/2。〈「北京賽區」圓滿的結束‧全新的起點——2018第二屆全國兵棋推演大賽北京賽區圓滿落幕，《北京理工大學新聞網》，<http://www.bit.edu.cn/xww/zhxw/157646.htm >。

2018/09/15。〈國安局為防止中國「輿論戰」下令監控社群、新聞媒體和通訊軟體〉，《關鍵新聞網》，<https://www.thenewslens.com/article/104191>。

2018/09/15。〈國家安全會議提出首份資安戰略報告〉，《科技新報》，<https://technews.tw/2018/09/14/security-strategy-report-taiwan/>。

2018/09/15。〈2018臺灣資安力爆發〉，《ITHome》，<https://www.ithome.com.tw/news/121999>。

2018/09/23。〈『一帶一路』倡議的提出〉，《商務歷史》，<http://history.mofcom.gov.cn/?newchina=%E4%B8%80%E5%B8%A6%E4%B8%80%E8%B7%AF%

E5%80%A1%E8%AE%AE%E7%9A%84%E6%8F%90%E5%87%BA>。

2018/09/23。〈推動共建絲綢之路經濟帶和21世紀海上絲綢之路的願景與行動〉，《中國共產黨新聞網》，<http://cpc.people.com.cn/BIG5/n/2015/0328/c64387-26764810.html>。

2018/09/23。〈國防大學舉行期末兵推預報〉，《青年日報》，<https://www.ydn.com.tw/News/248265>。

2018/09/23。「社論：文武交織政軍兵推　強化高階決策思維」，青年日報，<https://www.ydn.com.tw/News/187789>。

2018/09/23。「憂中國劃設南海識別區　外交部將辦兵推研討對策」，自由時報電子報，<http://news.ltn.com.tw/news/politics/breakingnews/1153750>。

2018/09/23。〈臺中國立中興大學成立「政經兵棋推演研究中心」進行兵棋推演的研究課題〉，《國立中興大學法政學院》，<https://www.nchu.edu.tw/academic/mid/215>。

王長河，2018/09/23。〈兵棋推演的想定設計〉，《游於藝電子報》，行政院人事總處公務人力發展學院，<http://epaper.hrd.gov.tw/188/EDM188-0501.htm>。

2018/09/23。〈辦理『政經兵棋推演教師工作坊』〉，《行政院人事總處公務人力發展學院（南投院區）》，<https://www.rad.gov.tw/wSite/ct?xItem=62475&ctNode=1113&mp=rad>。

2018/09/23。〈第二節　外交人員之培訓及改制外交學院　第一項　外交人員之培訓〉，《中華民國外交部》，<http://multilingual.mofa.gov.tw/web/web_UTF-8/almanac/almanac2007/html/10-2-1.htm>。

2018/09/23。〈兵棋推演大賽升溫高校國防教育〉，《中國軍網　國防部網》，<http://www.81.cn/gfbmap/content/2017-09/28/content_188969.htm>。

2018/09/23。〈2017首屆全國兵棋推演大賽全國總結賽將於九月底舉行〉，《中國日報中文網》，<http://cn.chinadaily.com.cn/2017-08/26/content_31136182.htm>。

外文部分

一、專書

Perla, Peter P., 1990. The art of wargaming: a guide for professionals and hobbyists. Annapolis, Maryland: United States Naval Institute.

Peter P. Perla, Albert A. Nofi, Michael C. Markowitz, 2006. Wargaming Fourth-Generation Warfare (U) Alexandria, Virginia: CNA.

二、網際網路

September -October 2004. William S. Lind, "Understanding Fourth Generation War", MILITARY REVIEW, , pp. 12-16, here pp. 12-13, accessed at: <http://www.au.af.mil/

au/awc/awcgate/milreview/lind.pdf>.

2018/09/15. "A hotwash is the immediate "after-action" discussions and evaluations of an agency's (or multiple agencies') performance following an exercise, training session, or major event, such as Hurricane Katrina. ... These events are used to create the After Action Review." See, "Hotwash", Wikipedia, accessed at: <https://en.wikipedia.org/wiki/Hotwash>.

2018/09/15. "An after action review (AAR) is a structured review or de-brief (debriefing) process for analyzing what happened, why it happened, and how it can be done better by the participants and those responsible for the project or event." See "After Action Review", Wikipedia, <https://en.wikipedia.org/wiki/After-action_review>.

2018/09/15. "Wargaming Department", US Naval War College, <https://usnwc.edu/Faculty-and-Departments/Academic-Departments/Wargaming-Department>.

國家圖書館出版品預行編目資料

兵棋推演：意涵、模式與操作／翁明賢、常漢
青著. -- 初版. -- 臺北市：五南圖書出版
股份有限公司, 2019.02
　面；　公分
ISBN 978-957-763-151-0（平裝）

1.兵棋推演

592.1　　　　　　　　　107019273

1FTN

兵棋推演：意涵、模式與操作

作　　者 ― 翁明賢、常漢青

企劃主編 ― 侯家嵐

責任編輯 ― 侯家嵐

文字校對 ― 黃志誠、鐘秀雲

封面設計 ― 盧盈良、姚孝慈

出 版 者 ― 五南圖書出版股份有限公司

發 行 人 ― 楊榮川

總 經 理 ― 楊士清

總 編 輯 ― 楊秀麗

地　　址：106台北市大安區和平東路二段339號4樓

電　　話：(02)2705-5066　　傳　真：(02)2706-6100

網　　址：https://www.wunan.com.tw

電子郵件：wunan@wunan.com.tw

劃撥帳號：01068953

戶　　名：五南圖書出版股份有限公司

法律顧問　林勝安律師

出版日期　2019年2月初版一刷
　　　　　2024年8月初版五刷

定　　價　新臺幣460元